Entwickeln Sie Ihre eigene Blockchain

Daniel Hellwig • Goran Karlic
Arnd Huchzermeier

Entwickeln Sie Ihre eigene Blockchain

Ein praktischer Leitfaden zur Distributed-Ledger-Technologie

 Springer Gabler

Daniel Hellwig
WHU – Otto Beisheim School of Management,
Vallendar, Deutschland

Goran Karlic
Kepler Cannon
New York, USA

Arnd Huchzermeier
WHU – Otto Beisheim School of Management,
Vallendar, Deutschland

ISBN 978-3-662-62965-9   ISBN 978-3-662-62966-6 (eBook)
https://doi.org/10.1007/978-3-662-62966-6

Die Deutsche Nationalbibliothek verzeichnet diese Publikation in der Deutschen Nationalbibliografie; detaillierte bibliografische Daten sind im Internet über http://dnb.d-nb.de abrufbar.

Springer Gabler
Übersetzung der englischen Ausgabe: Build Your Own Blockchain by Daniel Hellwig, Goran Karlic, Arnd Huchzermeier, © Springer Nature Switzerland AG 2020. Herausgegeben von Springer International Publishing. Alle Rechte vorbehalten.

Springer Gabler ist ein Imprint der eingetragenen Gesellschaft Springer-Verlag GmbH, DE und ist ein Teil von Springer Nature.
Die Anschrift der Gesellschaft ist: Heidelberger Platz 3, 14197 Berlin, Germany

Vorwort

Die Blockchain-Technologie gehört wohl zu den am häufigsten diskutierten Innovationen seit dem Aufkommen des Internets. Durch Nutzung der Konzepte der Dezentralisierung, Zuverlässigkeit und Fälschungssicherheit hat Blockchain das Potenzial, ein breites Feld innovativer Anwendungen und neuer Formen der Zusammenarbeit zu ermöglichen. Im Kern vermittelt Blockchain in Ermangelung einer offensichtlichen zentralisierten Autorität Daten und kann dazu beitragen, Vertrauen zwischen allen Netzwerkteilnehmern aufzubauen. Darüber hinaus können mithilfe der Blockchain-Technologie fast alle denkbaren Werte, Rechte und Pflichten von materiellen und immateriellen Gütern durch Token dargestellt werden, wodurch deren Handelbarkeit und Austauschbarkeit vereinfacht wird. Welche Auswirkungen diese Entwicklung weltweit haben wird, bleibt abzuwarten. Kryptowährungen wie Bitcoin und Ethereum haben die erste „Killer"-Anwendung dieser Technologie markiert; immer mehr Organisationen erforschen jedoch, wie sie Blockchain in ihre bestehenden Systeme integrieren können.

Zunehmend wird Blockchain nicht mehr nur als ausschließlich störend/schädigend, sondern als zukunftsweisendes Protokoll anerkannt. Natürlich ging dieser Bedeutungszuwachs mit einer Flut von öffentlichen Weißbüchern einher, die das Störungspotenzial von Blockchain auf die Probe stellten. Auch die Bücherregale füllten sich schnell mit akademisch orientierten Bänden über ihre theoretischen und mathematischen Grundlagen. Nichtsdestotrotz finden wir trotz der Flut des verfügbaren Materials, dass erstere stilisierte Diskussionen auf hohem Niveau liefern, während letztere sich für tief gehende Erklärungen der Technologie entscheiden. Keiner der beiden Ansätze stattet die Leserschaft mit den Werkzeugen aus, die für eine praktische Umsetzung von Blockchain erforderlich sind, und auch nicht mit dem Wissensumfang, der für die Einbindung Blockchain-fähiger Technologien in bestehende Unternehmensrahmen und die Steuerung organisatorischer Entscheidungen notwendig ist. Da sich die Blockchain-Technologie ihrem elften Geburtstag nähert, sind wir der Ansicht, dass die Trennung von Theorie und Anwendung schon zu lange andauert.

Dieses Buch verbindet Theorie und Praxis. Es richtet sich an ein nicht-technisches Publikum und stellt alle grundlegenden Bausteine zum Verständnis von Blockchain vor, gefolgt von praktischen Problemlösungsroutinen. So führen wir in jedem Kapitel die

Hauptideen konzeptionell und praktisch ein, wobei die nachfolgenden Kapitel auf dem in den vorhergehenden Abschnitten erworbenen Wissen und Können aufbauen. Um es unserer Leserschaft so einfach wie möglich zu machen, sich mit diesen Übungen zu beschäftigen, haben wir die Docker-Technologie unter Verwendung vorkonfigurierter Container eingesetzt, bei denen es sich um eine Software-Standardeinheit handelt, die den Code und all seine Abhängigkeiten bündelt. Dieser Aufbau ermöglicht es, dass Anwendungen schnell und zuverlässig von einer Computerumgebung zur anderen laufen, und stellt sicher, dass alle unsere Leser – sowohl Windows- als auch MacOS-Benutzer – die Übungen mit minimalen technischen Schwierigkeiten absolvieren können.

Das Buch ist in drei Abschnitte unterteilt.

Teil I, Blockchain-Grundlagen, gibt einen Überblick über die wichtigsten, für praktische Anwendungen relevanten Blockchain-Komponenten und umfasst die ersten fünf Kapitel:

1. Blockchain-Grundlagen
2. Kryptowährungen
3. Konsensmechanismen
4. Smart Contracts
5. Privatsphäre und Anonymität

Teil II, Grundlagen der Kryptografie, bietet eine detaillierte Einführung in die zugrunde liegenden technologischen Grundlagen der in Teil I untersuchten Konzepte, vor allem, was die Kryptografie-Rahmenwerke und -Mechanismen betrifft.

6. Verschlüsselungsmethoden
7. Bereitstellung digitaler Signaturen

Teil III, Anwendungen aus der realen Welt, bietet eine Zusammenfassung vergangener und laufender realer Anwendungsfälle, kategorisiert nach Industriezweigen, die Gründe für die Wahl der Blockchain-Technologie sowie die Herausforderungen, denen man sich in jedem Fall stellen muss.

Wie die meisten im Entstehen begriffenen Technologien war auch Blockchain nicht immun gegen den traditionellen Zyklus von Hype, Enttäuschung und Aufklärung. Der globale Markt ist der Technologie heute wohl immer noch voraus, was viele dazu veranlasst, die angebliche Bedeutung und das Potenzial von Blockchain angesichts der großen Versprechungen und des derzeitigen Mangels an erfolgreichen und wirkungsvollen Implementierungen in Frage zu stellen. Während wir jedoch weiterhin neue Einsichten in diese neue Technologie gewinnen und immer konkretere Anwendungen auf dem Markt auftauchen (z. B. Geldbewegung über die JPM-Münze von JP Morgan und erweiterte Datenschutzkontrollen, die über Zero-Knowledge-Beweise ermöglicht werden), hat Blockchain begonnen, den „Berg der Erleuchtung" hinaufzusteigen.

Dieses Buch zielt darauf ab, Sie mit den Fähigkeiten auszustatten, die notwendig sind, um das Potenzial dieser Technologie bei ihrer Entfaltung voll auszuschöpfen. Daher hoffen wir, dass Ihnen dieses Buch dabei helfen wird, ein grundlegendes Verständnis der wichtigsten Implementierungskomponenten von Blockchains zu erlangen. Ferner ist es unser Ziel, Ihnen das praktische Wissen, das für die Einbindung Blockchain-fähiger Module in bestehende und zukünftige Geschäftssysteme erforderlich ist, zu vermitteln. Nicht zuletzt hoffen wir, dass Ihnen die Ausführungen in diesem Buch auch einen Überblick hinsichtlich der potenziellen Auswirkungen der Blockchain auf Volkswirtschaften und globale Finanzstrukturen verschaffen wird.

Vallendar, Deutschland   Daniel Hellwig
New York, USA   Goran Karlic
Vallendar, Deutschland   Arnd Huchzermeier

Danksagungen

Dieses Buch wurde weitgehend von zwei Kursen inspiriert (Einführung in Blockchain und Blockchain-Programmierung), die wir an der WHU – Otto Beisheim School of Management unterrichtet haben und die darauf abzielten, ein vertieftes Verständnis der grundlegenden Bausteine einer Blockchain, ihres Ökosystems und der Funktionalität von Smart Contracts zu vermitteln. Obwohl die Kurse erst in den letzten zwei Jahren stattgefunden haben und sich noch in ihren Anfängen befinden, waren unsere Studenten eine unschätzbare Ressource bei der Gestaltung der theoretischen Inhalte und Programmieraufgaben des Kurses und damit auch des Buches. Wir haben viel aus ihrem Feedback gelernt, wofür wir dankbar sind, und haben versucht, alle Anregungen und Vorschläge so weit wie möglich einzubeziehen.

Wir danken Max Mäckler und Farhan Javed für ihre redaktionellen Kommentare und richten unseren tiefsten Dank an Dr. Jasmin Imran Alsous (Princeton, MIT) für ihr detailliertes und substanzielles Feedback zu mehreren Entwürfen dieses Buches. Unser Dank gilt auch Sonny Ajmani von Kepler Cannon für seine Unterstützung bei diesem Unterfangen, die für den Abschluss des Projekts von unschätzbarem Wert war. Für Hilfe bei der Übersetzung und Überarbeitung der deutschen Version des Buches danken wir außerdem Kornelia Schwaben-Beicht (ABC-Lektorat.Korrektur).

Und schließlich freuen wir uns, dass Springer uns die Möglichkeit gegeben hat, an diesem Projekt mitzuarbeiten. Blockchain und ihre potenzielle Rolle in unserer heutigen und zukünftigen Gesellschaft ist ein Thema, das mit Sicherheit Reaktionen hervorrufen wird. Deshalb hoffen wir, dass dieses Buch unsere Leserinnen und Leser mit dem theoretischen und praktischen Wissen ausstatten kann, das erforderlich ist, um das Potenzial dieser Technologie zu verstehen, zu nutzen und Anwendungen für unsere Gesellschaft sinnvoll zu gestalten.

Inhaltsverzeichnis

Teil III   Anwendungen aus der realen Welt

Teil I

Blockchain-Grundlagen

Blockchain-Grundlagen

1

1.1 Einführung

Eine Blockchain ist ein Verzeichnis von Informationsblöcken (z. B. Transaktionen, Verträge, etc.), die aufeinander aufbauend über ein Computernetzwerk verteilt gespeichert werden. Sie ist nicht einfach nur ein Algorithmus, sondern ein komplexes technologisches Konstrukt und Freigabeprotokoll, das eine dezentralisierte Vermittlung von Daten zwischen den Teilnehmern ermöglicht. Die revolutionären Eigenschaften der Blockchain ergeben sich daraus, dass sie Daten auf einzigartige Weise sicher speichern kann – sofern sie entsprechend implementiert und verwendet wird –, nämlich dezentralisiert und ohne darauf angewiesen zu sein, dass die Netzwerkteilnehmer sich gegenseitig vertrauen müssen (im Folgenden wird das englische Wort „trustless" mit „vertrauensfrei" übersetzt). So wie das Transmission Control Protocol und das Internet Protocol (TCP-IP), in den 1970er-Jahren an der DARPA (Held 2003) erfunden, erstmals den dezentralen Austausch von Informationen (d. h. das Internet) möglich machten, so ermöglicht eine Blockchain die dezentralisierte Übertragung von Vermögenswerten. Die aus der Blockchain resultierende Innovation ergibt sich nicht aus einem grundlegend neuen Technologieansatz, sondern aus der Anwendung etablierter Methoden der Informationstechnologie auf das Problem der Informationsübertragung, wie kryptografisches Hashing, asymmetrische Verschlüsselung und Peer-to-Peer-Netzwerkarchitektur.

Die Blockchain erlaubt die Erstellung eines digitalen Kontobuchs (das „Ledger") und die gemeinsame Nutzung der darin enthaltenen Daten durch ein Netzwerk unabhängiger Parteien (die „Nodes"), die über die zugrunde liegende Internetinfrastruktur verbunden sind (Abb. 1.1). Jeder Knoten („Node") verfügt zu jedem Zeitpunkt über eine exakte Kopie des Ledgers, was permanente, mit Zeitstempel versehene Transaktionsaufzeichnungen, die aus den zugrunde liegenden Blockchain-Knoten bestehen, sicherstellt. Um einen

© Der/die Autor(en), exklusiv lizenziert durch Springer-Verlag GmbH, DE, ein Teil von Springer Nature 2021
D. Hellwig et al., *Entwickeln Sie Ihre eigene Blockchain*,
https://doi.org/10.1007/978-3-662-62966-6_1

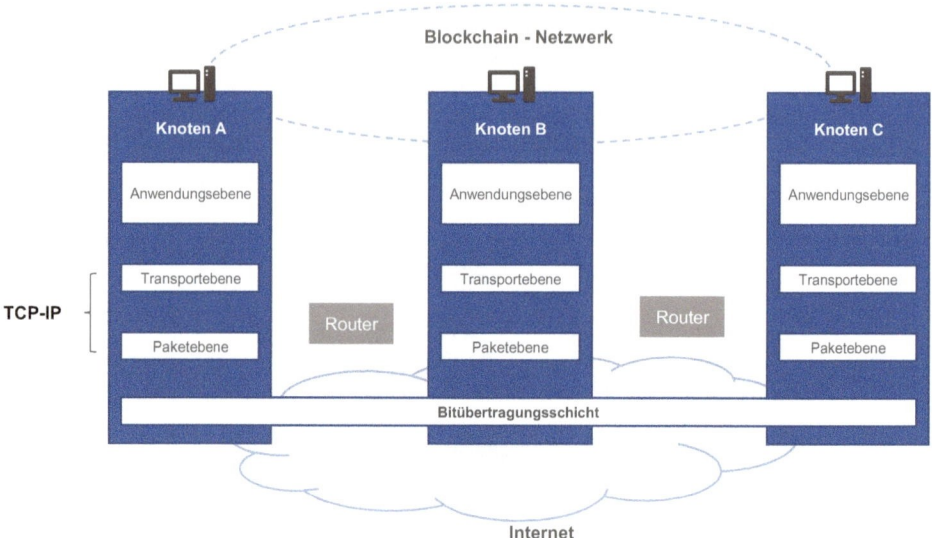

Abb. 1.1 Übersicht der Blockchain-Netzwerkinfrastruktur

Datensatz zu ändern, muss ein großer Teil der Blockchain-Netzwerkteilnehmer gleichzeitig der Änderung der Informationen zustimmen, und es müssen mehrere zusätzliche Sicherheitsvorkehrungen überwunden werden: Sobald ein Knoten Informationen in der Blockchain-Datenbank speichert, ist es nahezu unmöglich, diese zu entfernen.

In diesem Kapitel werden die relevante Terminologie und die grundlegenden Funktionen von Blockchains, die sie für solche Operationen prädisponieren, am Beispiel von Bitcoin vorgestellt.

1.1.1   Terminologie

Zunächst einmal gilt es, zwischen der *Blockchain-* und der *Distributed-Ledger-Technologie (DLT)* zu unterscheiden: „Blockchain" beschreibt eine Datenstruktur, die eine permanente Chronik von Transaktionen speichert, während „Distributed-Ledger- Technology" (DLT) eine Datenstruktur bezeichnet, die sich über mehrere Computer erstreckt und für gewöhnlich über viele verschiedene Standorte und Regionen verteilt ist.

Blockchain, einer breiteren Öffentlichkeit als die Technologie hinter Bitcoin, Ethereum sowie anderen Kryptowährungen bekannt, ist somit eine Untergruppe von DLT. Der Begriff Blockchain wird aber manchmal auch für Transaktionen und andere Datensätze verwendet, die in Blöcken zusammengefasst und an eine Reihung bereits verifizierter Blöcke angehängt werden.

„Bitcoin" ist die erste und am häufigsten verwendete Kryptowährung und beschreibt sowohl das Netzwerk als auch die Software und die Community; „Bitcoin" bezeichnet auch die eigentliche Währung (d. h. eine Einheit).

Das „Token" ist eine digitale Repräsentation eines Vermögenswertes. Bitcoins sind also keine Token, da sie selbst einen Wert darstellen (d. h. gemäß ihrem de facto begrenzten Angebot).

Der Begriff „Fiat-Währung" bezieht sich auf eine Währung ohne inneren Wert. Eine solche wird in der Regel durch staatliche Regulierung als Geld festgelegt (z. B. USD oder EUR).

1.1.2 Die erste Blockchain-Anwendung

Die Bitcoin-Kryptowährung war die erste Blockchain-Anwendung, die einen sicheren, digitalen und dezentralen Geldtransfer zwischen zwei Personen bieten sollte. Das auf der Blockchain basierende Bitcoin-Netzwerk ermöglicht Werttransfers, welche völlig unabhängig von externen Parteien wie beispielsweise Banken oder Kreditkartenanbieter sind. Mittels Bitcoins können Händler Zahlungen von überall auf der Welt annehmen, ohne technischen oder rechtlichen Einschränkungen zu unterliegen, die häufig durch die bestehende Zahlungsinfrastruktur auferlegt werden (z. B. Wechselkurse, Verzögerungen bei der Abwicklung, regulatorische Beschränkungen). Allerdings muss der Empfänger einer Überweisung von Bitcoins diese wieder in eine Fiat-Währung umtauschen, um damit Waren kaufen zu können, es sei denn, der Verkäufer der Waren akzeptiert bereits Bitcoins als Zahlungsmittel.

Da Blockchains Transaktionen überwachen können, die digital in Datensätzen dargestellt werden, sind die Anwendungen, für die sich Blockchains am besten eignen, vertrauensfreie Asset-Transfers (z. B. Kryptowährungen). Diese wurden erst möglich, als mithilfe von Blockchain herkömmliche Methoden wie Rechnungen oder Aktien durch digitale Token ersetzt wurden.

Kryptowährungen sind nur eine von vielen möglichen Anwendungen, die sich die Blockchain-Infrastruktur zunutze machen können (Abb. 1.2). Der Bereich der denkbaren Blockchain-Anwendungen ist sehr groß und geht über den primären Anwendungsfall des

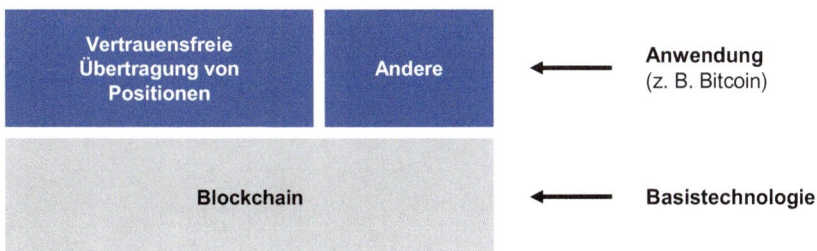

Abb. 1.2 Blockchain ist eine Basistechnologie

Werttransfers mittels Token hinaus: Es kann im Prinzip jedes reale physikalische Gut auf einer Blockchain nachverfolgt („tracked") werden, da das zugrunde liegende Netzwerk als Vermittler und Buchhaltung fungiert.

Zu solchen Anwendungen gehören fehlersicheres Datenmanagement und Identitätsverfolgung, da Blockchains eine exakte Chronik erzeugen können, die zeigt, wer wann welche Daten gespeichert hat. Der Zugang dazu eröffnet eine Vielzahl von Möglichkeiten für Anwendungen sowohl im öffentlichen (z. B. bei vertrauensfreien Grundbuchämtern) als auch im privaten (z. B. bei grenzüberschreitenden Geldtransfers) Bereich.

Blockchains bieten ein Datensystem, das niemandem gehört, an dem jeder teilnehmen kann und welches über einen Pay-to-Play-Mechanismus verfügt (d. h. für das Hinzufügen von Daten entstehen Kosten). Damit eignet sich die Technologie gut für Szenarios, in denen es darauf ankommt, dass alle Netzwerkteilnehmer den darin enthaltenen Informationen vertrauen, und zwar ohne zentralisierte Autorität, welche diese Angaben bestätigen oder legitimieren könnte.

Der Hauptunterschied zwischen herkömmlichen zentralisierten Systemen wie denen, die von Banken verwendet werden, und dezentralisierten Blockchain-Systemen besteht darin, dass erstere auf einen Vermittler angewiesen sind. So wird beispielsweise bei einer traditionellen Banküberweisung eine Clearingstelle mit dem Saldieren der Transaktion zwischen den Banken beauftragt (Choudhry 2012) (Abb. 1.3). Blockchains benötigen dies nicht, da Sender und Empfänger Transaktionen direkt miteinander ausmachen.

Lassen Sie uns als Nächstes die Funktionen und Merkmale unseres traditionellen Währungssystems sowie herkömmlicher Zahlungsmittel begutachten, um dann am Beispiel

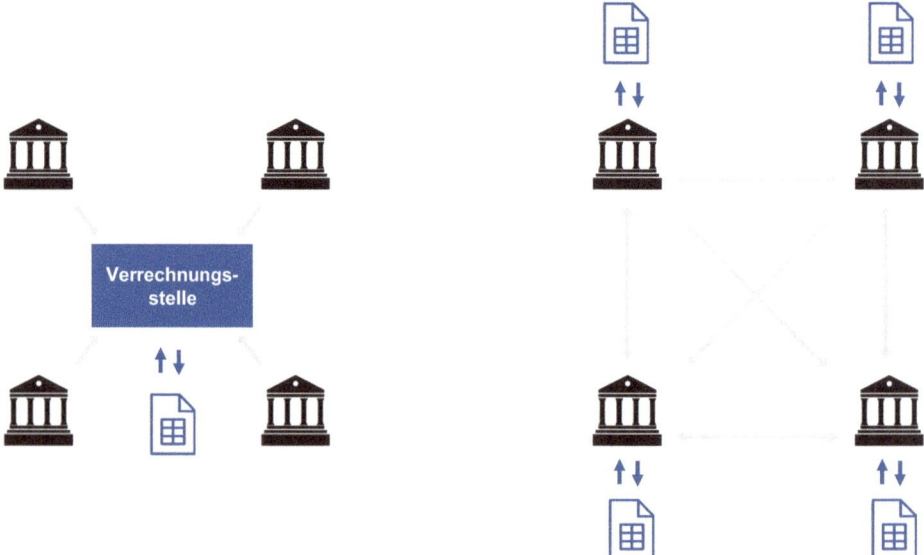

Abb. 1.3 Blockchain und das Konzept der Dezentralisierung

von Bitcoin die Mechanismen, die den Kryptowährungen und der Blockchain-Technologie zugrunde liegen, zu verdeutlichen.

1.1.3 Währungen: Traditionell und Krypto

Herkömmliches Geld, wie Banknoten und Münzen, muss drei Funktionen erfüllen (Martin 2015):

- Zahlungsmittel zur Erleichterung von Transaktionen
- Werterhalt über die Zeit
- Rechnungseinheit, die zum Beispiel für die Wertberechnung oder den Vergleich von Waren oder Dienstleistungen verwendet werden kann

Um diesen Anforderungen gerecht zu werden, muss Geld folgende Merkmale aufweisen:

- Schutz gegen Vervielfältigung
- Physische Sicherheit, sodass der physische Besitz des Geldes Eigentümerschaft bedeutet

Unser traditionelles Währungssystem beruht auf Fiat-Währungen, d. h. Währungen, die an sich wertlose Objekte sind (Münzen und Geldscheine), ihren Wert jedoch fast vollständig aus der staatlichen Unterstützung beziehen (Graeber 2014). Ein solches System hat sowohl Vor- als auch Nachteile: Wenn die Regierung, die eine Währung stützt, stabil ist, dann ist auch die Währung tendenziell stabil, und es gibt Mechanismen, mit denen inflationären Schwankungen begegnet werden kann. Immer wieder versagen Regierungen im Hinblick auf diese wichtige volkswirtschaftliche Funktion. Dabei verlieren Währungen oft einen großen Teil ihres Wertes, wie jüngst am Beispiel Venezuelas zu beobachten war.

Kryptowährungen wie Bitcoin erfüllen sowohl die funktionalen Anforderungen (Zahlungsmittel, Werterhalt und Rechnungseinheit) als auch die Sicherheitsmerkmale (Schutz gegen Vervielfältigung und physische Sicherheit) eines herkömmlichen Währungssystems.

Bitcoin etwa ermöglicht den direkten und diskreten Token-Transfer von einer Person zur anderen und funktioniert damit per definitionem als Zahlungsmittel, ohne dabei auf einen Vermittler angewiesen zu sein. In der Praxis muss jede Transaktion dieser Art eine Herkunfts- und eine Zieladresse sowie die Anzahl der zu übertragenden Wertmarken benennen. Kap. 3 gibt einen detaillierten Überblick über alle Daten, die in einer Bitcoin-Transaktion enthalten sind.

Was den Werterhalt betrifft, kann man Bitcoin am ehesten mit Rohstoffressourcen wie Silber und Gold vergleichen, die einen bestimmten Preis pro Einheit haben. Die Marktkräfte (d. h. Angebot und Nachfrage) bestimmen den Preis dieser Rohstoffe ebenso, wie sie den Preis von Bitcoin beeinflussen. Daher erfüllt Bitcoin die Werterhaltsanforderung auf der Grundlage seiner aktuellen marktbestimmten Bewertung. Bitcoin ist so gegen die meisten Faktoren immun, die den Wertverlust einer traditionellen Währung verursachen können, wie etwa Regierungsversagen.

Schließlich hat Bitcoin, wie herkömmliche Währungen, eine Rechnungseinheit. Die Währungseinheit des Bitcoin-Netzwerks ist der „Bitcoin" mit der Abkürzung BTC. Die kleinste Einheit ist ein Satoshi, benannt nach dem Pseudonym Satoshi Nakamoto, dem anonymen Erfinder des Bitcoin-Netzwerkprotokolls (siehe Kap. 3). Ein Bitcoin entspricht 100.000.000 Satoshis.

1.1.4 Eigentum

In blockchainbasierten Systemen werden individuelle Transaktionen nicht einzeln versandt. Stattdessen führen die Netzwerkknoten Transaktionen in sogenannten Blöcken durch und fügen diese Blöcke dann an ein dezentralisiertes Ledger (d. h. die Blockchain) an. Wenn ein Benutzer Bitcoins besitzt, zeigt das Ledger jederzeit an, wie viele Bitcoins er auf seinem Konto, also der Bitcoin-Adresse, hat. Der Benutzer kann Bitcoins nur dann auf einen anderen übertragen, wenn er sie tatsächlich besitzt. Eine gültige Transaktionsanweisung aktualisiert das Ledger entsprechend (Abb. 1.4).

Als einfaches Beispiel können wir annehmen, dass die Summe aller traditionellen Münzen und Scheine, die eine Person besitzt, den aktuellen Nettowert darstellt: Wenn ich Dollarscheine in meiner Tasche habe, dann gehören diese Dollars mir, und es gibt keine Unklarheit bezüglich der Frage des Eigentums daran.

Bei traditionellen Bankkonten werden umfangreiche Datenbanken eingesetzt, um zu überblicken, über wie viel Geld ein Kunde dort verfügt. Wir können diese Systeme als zentralisierte, ständig aktualisierte Ledger betrachten, die das Guthaben eines jeden Kontoinhabers nachverfolgen.

Im Hinblick auf Bitcoin funktioniert das System anders. Anstatt eine zentrale Stelle zu haben, die ein großes Ledger kontrolliert, unterhält jeder Teilnehmer („Node") des Blockchain-Netzwerks eine kryptografisch verifizierte Kopie des neuesten dezentralen Ledgers, das alle jemals stattgefundenen Transaktionen enthält. Dieses Ledger ist öffent-

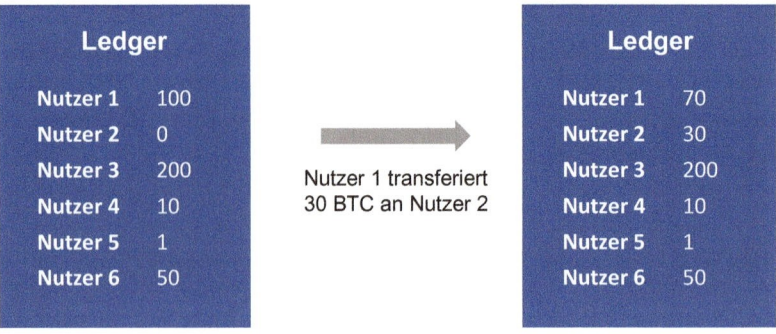

Abb. 1.4 Übertragung von Positionen mithilfe eines blockchainbasierten Kontobuchsystems

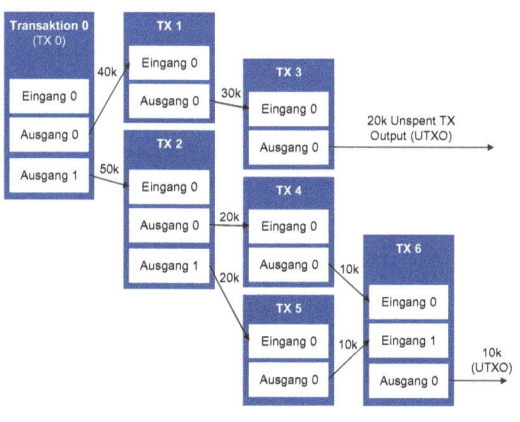

- **Input:** Jede referenzierte Eingabe muss gültig und noch nicht ausgegeben sein.

- **Signatur:** Jede Transaktion muss eine Signatur aufweisen, die mit der des Eigentümers der Eingabe übereinstimmt.

- **Inputs ≥ Output:** Der Wert der Eingänge muss größer sein als der Wert der Ausgänge oder diesem entsprechen.

- **Noch nicht ausgegebene Transaktionsausgabe (UTXO):** Das „Guthaben" eines Nutzers im System entspricht dem Gesamtwert der „UTXO", für die der Nutzer den privaten Schlüssel hat.

- **Struktur:** Jede „UTXO" wird mit ihrer Adresse, Transaktionsnummer und ihrem Wert gespeichert.

Abb. 1.5 Vorangegangene Transaktionen bestimmen den Wert, der mit einer Bitcoin-Adresse assoziiert ist

lich, d. h. sämtliche Vorgänge sind für jeden, der die dazugehörige Client-Software anwendet, frei zugänglich. Tatsächlich kann bei öffentlichen Kryptowährungen wie Bitcoin jeder alle zurückliegenden Transaktionen einsehen, wenngleich es nicht einfach ist, zu ermitteln, wer sie ausgeführt hat (siehe Kap. 5 für eine detaillierte Erklärung von Datenschutz und Anonymität im Rahmen der Blockchain). Zum Zeitpunkt des Schreibens dieses Buches hat die Bitcoin-Blockchain bereits 200 GB überschritten, was ausreichend Speicherplatz für etwa 50.000 MP3-Songs bietet. Jeder Knoten muss die gesamten 200 GB lokal speichern, um ein Teil des Netzwerks zu sein.

Es gibt für Bitcoin keine Kontostände im herkömmlichen Sinne; stattdessen indizieren alle vorangegangenen Transaktionen, die auf eine bestimmte Adresse zeigen, zu jeder Zeit den mit dieser Adresse verbundenen Wert (Abb. 1.5). Die Regeln für die verschiedenen Operationen (z. B. Werttransfers) werden durch die Software auf den Computer-Knoten, die das Bitcoin-Netzwerk bilden, festgelegt und umgesetzt.

1.2 Kryptowährungen

1.2.1 Kontrollmechanismen

Im vorangegangenen Abschnitt haben wir die Kryptowährung Bitcoin mit Fiat-Geld, also ihrem realen Pendant, verglichen, indem wir untersucht haben, ob und wie ihre Eigenschaften die kritischen Funktionen des traditionellen Geldes erfüllen und gleichzeitig den wichtigsten Sicherheitsanforderungen entsprechen.

Genau wie die Fiat-Währungen erfordern Kryptowährungen Prozesse, die das Währungsangebot kontrollieren und betrügerische Aktivitäten eindämmen. Bei Fiat-Währungen steuern staatliche Organisationen (z. B. Zentralbanken) die Geldpolitik zur Kontrolle der

Geldmenge, und das Präge- und Druckverfahren der staatlich geführten Währung beinhaltet fälschungssichere Merkmale (z. B. Wasserzeichen in den größeren Scheinen), durch
die die Barrieren für Fälscher erhöht werden. Zudem werden unerlaubte Betrugs- und
Manipulationsversuche strafrechtlich verfolgt. Im digitalen Bereich ist das Äquivalent einer Fälschung die doppelte Ausgabe eines individuellen Bitcoins: Hier wird eine Transaktion an mehrere Personen geschickt (Lewis 2018), mit dem Ziel, denselben Bitcoin mehrfach auszugeben (siehe Kap. 2).

In diesem Abschnitt werden wir die operativen Prozesse von Bitcoin näher betrachten
und darstellen, wie die Eigenschaften des Protokolls und die P2P-Netzwerkarchitektur
gemeinsam dazu beitragen, dem Bitcoin-Ökosystem zu ermöglichen, seine Operationen
sicher durchzuführen.

1.2.2   Kryptografie

Kryptowährungen sind auf Kryptografie angewiesen, um Sicherheitsmaßnahmen einzu-
bauen. Die Kryptografie stellt einen mathematisch basierten Mechanismus zur Verfügung,
der die Regeln des Systems direkt im Rahmen der technischen Operationen implementiert.
Bitcoin stützt sich beispielsweise auf eine Handvoll bekannter kryptografischer Prinzipien. Während die zugrunde liegende Mathematik einfach ist, ist die erreichte Verschlüsselung innerhalb eines endlichen Zeitraums mit den zurzeit verfügbaren technischen Mitteln nicht entschlüsselbar (Popper 2016). Der übrige Abschnitt beschäftigt sich mit der
Einführung kryptografischer Hashs, asymmetrischer Verschlüsselung sowie digitaler Signaturen. Kap. 8 behandelt fortgeschrittenere kryptografische Schemata wie z. B. die
Kryptografie mit elliptischen Kurven und Zero-Knowledge-Beweisen.

1.2.3   Kryptografisches Hashing

Die älteste Blockchain ist dreizehn Jahre älter als der Bitcoin. Sie wurde wöchentlich im
Kleinanzeigenteil der New York Times abgedruckt. 1991 hatten Stuart Haber und Scott
Storiette die Idee, die Blockchain-Technologie zu nutzen, um digitale Dokumente mit einem Zeitstempel zu versehen und dadurch deren Authentizität zu verifizieren. Im Rahmen
ihrer Arbeit mit dem Unternehmen Surety begannen die beiden, einen alphanumerischen
Code mit wöchentlichen Hash-Zusammenfassungen (d. h. zur Zeitstempelung von Informationen) im Kleinanzeigenteil der New York Times zu veröffentlichen, wodurch das ana-
loge Surety-Ledger nicht nur die erste, sondern auch die älteste Blockchain der Welt wurde
(Narayanan et al. 2016).

Es gibt verschiedene Möglichkeiten, ein Dokument mit einem Zeitstempel zu versehen.
Praktische Beispiele außerhalb des digitalen Bereichs umfassen unter anderem den Prozess des Versendens eines Dokuments in einem versiegelten Umschlag mit einer staatlichen

Klartext   **Hash-Algorithmus**   **Hashwert**

Abb. 1.6 Hash-Algorithmus als Einwegfunktion

Briefmarke oder das Fotografieren einer Dokumentseite in Verbindung mit dem Deckblatt einer größeren Zeitung.

In ähnlicher Weise wird zur Schaffung eines zuverlässigen Mechanismus für die Zeitstempelung digitaler Dokumente der Hashing-Prozess verwendet, damit eine digitale Momentaufnahme der Daten zur rechten Zeit erstellt werden kann.

Das kryptografische Hashing, das seit mehr als dreißig Jahren existiert, beruht auf nicht entschlüsselbaren Einwegfunktionen (Abb. 1.6). Eine Hash-Funktion wandelt Daten jeder Größe in eine Bitfolge mit festgelegter Länge um (Menezes et al. 2001). Kurz gesagt, kann man davon ausgehen, dass zwei Dokumente (oder Dateien) identisch sind, wenn die von jeder Datei abgeleiteten Hashs identisch sind. Die Veröffentlichung eines Hashs eines Dokuments ermöglicht daher den Nachweis, dass ein bestimmtes Dokument zu einem bestimmten Zeitpunkt existiert hat, ohne das eigentliche Dokument zu teilen (d. h. aufgrund der einseitigen, nicht entschlüsselbaren Erscheinungsform der Hash-Funktion). Im Hinblick auf das Bitcoin-Netzwerk ist die Bitfolge normalerweise 32 Zeichen lang.

Bitcoin verwendet ein Hash-Schema namens Secure-Hash-Algorithmus (SHA), eine von zahlreichen kryptografischen Hash-Funktionen, die von diversen zurzeit agierenden Blockchains verwendet werden (siehe Kap. 8).

1.2.4 Asymmetrische Kryptografie

Asymmetrische Kryptografie verwendet ein Schlüsselpaar – einen öffentlichen und einen privaten – anstelle eines einzigen Schlüssels (Passwort). Um mit dieser Methode sicher zu kommunizieren, generiert der Empfänger einer verschlüsselten Nachricht auf seinem Computer sowohl einen öffentlichen als auch einen privaten Schlüssel. Der öffentliche Schlüssel wird dazu verwendet, eine Nachricht zu verschlüsseln, die nur mit dem dazugehörigen privaten Schlüssel entschlüsselt werden kann. Nachdem der Empfänger seinen öffentlichen Schlüssel mit der Welt geteilt hat, kann jeder, der ihm eine sichere Nachricht senden möchte, den öffentlichen Schlüssel zur Verschlüsselung verwenden, jedoch kann nur der Empfänger die Nachricht lesen, da er die einzige Person mit Zugriff auf den entsprechenden privaten Schlüssel ist (Paar und Pelzl 2011). Im Fall von Bitcoin verwendet der Besitzer einer Adresse den privaten Schlüssel, um Transaktionen zu autorisieren. Kap. 8 enthält weitere Einzelheiten zur asymmetrischen Kryptografie.

1.2.5 Digitale Signaturen

Eine digitale Signatur ist ein asymmetrisches Kryptosystem, bei dem der Absender einen geheimen Signaturschlüssel (d. h. den in Abschn. 1.2.4 beschriebenen privaten Schlüssel) verwendet, um den Wert einer digitalen Nachricht zu berechnen. Auf diese Weise kann der Absender unter Verwendung eines privaten Schlüssels sowohl eine Nachricht entschlüsseln, nachdem sie mit seinem öffentlichen Schlüssel verschlüsselt wurde, als auch eine Transaktionsnachricht unterschreiben, die es der Öffentlichkeit erlaubt, die Authentizität einer unverschlüsselten Nachricht mit ihrem öffentlichen Schlüssel zu prüfen.

1.3 Grundlagen der Netzwerkarchitektur

Der im Jahr 2008 erfundene Bitcoin ist ein Beispiel für ein globales Zahlungsnetzwerk mit einer dezentralisierten und öffentlichen Infrastruktur, das als ein „erlaubnisloses" System arbeitet. Dieses basiert auf einer Netzwerkarchitektur, die als Peer-to-Peer-Netzwerk (P2P-Netzwerk) bekannt ist (siehe Abb. 1.7).

Bitcoin stellt die erste „Killer"-Anwendung der dezentralen Ledger da. Bitcoin hat es ermöglicht, weltweite Zahlungen über ein P2P-Netzwerk abzuwickeln, ohne dass dabei die Notwendigkeit einer vertrauenswürdigen Drittpartei, etwa einer Bank, besteht.

Genehmigungsfreie Blockchains sind ohne Zugangsbarrieren öffentlich und für jeden zugänglich. Da solche Netzwerke mit jeder Art Teilnehmer, auch opportunistischer, rechnen müssen, besteht das Erfolgsrezept für sichere Operationen darin, Anreize für protokollkonformes Verhalten in einer kritischen Mehrheit des Netzwerks zu schaffen, sodass

- opportunistische Akteure das Netzwerk nicht durch eine Privilegien-Eskalation übernehmen können,

Ein **serverbasiertes** Netzwerk

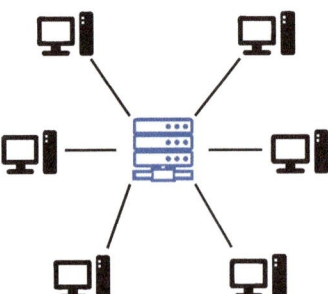

Ein **P2P**-Nertzwerk

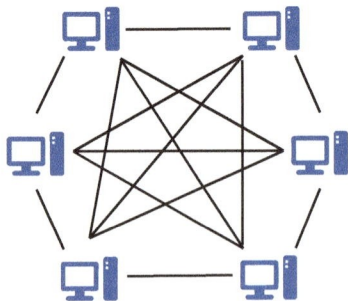

Abb. 1.7 Serverbasierte vs. Peer-to-Peer (P2P) Netzwerke

- diese Teilnehmer sich nicht zusammenschließen können, um einen organisierten Angriff zu starten,
- die Kosten eines Angriffs auf das Netzwerk unerschwinglich hoch sind und
- die Gewinne höher sind als die Kosten der Sicherung vor Angriffen.

1.4   Die Blockchain

Die ersten drei Abschnitte dieses Kapitels vergleichen Kryptowährungen mit realem Fiat-Geld und geben einen Überblick über den Schlüsselmechanismus, den Kryptowährungen einsetzen, um die Funktionen von Fiat-Geld zu erfüllen. Auch Blockchains gibt es in verschiedenen Varianten, aber um zu verstehen, was die eine von der anderen unterscheidet, ist ein kurzer Überblick über die Funktionsweise von Blockchains sinnvoll. Daher werden wir zunächst die operativen Prozesse des Blockchain-Netzwerks sowie die einzelnen Blöcke und ihre Inhalte betrachten. Anschließend werden wir uns damit befassen, wie sich diese verschiedenen Elemente integrieren und gemeinsam funktionieren.

1.4.1   Funktionsprinzipien

Der Begriff Blockchain bezieht sich auf eine Teilmenge einer umfassenderen Kategorie namens DLT und leitet seine Bezeichnung von seiner Hauptaktivität ab, der chronologischen Verbindung einzelner Blöcke in eine Kette (Abb. 1.8).

Ein maßgebliches Merkmal der Blockchain-Technologie ist die Zeitstempelung. Jede Transaktion und jeder Block enthält einen Zeitstempel, der es jedem ermöglicht, die korrekte Reihenfolge aller Blöcke seit Start der Blockchain abzuleiten. Die Kombination aus

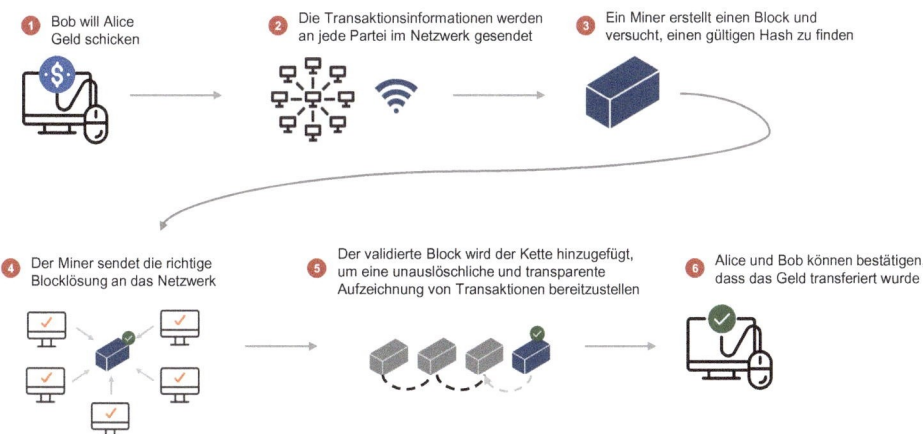

Abb. 1.8 Funktionsprinzipien einer Blockchain

Zeitstempel und kryptografischem Hashing hält die in der Blockchain enthaltenen Datensätze unverändert. Diese Unabänderlichkeit gilt für jede Transaktion und jeden Block, bis hin zum ersten Block in einer Blockchain, der normalerweise als Genesis-Block bezeichnet wird.

1.4.2   Blöcke

Ein einzelner Block besteht aus einer Reihe von Transaktionen, die gruppiert und als eine Einheit (d. h. als Block) an die Blockchain angehängt werden. Im Fall von Bitcoin übernehmen die Knoten die Aufgabe, Transaktionsblöcke anzuhängen, indem sie noch nicht vom Netzwerk abgesicherte Transaktionen bündeln und validieren. Dieser Prozess wird auch als „Mining" bezeichnet.

Jeder Block enthält eine bestimmte Anzahl von Transaktionen. Bei Bitcoin beträgt die kleinste Transaktionsgröße 83 Byte, wodurch etwa 10.000 Transaktionen pro Block möglich wären. Eine reguläre Transaktion (d. h. von Partei A zu Partei B) hat eine Größe von 250 Byte, was etwa 4000 Transaktionen entspricht. Die mögliche Anzahl der Transaktionen innerhalb eines einzigen Blocks hängt von seiner Größenbeschränkung ab. Seit 2019 liegt diese für einen Block von Bitcoin bei zwei Megabyte. Zu beachten ist, dass ein Block über die reinen Transaktionsdaten hinaus Informationen enthält (siehe Abb. 1.9), wozu Elemente wie Datumsstempel und andere Referenzdaten gehören.

Für den Proof-of-Work-Mechanismus (PoW), der vom Bitcoin-Netzwerk eingesetzt wird, müssen die Knoten zusätzlich zur Bündelung und Validierung eine kryptografische Aufgabe lösen, bevor ein neuer Block hinzugefügt werden kann. Der Prozess, dieses Puzzle zu lösen, erfordert eine erhebliche Rechenleistung, sodass Bitcoin oft als verschwenderisch in Bezug auf den Energieverbrauch angesehen wird. Jedoch ist gerade der durch das Netzwerk verursachte Energieaufwand für den Wert von Bitcoin verantwortlich, da es extrem schwierig gemacht wird, Transaktionen zu fälschen und somit die Sicherheit erhöht wird (siehe Kap. 3 für eine genauere Betrachtung der verschiedenen Konsensmechanismen).

Eine Blockchain umfasst eine Abfolge chronologisch geordneter Blöcke, die aus unveränderlichen, digital signierten und von den Netzwerkknoten des durch den Mining-Prozess formell verifizierten Transaktionsaufzeichnungen bestehen.

Bei Bitcoin sind es die formalisierten, unumkehrbaren Transaktionsaufzeichnungen, die die Bewegung von Bitcoins zwischen einzelnen Adressen bestätigen. Es ist möglich, dass diese Aufzeichnungen auch andere Arten von Informationen enthalten, etwa Eigentumsdaten oder sogar komplexere Logik in Fällen von „Smart Contracts", d. h. Algorithmen, die aber auf einem separaten Blockchain-System und nicht auf der Bitcoin-Implementierung gehostet werden.

Im Rahmen von Blockchain-Systemen können „Smart Contracts" im Falle der Erfüllung bestimmter Kriterien automatisch (siehe Kap. 5) die Ausführung vordefinierter Kommandos initiieren und so Transaktionen durchführen.

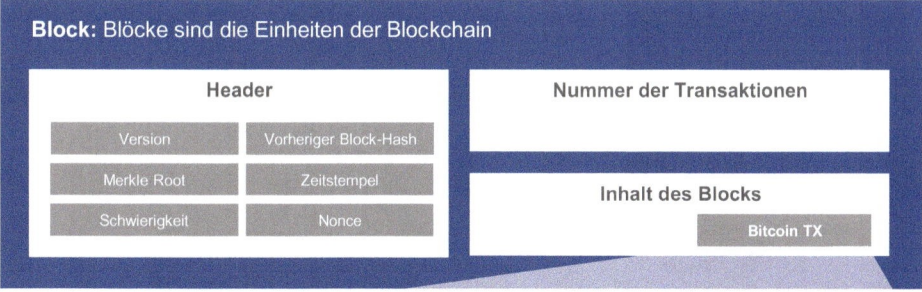

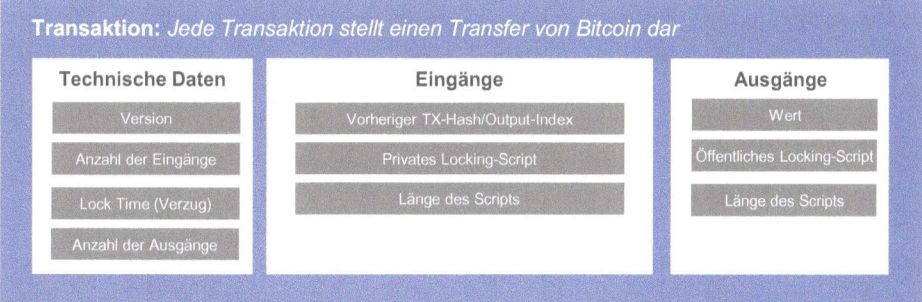

Abb. 1.9 Aufbau eines Blocks

Der kleinste Teil des Blockchain-Datensatzes ist eine Transaktion, also eine autorisierte Anfrage zur Änderung von Daten auf einer Blockchain wie etwa zum Senden von Bitcoins von einer Adresse zu einer anderen. Die Autorisierung durch den Absender erfolgt über einen privaten Schlüssel: Alle anderen Netzwerkknoten können diese Signatur mit dem öffentlichen Schlüssel der autorisierenden Partei vergleichen und verifizieren.

Alle Transaktionsanfragen mit geeigneter Autorisierung, bei denen also die Signatur des privaten Schlüssels gegen den öffentlichen Schlüssel der autorisierenden Partei geprüft wird, werden zum Inhalt eines Blocks gebündelt. Die Knoten übernehmen alle Daten, die den Inhalt des Blocks bilden, und erfassen sie in einer besonderen Nummer, dem Merkle-Root-Hash (Nakamoto 2018), welche den Blockinhalt mit dem Header des Blocks verknüpft. In ähnlicher Weise berechnen die sogenannten Miner, basierend auf allen Daten des vorherigen Blocks der Blockchain, eine weitere besondere Nummer, nämlich den Hash dieses Blocks. Der Hash dieses vorausgehenden Blocks verknüpft den letzten in der Blockchain gefundenen Block mit diesem Block.

Zusammengefasst bilden also der Merkle-Root-Hash, der vorherige Block-Hash, ein Zeitstempel (Kalenderzeit), die Versions- und Schwierigkeitsangabe (beide durch das Blockchain-Protokoll festgelegt) und die „Nonce" (im Folgenden definiert) den Header des noch fertigzustellenden Blocks (Abb. 1.9). Der Block bleibt so lange unbestätigt, bis die Mehrheit der Netzwerkknoten ihn validiert und er daraufhin von einem der Netzwerkteilnehmer erfolgreich bearbeitet wird.

Um den Block erfolgreich zu verifizieren und im Netzwerk zu bestätigen, muss ein Miner die Nonce finden, also eine Zahl, die zusammen mit den Block-Daten den richtigen Block-Hash ergibt. Das Konzept und die Funktionsweise der Nonce wird in Kap. 2 noch einmal ausführlicher vorgestellt.

Zur Veranschaulichung: Welche ganze Zahl ist mit 123 zu multiplizieren, sodass die daraus resultierende Zahl mit 99 endet? Eine Möglichkeit wäre 13 x 123 = 1599 und eine andere 813 x 123 = 99.999. Die Block-Daten sind hier die 123, die 99 ist die Schwierigkeitsanforderung, die 13 oder die 813 ist die Nonce, und die 1599 oder 99.999 stellen den Block-Hash dar.

Der energieintensive Teil des Minings ist der Prozess, eine Nonce zu finden, die zu einem geeigneten Hash führt (siehe Abschn. 1.5.2. für weitere Einzelheiten hinsichtlich des immensen Energiebedarfs für die Validierung von Blöcken des Bitcoin-Netzwerks).

1.5   Datenintegrität

Der größte Vorteil blockchainbasierter Netzwerksysteme ist die relative Unveränderlichkeit der gespeicherten Dateneinträge, eine Eigenschaft, die blockchainbasierte Lösungen für Anwendungen im Finanz- und Rechnungswesen, für Aufzeichnungen über den Besitz von Vermögenswerten und für das Identitätsmanagement, an dem mehrere Parteien beteiligt sind, attraktiv macht. Dieser Abschnitt gibt einen ersten Überblick über die kritischen Elemente des Datenvalidierungsapparats einer Blockchain. Darüber hinaus werden kurz die Konzepte der Datenpropagation und der Merkle-Bäume vorgestellt.

1.5.1   Ledger-Propagation

Dezentralisierte Netzwerke, die auf dem P2P-Ansatz basieren, gelten im Allgemeinen als sicherer und belastbarer als ihre serverbasierten, zentralisierten Gegenstücke, da sie im Gegensatz zu diesen Netzwerken keinen einzelnen Ausfallpunkt (*Single Point of Failure*) haben. Bei P2P-Netzwerken können Angreifer zwar einzelnen Computern, aber niemals dem gesamten Netzwerk auf einmal schaden.

Die Einführung des TCP/IP-Protokolls ermöglichte Informationstransaktionen in Echtzeit, Blockchains jedoch machen P2P-Werttransaktionen in Echtzeit möglich. Die Blockchain-Datenstruktur repliziert sich über ein Netzwerk von Knoten mithilfe eines Konsensmechanismus, der sichere Wertübertragungen zwischen den Teilnehmern erlaubt

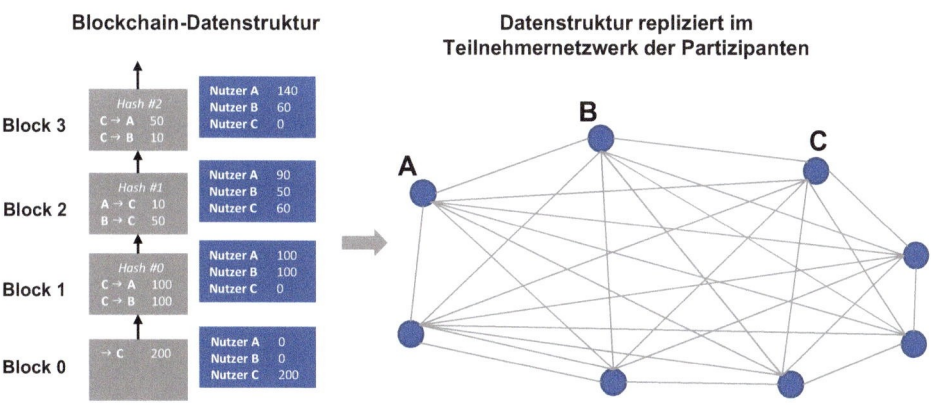

Abb. 1.10 Transfer von Informationen über ein Netzwerk

(Abb. 1.10). Ein Hauptmerkmal dieses Aufbaus ist, dass die Teilnehmer Transaktionen ausführen können, ohne dass ein Vermittler für die Transfers, wie von großen Banken genutzt, erforderlich ist.

1.5.2 Transaktionsvalidierung

Im Hinblick auf Proof-of-Work ist der Zeit- und Energieaufwand für die Neuberechnung der Nonce für diesen und jeden nachfolgenden Block unerschwinglich. Wenn ein opportunistischer Akteur versucht, eine Transaktion in einem bestehenden Block zu modifizieren, ohne alle nachfolgenden Blöcke zu aktualisieren, geht die mathematische Gültigkeit der Blockchain verloren (siehe Abschn. 2.1.4. für genauere Einzelheiten). In diesem Fall könnten alle beteiligten Knoten sofort die verschiedenen Hashs, die in den Blöcken verwendet werden, erneut validieren und so zügig feststellen, dass etwas nicht stimmt.

Um ein besseres Gespür für den Umfang der verwendeten Energie zu bekommen, sollte man den Energieverbrauch des Bitcoin-Netzwerks betrachten. Von 2018 an produzierte die gesamte Rechenkapazität des Bitcoin-Netzwerks etwa 30 Millionen Billionen SHA-256 Hashs pro Sekunde. Außerdem benötigt das Netzwerk etwa zehn Minuten, um einen neuen Hash zu finden, um den nächsten Block zu generieren. Nach Schätzungen von Experten liegt der Stromverbrauch für die Server, auf denen die Bitcoin-Software läuft, bei mindestens 2,55 Gigawatt (GW), was einem Energieverbrauch von 22 Terawattstunden (TWh) pro Jahr entspricht, fast die gleiche Energiemenge, die in Irland in einem Jahr verbraucht wird.

Die beteiligten Knoten des Blockchain-Netzwerks, die Miners, führen die Validierungs- und Hashing-Arbeiten nach vordefinierten Regeln durch. Eine Computeranwendung setzt diese Regeln um, und jeder Knoten, der Teil des Netzwerks ist, muss diese

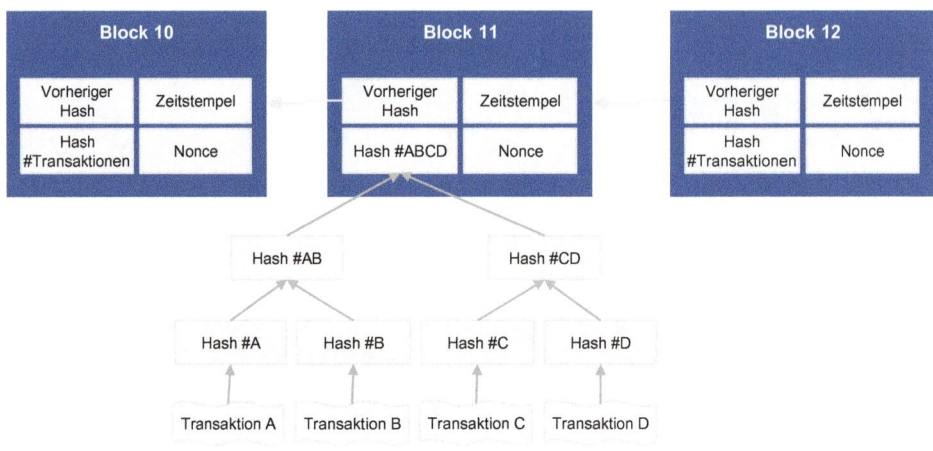

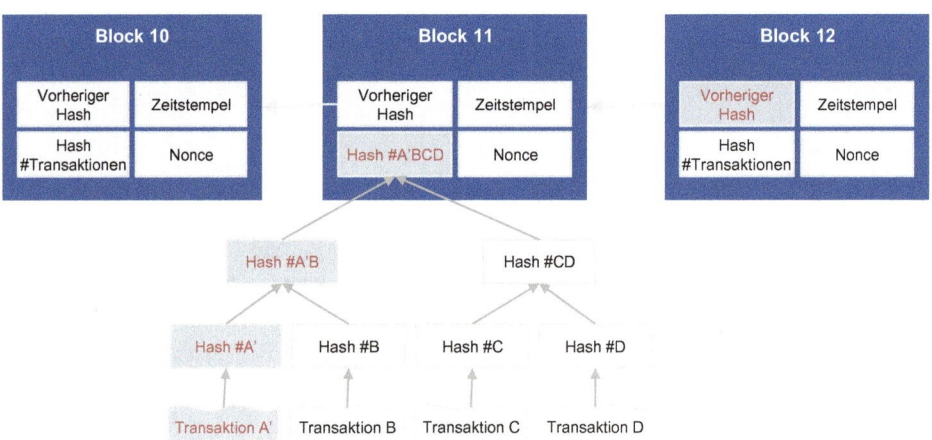

Abb. 1.11 Sicherheit durch Merkle-Bäume und Hashing

Software ausführen (z. B., wie im Fall des dezentralisierten Napsternetzwerks, in dem Teilnehmer Dateien untereinander austauschen konnten).

Betrachten wir das folgende Beispiel: Abb. 1.11 zeigt die ursprünglichen Blöcke und die Transaktionen für Block 11. Die Merkle-Root für die Transaktionen in Block 11 ist Hash #ABCD, wodurch der kombinierte Hash für die vier Transaktionen in diesem Block dargestellt wird. Stellen wir uns nun vor, irgendjemand kommt dazu und versucht, Transaktion A in Transaktion A′ zu ändern. Eine solche Änderung modifiziert die Hashs, die der Miner zuvor in den Merkle-Baum aufgenommen hat, und die Merkle-Root ändert sich zu Hash #A′BCD. Der Hash des vorherigen Blocks, der in Block 12 gespeichert ist, muss nun ebenfalls geändert werden, um die gesamte Änderung des Hashs für Block 11 wiederzugeben.

1.5.3 Merkle-Bäume

Merkle-Bäume, auch bekannt als binäre Hash-Bäume, sind eine baumartige Datenstruktur. Sie erfassen die Hashs einzelner Datenelemente in großen Datensätzen, um die Effizienz ihrer Überprüfung zu erhöhen. Innerhalb des Blockchain-Bereichs fungieren Merkle-Bäume als Mechanismus zur Verhinderung von unrechtmäßigen Veränderungen: Sie stellen sicher, dass kein Akteur unbemerkt Daten ändern kann. Der Name geht zurück auf den Nachnamen ihres Erfinder Ralph Merkle (im Jahr 1979) und dem wie in Abb. 1.11 dargestellten astähnlichen Aussehen der Daten (Merkle 1979). In Bezug auf Kryptowährungen vereinfachen es Merkle-Bäume, die einzelnen Transaktionen in jedem Block zusammenzufassen, indem sie einen digitalen Fingerabdruck von Transaktionen erstellen. Diese Methode bietet ein effizientes Mittel, um festzustellen, ob das Netzwerk bereits eine Transaktion in jedem Block enthält oder nicht.

Blockchains werden oft als unveränderlich beschrieben, jedoch impliziert der Begriff Unveränderlichkeit, dass Daten überhaupt nicht verändert werden können. Blockchain-Daten können jedoch theoretisch geändert werden. Dies ist aber sehr schwierig, da es den Konsens von mehr als 50 Prozent der Netzwerkknoten erfordert. Außerdem bleiben solche Versuche nicht unentdeckt. Wenn ein opportunistischer Akteur eine Änderung versucht, können die anderen Netzwerkteilnehmer dies leicht erkennen, da alle Vorgänge für jeden Netzwerkteilnehmer sichtbar sind. Die Herausforderung für diejenigen, die versuchen, die in einer Blockchain gespeicherten Transaktionsdaten abzuändern, ergibt sich aus der Tatsache, dass jeder Block kryptografisch mit dem vorherigen Block verbunden ist. Zusätzlich zu dieser Verbindung enthält jeder Block auch den Merkle-Root-Hash, der jede Transaktion abdeckt, die der letzte Block eingekapselt hat. Wenn also auch noch so geringfügige Änderungen an einer Transaktion im vorherigen Block auftreten, dann würde sich der Merkle-Root-Hash zusammen mit dem gesamten Hash des vorherigen Blocks vollständig ändern. Folglich müsste jeder nachfolgende Block neu berechnet werden, da sich ein Teil der Eingaben (der Hash des Merkle-Baums) verändert hat.

1.6   Arten von Blockchains

Alle Blockchain-Systeme sind in ihrer inneren Funktionsweise und der erforderlichen Funktionalität ähnlich, unterscheiden sich aber in der Art und Weise, wie neue Netzwerkteilnehmer (Nodes, also Knoten) in ein Netzwerk eintreten:

- Öffentlich (ohne vorherige Erlaubnis/Zustimmung)
- Privat (mit Erlaubnis/Zustimmung)
- Vom Konsortium kontrolliert (mit Erlaubnis/Zustimmung)

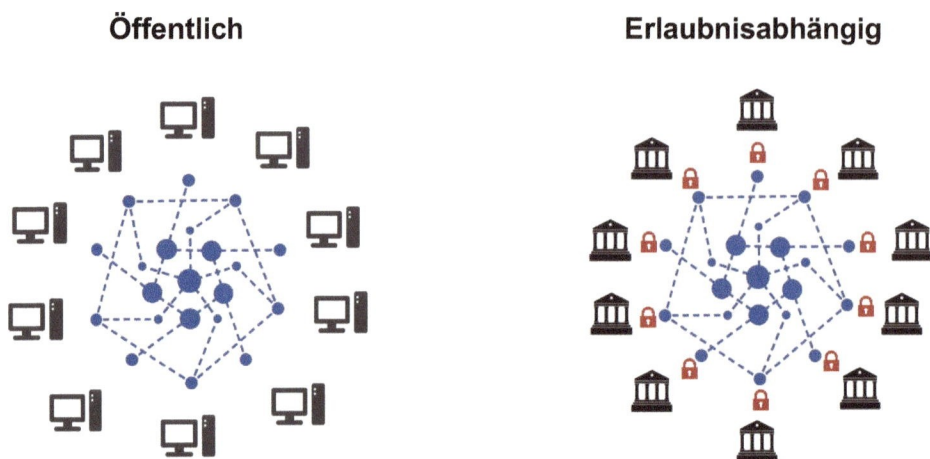

Abb. 1.12 Öffentliche vs. erlaubnisabhängige Blockchains

1.6.1 Öffentliche Blockchains

Wie ihr Name schon vermuten lässt, können Beitritte zu öffentlichen Blockchains durch jedermann von überall her erfolgen. Dies steht im Gegensatz zu Systemen mit vorheriger Erlaubnis, bei denen der Zugriff auf alle Netzwerkzugangspunkte individuell gesteuert wird (Abb. 1.12). Außerdem werden neue Teilnehmer nicht überprüft, und es gibt keine Maßnahmen, die ergriffen werden können, um einen Knoten aus dem Netzwerk wieder auszuschließen. Es gibt keine festgelegte Verantwortlichkeit, und jeder kann am Lesen, Schreiben und Verifizieren der Blockchain partizipieren. Eine weitere Eigenschaft dieser Art von Blockchain ist, dass sie offen und transparent ist. Jeder Knoten im Netzwerk kann sämtliche Einträge jederzeit überprüfen. Die heutzutage bekanntesten Beispiele für öffentliche Blockchains sind die Netzwerke Bitcoin und Ethereum.

1.6.2 Private Blockchains

Private Blockchains erfordern eine explizite Vorabverifizierung aller Netzwerkknoten. Da es einen zentralen Kontrollpunkt gibt, herrscht die allgemeine Auffassung, dass private Blockchains im Vergleich zu öffentlichen (erlaubnisfreien) Blockchains als schlechter angesehen werden, weil sie eine Schwachstelle haben. Da alle beteiligten Parteien, die Knoten in diesen Blockchains betreiben, einander in der Regel bekannt sind, ist das Fehlen von Vertrauen kein Argument, das gegen private Blockchains spricht. Unternehmen, die besonders auf Datenschutz und Kontrolle bedacht sind und weniger auf technisches Design, tendieren dazu, private Blockchains zu verwenden, unter denen Ripple und Hyperledger die prominentesten sind.

1.6.3 Konsortium-kontrollierte Blockchains

Konsortium-kontrollierte Blockchains sind eine Erweiterung des privaten Blockchain-Aufbaus, da sie die bei privaten Blockchains gängige zentralisierte Autonomie aufheben.

Ein Konsortium könnte zum Beispiel aus 30 Finanzinstituten – oder einer anderen beliebigen Anzahl – bestehen, die festlegen, dass im Netzwerk getroffene Entscheidungen nur dann als gültig akzeptiert werden, wenn mehr als die Hälfte (16) der teilnehmenden Institutionen dies bestätigen. Insofern ist mehr als eine Person oder ein Unternehmen für das Netzwerk verantwortlich. Das heute bekannteste Beispiel einer konsortial betriebenen Blockchain ist Corda von R3.

1.6.4 Auswahlprozess

Es gibt kein einheitliches Regelwerk, das festlegt, welche Art von Blockchain in welchen Situationen zu verwenden ist. Stattdessen sollte auf der Grundlage der Erfordernisse der Beteiligten die Entscheidung bezüglich der Anwendung getroffen werden. Die meisten Anwendungsfälle in Unternehmen erfordern beispielsweise eine umfassende Überprüfung, bevor die Parteien sich auf eine Zusammenarbeit einigen. Dementsprechend waren konsortial betriebene Blockchains besonders bei früheren Proof-of-Concept-Implementierungen (POC) beliebt.

1.7 Übungen

1.7.1 Einleitung

Erfahrungen aus erster Hand beim Aufbau eines blockchainbasierten Netzwerksystems sowie bei der Durchführung von Operationen innerhalb dieses Netzwerks zu erhalten, ist sehr hilfreich. Zu diesem Zweck haben wir für jedes Kapitel dieses Buches eine Reihe praktischer Übungen bereitgestellt, die die Leser durchlaufen können. Unser Ziel ist, dass auf eine praktische Art und Weise mit der blockchainbasierten Technologie interagiert werden kann und innerhalb einer Live-Umgebung einige der Konzepte aus den zugrunde liegenden Kapiteln veranschaulicht werden.

Zu beachten ist, dass die Übungen nicht dazu dienen, Programmierkenntnisse oder eine Form von Implementierungsfähigkeiten zu vermitteln. Stattdessen wollen wir den Leser mit den Arbeitsabläufen der Umgebung einer Blockchain vertraut machen. Die Übungen sollen daher eher nachvollzogen als neu konzipiert werden.

1.7.2 Umgebungssetup

Alle Übungen innerhalb des Buches erfordern eine Unix-basierte Kommandozeilen-umgebung. Um den Aufbauprozess zu vereinfachen, haben wir eine Schritt-für-Schritt-Anleitung zur Verfügung gestellt, um diese Umgebung sowohl für MacOS- als auch für Windows-Computer einzurichten. Um den Prozess des Einrichtens zu rationalisieren und technische Schwierigkeiten zu minimieren, werden wir ein Linux („Ubuntu") Docker Image für die Übungen verwenden, die wir vom Anfang an konfigurieren (siehe Abb. 1.13).

Im ersten Schritt installieren Sie die neueste Version des Docker-Desktops auf Ihren Computer (macOS oder Windows). Dazu gehen Sie auf www.docker.com, erstellen ein Konto, downloaden und installieren die neueste Version der Anwendung.

Sobald die Installation abgeschlossen ist, öffnen Sie die Konsole in Ihrem jeweiligen System, damit der Docker gestartet und mit ihm interagiert werden kann:

- In Windows können Sie die Eingabeaufforderung über das „Run"-Fenster starten. Eine schnellere Möglichkeit, das „Run"-Fenster aufzurufen, besteht darin, die *Windows- + R-Taste* zu drücken. Geben Sie anschließend „cmd" ein, drücken Sie die Eingabetaste oder klicken Sie auf OK.
- Für macOS öffnen Sie entweder im Finder den Ordner „Programme", danach „Dienst-programme" und klicken zweimal auf „Terminal.app", oder drücken *Command-Taste + Leertaste*, um Spotlight zu starten und geben „Terminal" ein, um dann durch einen Doppelklick das Ergebnis zu suchen. Sie sehen ein kleines geöffnetes Fenster mit wei-ßem Hintergrund auf Ihrem Desktop.

Nachdem Sie die Befehlszeile in Windows oder macOS geöffnet haben, verwenden Sie den folgenden Befehl innerhalb der Konsole, um eine interaktive Version von Ubuntu he-runterzuladen, damit Sie die Übungen in diesem sowie allen folgenden Kapiteln bearbei-ten können:

```
docker run -i -t --name pow ubuntu
```

Nach diesem Eintrag sehen Sie den folgenden Ausgangspunkt, d. h. Sie befinden sich jetzt in der Kommandozeilenumgebung einer simulierten Unix-Umgebung. Sie simulieren damit auf Ihrem Computer einen separaten Rechner für die Ausführung der Übungen. An

Abb. 1.13 Einrichtung der Umgebung

diesem Punkt sind wir bereit, mit den Blockchain-Experimenten zu beginnen. (Beachten Sie, dass die auf „root@" folgende Zeichenfolge auf Ihrem PC anders sein wird als die im unten stehenden Beispiel).

```
root@d708bf8dc45d:/#
```

1.7.3 Ihre eigene Blockchain

Sobald die Unix-Umgebung aktiviert ist, werden wir im nächsten Schritt die Blockchain-Umgebung starten. Dieses Umfeld ist die nötige Voraussetzung, um alle folgenden Übungen und Tests durchführen zu können. Beachten Sie, dass Sie zwar eine lokale Blockchain-Instanz einrichten, diese sich jedoch genau wie die öffentliche Ethereum-Blockchain verhält, die von Tausenden von Nutzern weltweit betrieben wird.

1.7.4 Erstellen Sie ein neues Verzeichnis

Geben Sie im nächsten Schritt die folgenden Befehle in der Befehlszeile ein, um in Ihr Home-Verzeichnis (cd) zu kommen, ein neues Verzeichnis (mkdir) mit dem Namen „test1" zu erstellen und in dieses Verzeichnis zu wechseln. Sie können das Verzeichnis auch anders als „test1" nennen. Stellen Sie jedoch sicher, dass diese Bezeichnung während der gesamten Übung einheitlich bleibt.

```
cd
mkdir test1
mkdir test1/geth
cd test1
```

1.7.5 Tool-Download

Geben Sie jetzt in der Befehlszeile folgenden Befehl ein, um eine aktuelle Liste der wichtigsten Linux-Tools herunterzuladen. Diese ist für alle Übungen erforderlich.

```
apt-get update
```

1.7.6   Tool-Installation

Geben Sie den folgenden Befehl ein, um cURL zu installieren. Wenn Sie aufgefordert werden, zusätzlichen Speicherplatz zu verwenden, tun Sie dies.

```
apt-get install curl
```

Als Nächstes muss die *Geth*-Anwendung installiert werden. Sie ist ein Ethereum-Client und in GO geschrieben. Es ist ein Standardanwendungsprogramm, das unseren illustrativen Zwecken nützen wird.

Verwenden Sie den Befehl *curl*, um Geth und tools herunterzuladen und in einer Datei mit dem Namen geth.tar.gz zu speichern.

```
curl -o geth.tar.gz https://gethstore.blob.core.windows.net/builds/geth-alltools-
linux-amd64-1.8.21-9dc5d1a9.tar.gz
```

In diesem Schritt verwenden Sie den *tar*-Befehl, um das geth-alltools.tar.gz-Archiv zu entpacken.

```
tar -C geth --strip-components 1 -xzf geth.tar.gz
```

Anschließend geben Sie den Befehl *cp* ein, um die *Geth*-Tools in den Ordner für Benutzerprogramme auf Ihrer simulierten Ubuntu-Instanz zu kopieren.

```
cp geth/* /usr/bin/
```

Verwenden Sie jetzt den Befehl *rm*, um die heruntergeladenen Dateien zu löschen. Beachten Sie, dass dieser Schritt optional ist; Sie können das Archiv alternativ auch auf Ihrer Instanz behalten.

```
rm -r geth geth.tar.gz
```

1.7.7   Anlegen eines Accounts

In diesem Schritt werden Sie die offizielle Implementierung des Ethereum-Protokolls *Geth* nutzen, um ein lokales Ethereum-basiertes Netzwerk zu starten, das Sie zunächst allein betreiben werden. Dazu müssen Sie als Erstes einen neuen Ethereum-Account erstellen. Im Rahmen dieser Übung werden Sie diesen Account verwenden, um Belohnungen und Gebühren für Ihre Tätigkeit zu erhalten. Zur besseren Veranschaulichung wird dieser Account standardmäßig freigeschaltet, was bedeutet, dass Sie ihn sowohl zum Senden als auch zum Empfangen von Ether verwenden können.

Um einen neuen Ethereum-Account auf Ihrer lokalen Instanz anzulegen, verwenden Sie den folgenden Befehl (der Ordner node_pow enthält sowohl die Datenbanken als auch den Schlüsselspeicher):

```
geth account new --datadir node_pow
```

Als Nächstes werden Sie aufgefordert, eine „Passphrase" anzugeben. Zum jetzigen Zeitpunkt können Sie die Eingabetaste zweimal drücken, um diesen Schritt zu überspringen, da wir kein Passwort verwenden werden.

```
Your new account is locked with a password. Please give a password.

Do not forget this password.
Passphrase:
Repeat passphrase:
```

Danach wird Ihnen die neu erstellte Ethereum-Adresse in der Kommandozeile angezeigt; sie sollte in etwa so aussehen:

```
Address: {e9c51fb5f23321142ee20e991413b956e1c5fbc6}
```

Eine Ethereum-Adresse ist die öffentliche Kennung für einen Account und wird verwendet, um Ether zu empfangen und auszugeben. Die Adresse wird durch Entnahme der 160 Bit ganz rechts (d. h. 20 Byte) des Keccak-256-Hashs vom öffentlichen Schlüssel des Kontos abgeleitet, also vom öffentlichen Teil des ECDSA-Schlüssels (Elliptic Curve Digital Signature Algorithm). Normalerweise wird die Adresse, wie weiter oben dargestellt, im hexadezimalen Format (in Basis-16-Notation) angezeigt. Jedes hexadezimale Zeichen repräsentiert 4 Bits; die Gesamtlänge der Adresse beträgt also 40 hexadezimale Zeichen. Üblich zur Bezeichnung einer hexadezimalen Zeichenfolge ist das Voranstellen eines „0x".

```
Address: {0xe9c51fb5f23321142ee20e991413b956e1c5fbc6}
```

Sie werden feststellen, dass die obige Adresse nur 40 Zeichen lang ist. Das liegt daran, dass das Präfix 0x fehlt. Die eigentliche Adresse ist also:

```
Address: {0xe9c51fb5f23321142ee20e991413b956e1c5fbc6}
```

1.7.8   Einrichtung des Genesis-Blocks

Im nächsten Schritt konfigurieren und starten Sie ein privates Ethereum-Netzwerk durch den Befehl *puppeth*. Dies beinhaltet die Erstellung des ersten Blocks unserer eigenen Blockchain (daher der Name „genesis"). Der Genesis-Block bildet die Grundlage eines jeden Blockchain-Systems und ist der Prototyp aller anderen Blöcke.

Der Befehl *puppeth* wird verwendet, um private Netzwerke zu starten und zu bearbeiten.

```
puppeth
```

Jetzt werden Sie aufgefordert, einen Ethereum-Netzwerknamen anzugeben. Hier geben Sie *node_pow* ein.

```
Please specify a network name to administer (no spaces or hyphens, please)
> node_pow
```

Nach der Aufforderung, eine Aktion auszuwählen, wählen Sie die 2, um einen neue Genesis-Block zu konfigurieren.

```
What would you like to do? (default = stats)
 1. Show network stats
 2. Configure new genesis
 3. Track new remote server
 4. Deploy network components
> 2
```

Als Nächstes sollen Sie angeben, was Sie tun möchten: Wählen Sie die 1, um einen allerersten Block, den Genesis-Block, zu erstellen.

```
What would you like to do? (default = create)
 1. Create new genesis block from scratch
 2. Import already existing genesis
> 1
```

Anschließend werden Sie aufgefordert, einen Konsens-Algorithmus auszuwählen; wählen Sie 1, um Proof-of-Work (PoW) zu verwenden.

```
Which consensus engine to use? (default = clique)
 1. Ethash - proof-of-work
 2. Clique - proof-of-authority
> 1
```

Als Nächstes werden Sie aufgefordert, vorfinanzierte Accounts anzugeben. Kopieren Sie dafür die erste Adresse, die Sie zuvor in Schritt d) eingerichtet haben.

```
Which accounts should be pre-funded? (advisable at least one)
> 0xe9c51fb5f23321142ee20e991413b956e1c5fbc6
> 0x
```

Sie werden nun gefragt, ob Sie Ihre Anfangsadresse mit 1 wei vorfinanzieren möchten. Geben Sie „yes" ein und drücken Sie dazu die Eingabetaste.

```
Should the precompile-addresses (0x1 .. 0xff) be pre-funded with 1 wei? (advisable yes)
> yes
```

Im nächsten Schritt werden Sie gebeten, eine Netzwerkkennung anzugeben. Tippen Sie „101" und drücken die Eingabetaste.

```
Specify your chain/network ID if you want an explicit one (default = random)
> 101
```

Darauf folgend sollen Sie eine Aktion auswählen: Wählen Sie die 2, um die vorhandene Genesis zu verwalten.

```
What would you like to do? (default = stats)
 1. Show network stats
 2. Manage existing genesis
 3. Track new remote server
 4. Deploy network components
> 2
```

Als Nächstes werden Sie aufgefordert, eine Aktion auszuwählen: Wählen Sie die 2, um die Genesis zu exportieren.

```
 1. Modify existing fork rules
 2. Export genesis configuration
 3. Remove genesis configuration
> 2
```

Im Anschluss müssen Sie einen Ordner zum Speichern der Genesis-Spezifikationen auswählen: Drücken Sie die Eingabetaste, um den (aktuellen) Standardordner zu wählen.

```
Which folder to save the genesis specs into? (default = current)
  Will create node_pow.json, node_pow-aleth.json, node_pow-harmony.json,
  node_pow-parity.json
```

Danach werden Sie gebeten, eine Aktion auszuwählen und die Tastenkombination *Strg + C* zu drücken, um Geth zu verlassen. Danach sollte Ihnen wieder die Eingabeaufforderung *root@* … angezeigt werden.

```
What would you like to do? (default = stats)
 1. Show network stats
 2. Manage existing genesis
 3. Track new remote server
 4. Deploy network components
> ^C
```

1.7.9   Bildung eines neuen Netzwerks

Verwenden Sie *geth*, um ein neues Netzwerk mit der konfigurierten Genesis zu starten.

```
geth init node_pow.json --datadir node_pow
```

1.7.10 Start des Netzwerks

Als Nächstes verwenden Sie wieder den Befehl *geth* mit den folgenden Parametern, um den ersten Block Ihrer eigenen Blockchain aufzubauen:

```
geth --datadir node_pow --mine --miner.threads 1
```

Wenn Sie das Netzwerk zum ersten Mal starten, müssen Sie eine sogenannte DAG-Datei erstellen. Auf die technischen Besonderheiten werden wir an dieser Stelle nicht eingehen. Es gibt zwei Hauptgründe für die Verwendung einer DAG-Datei. Zum einen soll die ASIC-Resistenz sichergestellt werden, d. h. es soll verhindert werden, dass Einzelpersonen spezielle Mining-Hardware bauen. Zum anderen soll ein weniger rechenintensiver Weg zur Überprüfung der validierten Blöcke innerhalb des Netzwerks für den Nutzer geschaffen werden. Abhängig von Ihrer Hardware kann die Generierung der DAG-Datei bis zu 30 Minuten dauern.

Während die DAG-Datei erstellt wird, sollten Sie das auf Ihrem Bildschirm sehen:

```
INFO [09-14|16:42:21.554] Generating DAG in progress    epoch=0 percentage=2 elapsed=6.846s
INFO [09-14|16:42:23.921] Generating DAG in progress    epoch=0 percentage=3 elapsed=9.213s
INFO [09-14|16:42:26.248] Generating DAG in progress    epoch=0 percentage=4 elapsed=11.540s
INFO [09-14|16:42:28.468] Generating DAG in progress    epoch=0 percentage=5 elapsed=13.760s
INFO [09-14|16:42:30.768] Generating DAG in progress    epoch=0 percentage=6 elapsed=16.060s
```

Nachdem die Erstellung der DAG-Datei abgeschlossen ist, wird Ihr Client-Knoten automatisch mit dem Mining beginnen. Sie werden regelmäßig für jeden Block die folgende Ausgabe sehen. Sie betreiben nun Ihre eigene Blockchain!

```
INFO [09-14|16:56:03.375] Successfully sealed new block     number=49 sealhash=d0e…51a hash=ede…b9b elapsed=9.347s
INFO [09-14|16:56:03.375] 🔗 block reached canonical chain   number=42 hash=b02…413
INFO [09-14|16:56:03.375] 🔨 mined potential block           number=49 hash=ede…b9b
INFO [09-14|16:56:03.375] Commit new mining work            number=50 sealhash=18e…981 uncles=0 txs=0 gas=0 fees=0 elapsed=261.3µs
```

Nachdem Sie einige Blöcke „gemined" haben, können Sie die Geth-Konsole mit der Tastenkombination *Control* + *C* wieder verlassen.

Jetzt sollten Sie die Geth-Konsole erneut betreten – diesmal im interaktiven Modus, was bedeutet, dass Sie Befehle zur Interaktion mit der Blockchain eingeben können. Verwenden Sie dazu den folgenden Befehl:

```
geth --verbosity 2 console --datadir node_pow --mine --miner.threads 1 --nousb
```

Als letzten Schritt werden wir nun den Miner wieder stoppen, bevor wir mit den nächsten Übungen in Kap. 2 fortfahren. Mit dem folgenden Befehl können Sie den Miner beenden:

```
> miner.stop();
```

Sie können jederzeit mit dem unten stehenden Befehl feststellen, ob Ihre Blockchain **wirklich** „gemined" wird:

```
> eth.mining
false
```

In den Übungen in Kap. 2 werden wir weitere Accounts erstellen, Transaktionen ausführen und die Metadaten sowohl für Transaktionen als auch für die einzelnen Blöcke genauer analysieren.

Der Ausgangspunkt für jede Übung in einem bestimmten Kapitel wird der Zustand sein, den wir im vorherigen Kapitel erreicht haben. Der Ausgangspunkt für die Übungen des zweiten Kapitels ist beispielsweise ein einzelner Ethereum-basierter Netzwerkknoten, der in einer PoW-Konfiguration erstellt worden ist (Abschn. 1.7).

Literatur

Choudhry M (2012) The principles of banking. Wiley, Singapore

Graeber D (2014) Debt: the first 5000 years. Melville House, New York

Held G (2003) The ABCs of TCP/IP. Auerbach, Boca Raton

Lewis A (2018) The basics of bitcoins and blockchains: an introduction to cryptocurrencies and the technology that powers them. Mango Media Inc

Martin F (2015) Money: the unauthorized biography from coinage to cryptocurrencies. Vintage Books, New York

Menezes A, Van Oorschot P, Vanstone S (2001) Handbook of applied cryptography (discrete mathematics and its applications). CRC Press, Middletown

Merkle R (1979) Secrecy, authentication, and public key systems. http://www.merkle.com/papers/Thesis1979.pdf. Zugegriffen am 04.09.2019

Nakamoto S (2018) Bitcoin: a peer-to-peer electronic cash system

Narayanan A, Bonneau J, Felten E et al (2016) Bitcoin and cryptocurrency technologies: a comprehensive introduction. Princeton University Press, Princeton

Paar C, Pelzl J (2011) Understanding cryptography: a textbook for students and practitioners. Springer, Heidelberg

Popper N (2016) Digital gold: bitcoin and the inside story of the misfits and millionaires trying to reinvent money. HarperCollins, New York

Kryptowährungen

2

2.1 Einführung

Eine Kryptowährung existiert ausschließlich im digitalen Bereich, um dort als Tauschmittel zu dienen. Einträge von Einheiten in einer dezentralisierten Konsens-basierten Datenbank (Blockchain) – Token oder Krypto-Token genannt – bilden das Gefüge der Kryptowährung. Wie der Name schon sagt, stützt sich das den Kryptowährungen zugrunde liegende Konstrukt in hohem Maße auf Kryptografie, um zu gewährleisten, dass Transaktionen verifiziert werden können und sicher sind, und um das Angebot an neuen Einheiten zu kontrollieren. Bereits während des Technologiebooms in den 1990er-Jahren ebneten Pionierunternehmer mit ersten Versuchen von kryptobasierten digitalen Währungen den Weg für Bitcoin. DigiCash, ein von David Chaum im Jahre 1989 gegründetes Unternehmen, hatte einen erheblichen Anteil an den frühen Entwicklungen (Tapscott und Tapscott 2018). Chaums Unternehmen war einzigartig in seinem Streben, Transaktionen zu anonymisieren, und war dadurch ein Wegbereiter von dem, was noch kommen sollte (Chaum 1983). Doch Chaum war seiner Zeit voraus, sodass DigiCash, so wie die meisten anderen frühen Versuche, nicht überleben konnte.

Was alle frühen Bemühungen hinsichtlich der Kryptowährung gemeinsam hatten, war, dass sie sich – so, wie es traditionelle Banken seit Jahrhunderten tun – auf einen vertrauenswürdigen Vermittler oder einen Dritten verließen, um getätigte Geschäfte zu überprüfen. Die nächste Welle digitaler Währungen, mit Bitcoin an der Spitze, hat durch den Einsatz der Blockchain-Technologie diese Drittvermittler abgeschafft und damit das Konzept beziehungsweise die Funktionsweise traditioneller Währungen revolutioniert.

Die früheste veröffentlichte Idee einer dezentralisierten, digitalen und auf Kryptografie basierenden Währung stammt bereits vom Ende des letzten Jahrhunderts. Im Jahr 1998 veröffentlichte der Informatiker Nick Szabo einen Ansatz (Szabo 2005) für eine vollkom-

D. Hellwig et al., *Entwickeln Sie Ihre eigene Blockchain*, https://doi.org/10.1007/978-3-662-62966-6_2

men digitale Währung namens „Bitgold". Diese Währung blieb jedoch lediglich als Idee
bestehen. Obwohl Szabo sein Konzept nie verwirklichte, ebneten seine Überlegungen den
Weg für die Ära der Kryptowährungen, die im Jahr 2009 mit der Einführung von Bitcoin
ihren Höhepunkt erreichen sollte. Es wurde oft vermutet, dass sich Nick Szabo hinter dem
Pseudonym Satoshi Nakamoto verbergen könnte, dem anonymen Erfinder des Bitcoin-
Protokolls.

Als schlussendlich die dezentralisierten Kryptowährungen entstanden, taten sie dies als
Nebenprodukt von Bitcoin, das als „Peer-to-Peer-Electronic-Cash-System" bekanntgemacht wurde. Im Nachhinein war die Dezentralisierung das bedeutungsvollste Merkmal
der Erfindung, welche weder zentrale Knoten noch eine Kontrollinstanz erforderte. Dieser
Ansatz ähnelt den P2P-Netzwerken für einen gemeinsamen Dateizugriff (wie z. B. Naps-
ter und BitTorrent), die Anfang der 2000er-Jahre die Unterhaltungsindustrie revolutionier-
ten (siehe Kap. 3).

In diesem Kapitel werden Regeln und Bedingungen vorgestellt, die für das Funktionieren einer Kryptowährung erforderlich sind, und es wird untersucht, wie diese Mechanismen die kritischen Herausforderungen angehen, denen digitale Währungen begegnen
(siehe Kap. 1). Anschließend gehen wir sowohl auf den Prozess des Kryptowährung-
Minings als auch auf Token und Coins ein und betrachten, was diese von anderen unterscheidet. Zuletzt stellen wir die praktischen Aspekte des Besitzes von Kryptowährungen
dar, wie z. B. die Wallet-Technologie und die Krypto-Geldautomaten.

2.1.1 Übersicht

Kryptowährungen bestehen aus einer begrenzten Anzahl von Einträgen in einer Datenbank, dem digitalen Äquivalent zu einem Buchhaltungshauptbuch. Auf Kryptografie basierende Prinzipien steuern die Erstellung neuer Einträge (d. h. die Entstehung neuer Währungseinheiten) und verifizieren die Transaktionen zwischen den Benutzern.

Da diese Eintragungen auf der Blockchain-Technologie basieren, sind sie nach der Erstellung nicht mehr veränderbar. Änderungen in der Datenbank können nur durch das
Hinzufügen neuer Kontobuch-(Ledger)-Einträge erfolgen. Wenn jemand beispielsweise
zehn Einheiten einer Kryptowährung überweist, aber eigentlich nur acht Einheiten übertragen wollte, kann die ursprüngliche Transaktion nicht mehr rückgängig gemacht werden. Stattdessen muss für die Rückführung der zwei Einheiten eine weitere Transaktion
ausgeführt werden, zu der der andere Kontoinhaber zustimmt und dadurch ein neuer
Kontobuch-Eintrag erstellt wird. Im Gegensatz dazu kann bei traditionellen Währungen
und Konten eine fehlerhafte Überweisung im Nachhinein korrigiert werden, indem sie
annulliert und erneut ausgeführt wird. Das Blockchain-Netzwerkprotokoll erstellt daher
ein System, in dem bestimmte Bedingungen erfüllt sein müssen, bevor Änderungen in der
Datenbank vorgenommen werden können (z. B. Kontoübertragungen, Token-Entstehung).

Herkömmliche Konten bei Finanzinstituten sind nichts anderes als Kontobuch-Einträge
in einer zentralen Datenbank. Genau wie in der Krypto-Welt aktualisieren Finanzinstitute

Bankkontoeinträge nur unter bestimmten Umständen. Zum Beispiel kann eine Person nur dann Geld auf ein anderes Konto überweisen, wenn sie entsprechendes Guthaben hat. Bei traditionellen Banken werden diese Regeln im Software-Code erfasst und dann automatisch durchgeführt.

Manch einer erwartet, dass eine dezentralisierte Implementierung von Kryptowährung eines Tages die realen Fiat-Währungs-Transaktionen ersetzen könnte. Um ein gutes Gespür dafür zu entwickeln, welche Anforderungen und Regeln eine solche Implementierung erfüllen müsste, wollen wir zunächst auf die zentralen Prinzipien eingehen, die den praktischen Abläufen dezentralisierter Kryptowährungen zugrunde liegen.

2.1.2 Krypto-Eigenschaften

Die im Folgenden dargestellten Prinzipien sind die kritischen Punkte, die für den Betrieb dezentralisierter Kryptowährungen erforderlich sind:

- **Irreversibilität**: Eine einmal bestätigte Transaktion kann nicht mehr rückgängig gemacht und das Geld kann nicht zurückgeholt werden. Wenn ein Benutzer Finanzmittel an die falsche Adresse sendet oder ein opportunistischer Akteur sie durch eine Überweisung mit einem gestohlenen privaten Schlüssel entwendet, kann der rechtmäßige Eigentümer sie nicht zurückerlangen – Kryptowährungen bieten kein Sicherheitsnetz.
- **Pseudonymisierung**: Bei Kryptowährungen gibt es keine direkte Verbindung zwischen den Konten oder individuellen Transaktionen und den Nutzeridentitäten in der realen Welt. Netzwerkteilnehmer können Token wie etwa Bitcoins durch Nutzung von Adressen erhalten. Während es technisch möglich ist, die historischen Transaktionen aller Nutzer zu analysieren (d. h. Kontengruppierungen zu finden, die miteinander Transaktionen durchführen, oder aus der Analyse der Transaktionszeit Informationen über den Standort eines Kontoinhabers abzuleiten), ist es ohne zusätzliche Daten (z. B. IP-Einträge von Providern) nicht möglich, Kryptowährungs-Adressen mit den Identitäten der entsprechenden Benutzer zu verbinden.
- **Verbreitung**: Transaktionen werden umgehend an alle Knoten in einem Netzwerk gesendet und dann schnellstmöglich bestätigt. Bei Bitcoin dauert der Bestätigungsprozess (die Aufnahme in den nächsten Block) normalerweise etwa zehn Minuten. Durch die globale Natur des Kryptowährungsnetzwerks ist der ganze Prozess ortsunabhängig: Ob eine Transaktion von einem direkten Nachbarn stammt oder von jemandem auf einem anderen Kontinent, ist für den Netzwerkbetrieb irrelevant.
- **Sicherheit**: Kryptowährungen werden durch asymmetrische Kryptografie geschützt. Somit kann jede Kryptowährung von jedem kontrolliert werden, der den zu einer Adresse zugehörigen privaten Schlüssel besitzt. Fortgeschrittenere Kryptografie-Methoden machen es unmöglich, mit der heute verfügbaren Technologie dieses Schema in einer begrenzten Zeit zu brechen (siehe Kap. 8).

- **Freier Zugang**: In einem vertrauenswürdigen Kryptowährungsnetzwerk müssen Benutzer keine Erlaubnis zur Teilnahme erhalten, weswegen jeder teilnehmen und Kryptowährungs-Token (z. B. Bitcoins) austauschen kann. Ohne einen offiziellen Gatekeeper gibt es keine formale Möglichkeit, jemanden an der Teilnahme zu hindern.

Als Nächstes betrachten wir, wie Transaktionen in einem dezentralisierten System ablaufen, indem wir uns die Mechanismen ansehen, die asymmetrische Schlüssel zur Nachrichtenvalidierung und -kontrolle aktivieren.

2.1.3 Transaktionen

Wie in Kap. 1 beschrieben, haben alle Teilnehmer eines Netzwerks Einblick in den Saldo eines jeden Kontos und können die Richtigkeit des Kontobuchs verifizieren, ohne sich auf Dritte verlassen zu müssen. In einem dezentralisierten Netzwerk wie Bitcoin übernimmt jeder Netzwerkknoten (d. h. jeder teilnehmende Computer) die Aufgabe, Transaktionen und Salden zu dokumentieren. Die Blockchain-Technologie hilft dabei, diesen kollektiven Prozess zu organisieren, indem sie als öffentliches Kontobuch fungiert und die Aufzeichnungen jeder Transaktion, die jemals im Netzwerk stattgefunden hat, verfolgt.

Aus der Erstellung eines neuen Bitcoin-Kontos gehen zwei Schlüssel hervor: ein privater Schlüssel im Besitz des Kontoinhabers und ein öffentlicher Schlüssel, der auf Antrag mit dem gesamten Blockchain-Netzwerk geteilt wird (Antonopoulos 2017).

Eine Transaktion ist eine Nachricht, die besagt: „Daniel gibt Max X Bitcoins." Daniel unterschreibt diese Nachricht mit seinem privaten Schlüssel, der Hauptmechanismus der Public-Key-Kryptografie. Nachdem Daniel die Nachricht unterschrieben hat, also die Transaktionsanweisung bereitstellt, wird die Nachricht an das Netzwerk übertragen und von einem Peer-Knoten zum anderen gesendet, bis sie jeder Peer-Knoten empfangen hat. Dies ist die grundlegende P2P-Technologie.

Jede Bitcoin-Transaktion enthält den öffentlichen Schlüssel des Senders, die Adresse des Empfängers und die Anzahl der zu bewegenden Bitcoins. Zusätzlich muss der Absender seinen privaten Schlüssel verwenden, um eine kryptografische Signatur bereitzustellen

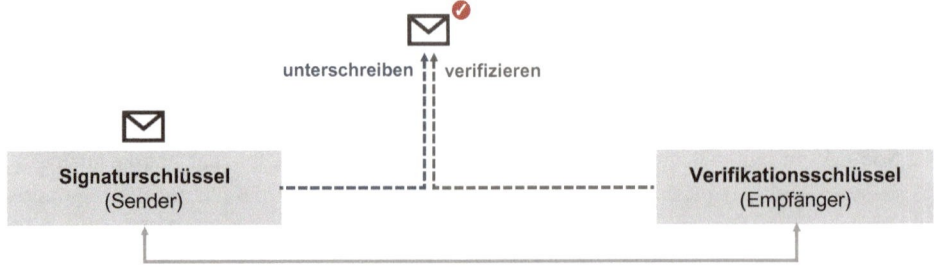

Abb. 2.1 Digitale Signaturen

(siehe Kap. 8), wodurch er eine Transaktion autorisiert (Abb. 2.1). Sobald sie bestätigt wurde, sendet das Netzwerk die Transaktion mit all ihren Informationen zur Validierung an die anderen Knoten im Netzwerk. Der Sender betrachtet die Transaktion als bestätigt, sobald die Mehrheit der anderen Netzwerkknoten sie geprüft und akzeptiert hat.

2.1.4 Die doppelte Ausgabe

Das wahrscheinlich kritischste Problem jeder digitalen Währung ist die doppelte Ausgabe, also das mehrmalige betrügerische Ausgeben der gleichen Währungseinheit (Narayanan et al. 2016). In der realen Welt ist es praktisch unmöglich, denselben Dollarschein mehr als einmal zu verwenden, da er nach der Übergabe an einen Händler physisch weg ist. Es ist nicht möglich, denselben Geldschein erneut zu benutzen, es sei denn, der ursprüngliche Eigentümer holt ihn physisch, rechtmäßig oder unrechtmäßig zurück.

Im digitalen Bereich ist jedoch die doppelte Ausgabe möglich. Beispielsweise kann man ohne Weiteres eine digitale Musikdatei an viele Empfänger senden. Nach der Übertragung der Daten kann man die Dateien nicht mehr unterscheiden. Leider verliert das Lied für den Urheber der Musik an Wert, da niemand mehr dafür zahlt. Dieses Szenario stellte gegen Ende des letzten Jahrhunderts eine erhebliche Herausforderung für die Unterhaltungsindustrie dar, da es das Musikgeschäft störte und zu neuen wirtschaftlichen Modellen führte (z. B. iTunes oder Spotify).

Der gängigste Ansatz zur Verhinderung von Doppelausgaben war einst die Beauftragung eines Dritten zur Dokumentation aller Salden und Transaktionen. Dieser Ansatz steht jedoch im Widerspruch zur Natur dezentralisierter Kryptowährungen, da er eine zentrale Autorität erfordert, die sowohl alle Gelder kontrolliert als auch alle persönlichen Informationen über die an einer Transaktion beteiligten Personen geheim hält. Demzufolge hatte vor Bitcoin das Problem des doppelten Ausgebens das Konzept von dezentralisiertem digitalen Geld undurchführbar gemacht.

Wie gehen also dezentralisierte Kryptowährungen mit der Thematik der doppelten Ausgabe um (Abb. 2.2)? Jeder Netzwerkteilnehmer hat eine Aufzeichnung aller jemals im System stattgefundenen Transaktionen, sodass der Saldo der Kryptowährung jedes teilnehmenden Kontos abgeleitet werden kann. Kurz gesagt, da Einheiten der Kryptowährung

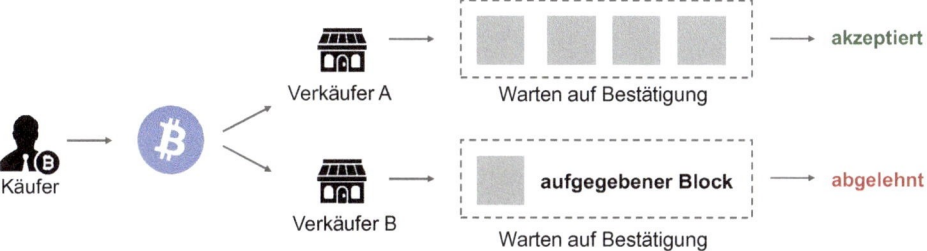

Abb. 2.2 Die doppelte Ausgabe

auf der Blockchain erkennbar sind, kann das Netzwerk, wenn ein Nutzer eine Einheit ausgeben möchte, nachschauen, ob diese Einheit bereits an jemand anderen überwiesen wurde, und dann die Autorisierung für die Transaktion einbehalten. Auf diese Weise wird das Problem der doppelten Ausgabe wirksam angegangen und gelöst.

2.2   Die Miner

2.2.1   Übersicht über den Prozess

In diesem Abschnitt werden wir die Mechanismen betrachten, die Änderungen in den blockchainbasierten Datenbanken (oder Kontobüchern) kontrollieren und ermöglichen. Alle Kryptowährungen wie Bitcoin werden durch ein Netzwerk von Peers aktiviert, die die Netzwerkinfrastruktur mit ihren Computern durchführen und betreiben.

Im Bitcoin-Ökosystem bestätigen die Knoten („Miner") Transaktionen. Der Miningprozess beinhaltet die Gruppierung von Transaktionen in Blöcke, deren Validierung und die anschließende Verteilung über das Netzwerk zur Validierung durch andere Knoten.

Wenn andere Knoten die Gültigkeit eines Blocks bestätigen, fügen sie dessen Transaktionen ihrer lokalen Datenbank, die auch als Ledger (Kontobuch) bezeichnet wird, hinzu. Sobald mehr als die Hälfte des Netzwerks einen Block von Transaktionen bestätigt hat, wird dieser Block und die damit verbundenen Transaktionen dauerhaft und irreversibel in das Netzwerk integriert. Der Miner, der als Erster das mathematische Rätsel des Blocks gelöst hat, erhält eine Belohnung sowie alle Transaktionsgebühren für die im Block enthaltenen Transaktionen.

Die Gültigkeit eines Kryptowährungsnetzwerks und damit die Gültigkeit der Salden und Transaktionen hängt von der Übereinstimmung der Informationen in den individuellen Knoten ab, die das Blockchain-System bilden. Die Integrität des Systems bricht zusammen, wenn die Knoten keinen Konsens im Hinblick auf den Saldo eines jeden Kontos erreichen.

Die Mechanismen der Transaktionsbestätigung und das Mining neuer Kryptowährungseinheiten sind eng miteinander verbunden (Abb. 2.3). Der kontinuierliche Mining-Prozess, der von allen beteiligten Knoten im Netzwerk ausgeführt wird, vollzieht Bitcoin-Transaktionen. In den nächsten beiden Abschnitten wird jeder Prozess separat betrachtet.

2.2.2   Transaktionsbestätigung

Im Anschluss an den soeben untersuchten P2P-basierten Prozess ist beinahe sofort eine Transaktionsnachricht für das gesamte Netzwerk verfügbar. Allerdings werden Transaktionen erst kurz danach bestätigt (etwa 10 Minuten bei Bitcoin). Was ist der Grund für diese Verzögerung?

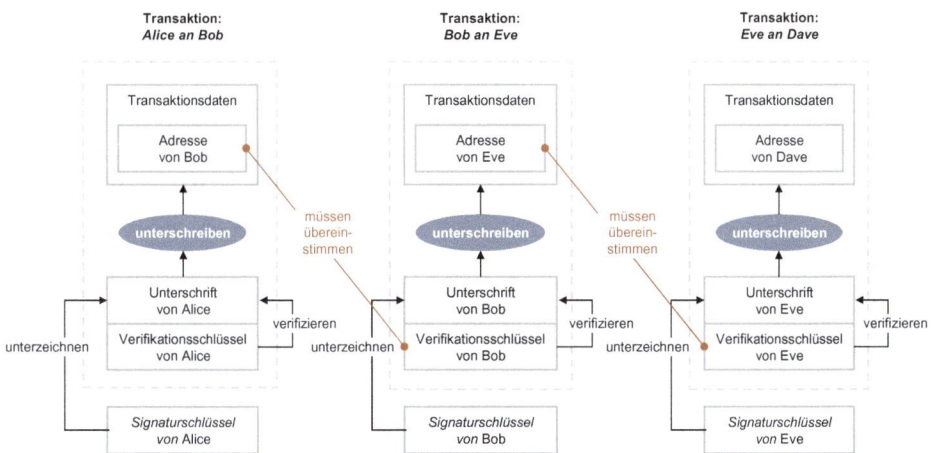

Abb. 2.3 Schema eines Übertragungsprotokolls für Bitcoin

Entscheidend ist, dass die Miner die Transaktionsinformationen erhalten und bestätigen müssen. Sie wählen eine Reihe unbestätigter Transaktionen aus (bei Bitcoin in der
Regel um die 10.000), bestätigen, dass diese formal gültig sind (z. B. dass der Absender
über ausreichend Bitcoins verfügt, um die Transaktion abzudecken), fassen sie zu einem
Block zusammen und senden sie erst dann an das gesamte Netzwerk zurück, woraufhin
jeder Knoten den Block in seine lokale Datenbank aufnehmen muss. Erst zu diesem Zeitpunkt ist die Transaktion Teil der Blockchain geworden. Die Miner werden für die Durchführung dieser Aufgabe entlohnt und erhalten im Fall von Bitcoin sowohl eine Mining-
Belohnung, also eine im Vorhinein festgelegte Anzahl neuer Münzen, als auch die
Transaktionsgebühren für die von ihnen bestätigten Transaktionen.

Die Bestätigung ist ein kritischer Schritt. Solange eine Transaktion nicht bestätigt ist,
gilt sie als unerledigt und kann theoretisch mithilfe der doppelten Ausgabe gefälscht werden, obwohl die meisten Knoten den Versuch ablehnen würden, eine weitere Transaktion
durchzuführen, bei der die gleichen Mittel erneut verwendet werden. Sobald das Netzwerk
eine Transaktion bestätigt hat, ist sie festgeschrieben und nicht mehr rückgängig zu machen, da sie Teil eines Blocks geworden ist, der eine dauerhafte Aufzeichnung vergangener Transaktionen enthält (d. h. ein Block der Blockchain). Eine Änderung eines Daten-
elements der Transaktion danach würde die Neuberechnung aller nachfolgenden Transaktionen
erfordern, eine Aufgabe, die praktisch nicht ausführbar ist.

Nur in dem unwahrscheinlichen Fall, dass es einem Betrüger gelänge, mehr als 50 Prozent der Knoten in einem Netzwerk (51-Prozent-Attacke) zu übernehmen, wäre das Netzwerk korrumpiert (siehe Abb. 2.4).

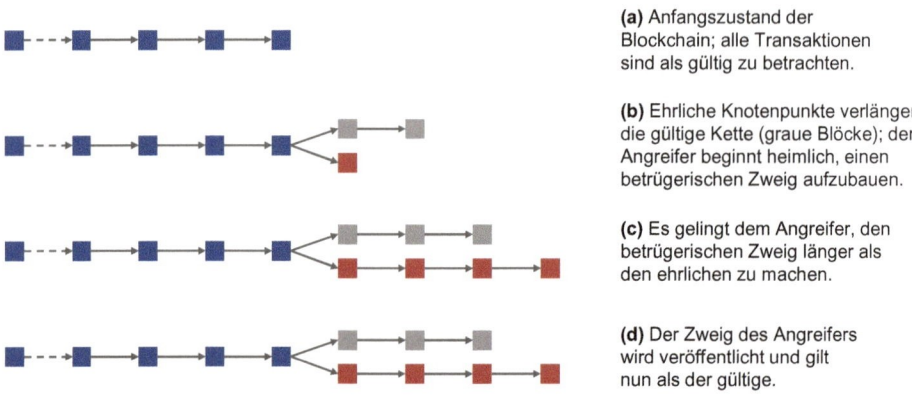

(a) Anfangszustand der Blockchain; alle Transaktionen sind als gültig zu betrachten.

(b) Ehrliche Knotenpunkte verlängern die gültige Kette (graue Blöcke); der Angreifer beginnt heimlich, einen betrügerischen Zweig aufzubauen.

(c) Es gelingt dem Angreifer, den betrügerischen Zweig länger als den ehrlichen zu machen.

(d) Der Zweig des Angreifers wird veröffentlicht und gilt nun als der gültige.

Abb. 2.4 Konzeptionelle Visualisierung einer 51-Prozent-Attacke

2.2.3 Mining-Prozess

Da die Tätigkeit der Miner das wichtigste Element in den Ökosystemen von Bitcoin und anderen Kryptowährungen ist, sollten wir uns noch etwas ausführlicher mit ihren Verantwortlichkeiten und der Art ihrer Aufgaben befassen.

Im Prinzip kann jeder Teilnehmer eines Netzwerks als Miner agieren. Ein dezentralisiertes Netzwerk stützt sich zur Einhaltung der dort geltenden Regeln ausschließlich auf seine Miner, da diese Aufgabe nicht von externen Akteuren ausgeführt werden kann. Ein Kryptowährungsnetzwerk erfordert zudem einen Mechanismus, der die Entstehung einer Mehrheit verhindert, da diese ihre Macht missbrauchen könnte, um den Zustand des Netzwerks zu verändern. Wenn beispielsweise wie bei einem 51-Prozent-Angriff eine einzige Partei die Mehrheit der Knoten in einem Netzwerk kontrollieren würde, könnte sie den Zustand des Netzwerks ändern (z. B. vergangene Transaktionen), wodurch die gesamte Mining-Operation unbrauchbar wäre, da der Integrität des Systems geschadet werden würde. In der Vergangenheit haben sich große Mining-Pools freiwillig aufgeteilt, um eine zu starke Verdichtung des Mining-Netzes zu verhindern.

Bei Bitcoin investieren die Miner Rechenkapazität, um die Aufgabe der Transaktionsvalidierung durchzuführen. Sobald sie 10.000 Transaktionen ausgewählt und in einem Block angeordnet haben, muss der entsprechende Hash gefunden werden, dessen Hauptzweck darin besteht, den neuen Block ausgewählter Transaktionen mit dem vorherigen Block zu verbinden, ein Prozess, der als Proof-of-Work (PoW) bezeichnet wird. Bitcoin verwendet den SHA-256-Hash-Algorithmus.

Die Einzelheiten des SHA-256-Algorithmus würden den Rahmen dieser Einführung sprengen. Es genügt zu sagen, dass dieser Algorithmus die Grundlage für das kryptografische Puzzle bildet, das alle Miner als Teil des Bitcoin-Mining-Prozesses lösen müssen (Abb. 2.5). Neue Blöcke können erst dann zur Blockchain hinzugefügt werden, wenn ein Miner das Puzzle gelöst hat, indem er den richtigen Hash für die von ihm ausgewählte Sammlung von Transaktionen gefunden hat. Der Miner, der als Erster die richtige Lösung

Inhalt des Blocks

	Vorherige Block-ID	Daten der Transaktion	Nonce	Hash-Ergebnis	Bedingung für Validierung	Zielwert	
f(	#78A	Tx#839, tx#a76	3001	) = 438…	<	100…	X
f(	#78A	tx#839, tx#a76	3002	) = 988…	<	100…	X
f(	#78A	tx#839, tx#a76	3003	) = 587…	<	100…	X
f(	#78A	txn839, tx#a76	3004	) = 087…	<	100…	

Abb. 2.5 Hash-Validierung des Bitcoin-Mining-Prozesses

findet, wird mit den Transaktionsgebühren des Blocks und über die sogenannte Coinbase-Transaktion belohnt (Franco 2015), welche ihm eine bestimmte Anzahl von Bitcoins als Belohnung für seine Leistungen im Mining gibt. Die Schwierigkeit des kryptografischen Puzzles ändert sich proportional zur Menge der Computerleistung, die alle Miner gemeinsam investieren, und regelt so die Anzahl der neuen Kryptowährungseinheiten, die das Netzwerk in einer bestimmten Zeitspanne erstellen kann. Die Coinbase-Transaktion ist die einzige Möglichkeit, neue Bitcoins hervorzubringen.

2.2.4 Die Nonce

In der Kryptografie ist eine Nonce (von „number used once" abgeleitet) eine Zufallszahl, die nur einmal für einen bestimmten Zweck verwendet wird (Viega und Messier 2003). Sie wird in Authentifizierungsprotokollen wie TLS-Handshakes (HTTPS) verwendet, um die Einmaligkeit sicherzustellen und damit die nicht vorhandene Option einer Wiederholung des Verfahrens. Daher kann das doppelte Verwenden einer Nonce das zugrunde liegende Netzwerkprotokoll angreifen.

Bei Bitcoin verwenden die Miner die Nonce, um einen Hash zu erzeugen, der kleiner oder gleich dem Ziel-Hash ist. Der Hash-Wert eines Blocks muss genaue Angaben in der Blockchain erfüllen. Beispielsweise muss der Hash in Bitcoin mit einer bestimmten Anzahl von Nullen beginnen, und je höher die Anzahl der am Anfang stehenden Nullen des Hashs ist, desto schwieriger ist es, diesen zu finden.

Daher enthält ein Block zusätzlich zu seinen anderen Daten auch ein „Nonce"-Feld. Zur Veranschaulichung nehmen wir an, dass die aktuelle Schwierigkeit (definiert durch das Blockchain-Protokoll) 00 ist, die zufällig generierte Nonce ist 2983373116 und die gegebenen Daten sind "The quick brown fox jumps over the lazy dog". Diese Annahmen würden zu dem folgenden SHA-256-Hash führen:

```
EF537F25C895BFA782526529A9B63D97AA631564D5D789C2B765448C8635FB6C
```

Da sich der Hash unvorhersehbar ändert, wenn sich entweder die Nonce oder die Daten ändern, desto mehr Nullen sind für das Hash-Präfix (d. h. die Schwierigkeit) erforderlich und umso rechenintensiver ist es, eine Nonce zu finden, die zu einem solchen Hash-Wert führt.

Die Überprüfung, ob eine gewählte Nonce und die gegebenen Daten zu einem akzeptablen Hash-Wert führen, ist relativ einfach, aber die Suche nach einer Nonce, die zu einem akzeptablen Hash-Wert führt – d. h. der Mining-Prozess – ist rechenintensiv.

2.3   Coins und Token

2.3.1   Einführung

Der Begriff Kryptowährung umfasst normalerweise sowohl Coins als auch Token. Die meisten Coins sind jedoch keine Währungen, da sie nicht unbedingt ein Tauschmittel darstellen. So kann eine Coin beispielsweise keinerlei Wert haben, etwa wenn sie als Zertifikat für einen Gegenstand in der realen Welt fungiert. Insofern ist der Begriff Kryptowährung bei Coins eine unzutreffende Bezeichnung, da eine Währung eine Rechnungseinheit, ein gespeicherter Wert und ein Tauschmittel repräsentieren muss.

Bitcoin, Ethereum und andere digitale Coins erfüllen diese Anforderungen, aber die meisten der heutzutage vorhandenen Hunderte von Krypto-Coins erfüllen diese nicht und sollten daher nicht als Kryptowährung betrachtet werden.

Für dieses Buch kategorisieren wir Kryptowährungen als Coins (d. h. eine digitale Einheit, die einzigartig in ihrer eigenen Blockchain ist), Altcoins (eine Abkürzung für „alternative Kryptowährungscoins") und Token. Der genaue Aufbau der zugrunde liegenden technischen Infrastruktur enthält die Unterscheidung zwischen Altcoins und Token. Während Token auf bestehende Blockchains, in der Regel die Ethereum-Blockchain, zurückgreifen, agieren Altcoins in ihrer separaten Infrastruktur (d. h. Blockchain).

Heutzutage sind die meisten Coins Token, da der Prozess ihrer Entstehung einfacher ist (Sie können einfach die bestehende Infrastruktur einer anderen Kryptowährung, z. B. Bitcoin oder Ethereum, nutzen). Die nächsten beiden Abschnitte erklären die Unterschiede zwischen den beiden Möglichkeiten. Der Leser kann im Rahmen der praktischen Übungen dieses Kapitels selbst ein neues Token einführen.

2.3.2   Altcoins

Die meisten Altcoins, die heute im Umlauf sind, sind sogenannte Forks (Varianten) von Bitcoin. Der Begriff „Fork" beschreibt eine komplett separate Instanz einer Krypto-Coin, die mit geringen Abwandlungen auf dem Bitcoin-Protokoll basiert (Diedrich 2016). Ein solcher Ansatz ist möglich, weil das Bitcoin-Projekt den Grundsätzen der Open-Source-Entwicklung folgt. Tatsächlich kann jeder die zugrunde liegende Software frei herunterladen, modifizieren und verwenden, um ein Kryptowährungsprojekt zu starten. Die Konzeption einer völlig neuen Coin auf Grundlage einer separaten Blockchain, die mit einer anderen Zusammenstellung von Funktionen aufgebaut ist, ist somit relativ einfach geworden.

Einige Altcoins stützen sich nicht auf das Open-Source-Protokoll von Bitcoin. Das bekannteste Beispiel ist Ethereum, das eine separate Blockchain betreibt und ein separates Protokoll, das nur noch wenig mit der ursprünglichen Bitcoin-Implementierung zu tun hat. Ethereum ist einzigartig, weil es die Einbeziehung komplexer Logik („Smart Contracts") ermöglicht. Kap. 4 behandelt dieses Thema ausführlicher.

Die entscheidende Gemeinsamkeit aller Altcoins besteht darin, dass sie alle unabhängige Blockchains haben und jede Transaktion die ursprünglichen Coins dieser Blockchains verwenden.

2.3.3 Token

Token stellen definitionsgemäß einen bestimmten Vermögenswert oder einen Nutzen dar (z. B. Treuepunkte, Waren, Eigentumsanteile), die austauschbar sind und gehandelt werden können. Im Gegensatz zu Altcoins nutzen Token in der Regel eine bereits bestehende Blockchain (z. B. Bitcoin, Ethereum).

Die Erstellung von Token ist ein viel einfacherer Prozess als die von Altcoins, da das Herausbringen eines Tokens keine Änderung des zugrunde liegenden Protokolls oder die Einführung einer separaten Blockchain von Grund auf erfordert. Stattdessen kann eine Person, die ein neues Token erstellen möchte, einen auf einer Standardvorlage basierenden Ansatz verfolgen. Dieser Prozess dauert mit einer bestehenden Blockchain-Plattform wie Ethereum nur wenige Stunden.

Token können durch die Verwendung von Smart Contracts erschaffen werden, also von Computerprogrammen, die selbstständig ausgeführt werden und für deren Betrieb keine Dritten erforderlich sind (Abb. 2.6; siehe Kap. 4).

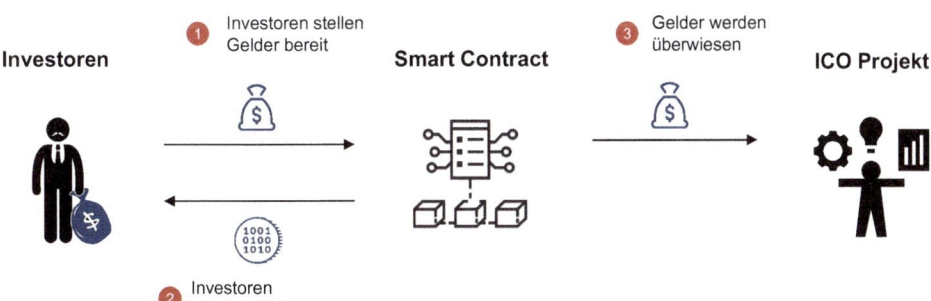

Abb. 2.6 Entstehung von Token

Der bekannteste Anwendungsfall für Token ist das „Initial Coin Offering" (ICO), ein Crowdfunding-Mittel, das auf der kontrollierten Freigabe einer neuen Kryptowährung oder eines Tokens basiert, in der Regel um die Entwicklung eines neuen Projekts zu finanzieren (Werbach 2018). Das Verfahren ähnelt einem Börsengang, den Unternehmen nutzen, um ihre Aktien öffentlich anzubieten. Allerdings unterlagen ICOs anfangs nicht den gleichen regulatorischen Anforderungen, die im Rahmen eines Börsengangs zu beachten sind. Nach heutigem Stand sind die spezifischen regulatorischen Vorschriften von Land zu Land unterschiedlich: So hat die SEC beispielsweise in den Vereinigten Staaten von Amerika eine Erklärung herausgegeben, wonach alle ICOs nun genau wie bei einem regulären Börsengang als Erstemissionen gelten, es sei denn, dass bereits davor eine ausreichende Dezentralisierung gewährleistet war, was bei Ethereum der Fall gewesen ist. Alle anderen ICOs müssen mit Geldstrafen wegen Verstößen gegen diese Regeln rechnen.

2.3.4 ERC-20-Standard

Die verbreiteste Form von Token auf der Ethereum-Blockchain ist das Ethereum Request for Comments-20 (ERC-20). ERC-20 ist ein offizieller Ethereum-Standard, der Ende 2015 von Fabian Vogelsteller und Vitalik Buterin veröffentlicht wurde und das offiziell akzeptierte Protokoll für Befehle darstellt, die jeder Token implementieren muss, um den ERC-20-Token-Standard erfüllen zu können (Mougayar und Buterin 2016).

Die treibende Kraft für den ERC-20-Standard ist, eine Schnittstelle bereitzustellen, die es ermöglicht, jeden Token auf Ethereum universell wiederzuverwenden. Dieser Standard bietet die grundlegende Funktionalität für Token-Transfers und Genehmigungen. Mit dieser Genehmigung kann jede Drittpartei in der Blockchain den Token verwenden und ausgeben.

Um ein Verständnis für alle Auswirkungen von ERC-20 zu erlangen, muss man zuerst die Ethereum-Blockchain verstehen (siehe Kap. 4). Wir können das Ethereum-System als ein System zusammenfassen, das programmierbares Geld erzeugt. Da die ERC-20-Token auf den Prinzipien der Ethereum-Plattform beruhen, werden sie auch zu programmierbaren Token. Das Resultat ist, dass der Designer einen Token auf unendliche, aber vorhersehbare Weise individuell anpassen kann.

Der Standard spezifiziert eine Programmierschnittstelle (API), die es Entwicklern ermöglicht, ihre standardisierten Token bereitzustellen und so deren Methoden auf Smart-Contract-basierte Token zu formalisieren. Dieser Ansatz ermöglicht es auch Drittanbietern, die Informationen zu lesen und Transaktionen genau durchzuführen, da für jedes ERC-20-Token der gleiche Satz von Programmfunktionen verwendet wird. Für jedes ERC-20-Token kann eine Anwendung von Drittanbietern generisch programmiert werden, ohne das spezifische Token zu kennen.

Der ERC-20-Token-Standard beschreibt auch die notwendigen Standards, die ein Token implementieren muss, um gehandelt werden zu können, nämlich den Transfer, die Saldoabfrage für bestimmte Adressen und die Ermittlung des gesamten Token-Angebots.

Tab. 2.1 Übersicht über die ERC-20-Standardmethoden

Methode	Beschreibung
name	Returns the name of the token (e.g., „MyToken")
symbol	Returns the symbol of the token (e.g., „HIX")
decimals	Returns the number of decimals the token uses (e.g., 8)
totalSupply	Returns the total token supply (the total number of tokens)
balanceOf	Returns the number of tokens owned by an account (i.e., address)
transfer	Transfers a specified number of tokens to an account
transferFrom	Transfers a specified number of tokens from one account to another
approve	Approval to pre-approve transfers from one account to another
allowance	Returns the remaining pre-approved amount to transfer

Tab. 2.2 Übersicht über die Standard-ERC-20-Ereignisse

Ereignis	Beschreibung
Transfer	Triggered when tokens are transferred, including zero-value transfers
Approval	Triggered upon any successful call to approve

Tab. 2.1 gibt einen Überblick über die Standardmethoden, die ein ERC-20-Token implementieren muss, um zulässig zu sein (Wood und Antonopoulos 2019).

Zudem gibt es Ereignisse, die jeder ERC-20-Token ausführen muss (Bartlett 2016). Ereignisse können „abgehört", d. h. von einem anderen Computer verfolgt und verarbeitet werden. Darüber hinaus können die Akteure einen konstanten Informationsstrom über den digitalen Zustand des Tokens erhalten, sodass jeder zuhörende Teilnehmer über eine Zustandsänderung des Tokens informiert wird. Tab. 2.2 fasst die beiden Übertragungs- und Genehmigungsereignisse zusammen.

ERC-20 ist ein technischer Standard, der eine programmatische Schnittstelle spezifiziert, die ein neuer Token auf der Plattform unterstützen muss. Bevor der ERC-20-Standard genau definiert wurde, mussten Token, die auf Basis der Ethereum-Blockchain entwickelt wurden, ihre maßgeschneiderten Funktionalitäten implementieren, sodass sich verschiedene Token im Netzwerk unterschiedlich verhielten. Beispielsweise waren ihre Übertragungsfunktionen unterschiedlich implementiert, erforderten unterschiedliche Attribute und folgten unterschiedlichen Regeln und Logiken. Infolgedessen mussten die Token individuelle Verträge ausarbeiten, um Kompatibilität zu gewährleisten, was mit der Anzahl der Token im Netzwerk die Komplexität erhöhte. Erst die Einführung des ERC-20-Standards gewährleistete eine umfassende Kompatibilität zwischen den verschiedenen Token.

Der ERC-20-Token-Standard stellt sicher, dass neue Token automatisch kompatibel sind, die bereits existierenden Token in einem Netzwerk nicht beeinträchtigen und mit ihnen zusammenarbeiten können. Wenn man dem ERC-20-Token-Standard folgt, können beispielsweise die im Rahmen eines ICO ausgegebenen Token an jeder Börse aufgenommen/gehandelt werden, ohne dass bilaterale Vereinbarungen zwischen dem Token-Emittenten und dem Börsenbetreiber getroffen werden müssen.

2.4   Handelsplätze/Börsen

2.4.1   Einführung

In den letzten beiden Abschnitten dieses Kapitels werden die praktischen Aspekte des Besitzes von Kryptowährungen wie z. B. Wallet-Technologie und Krypto-Geldautomaten behandelt.

Einzelpersonen können Bitcoins auf verschiedene Weise erwerben. Länder wie die Schweiz und Kanada erlauben das Aufstellen von Geldautomaten mit Kryptowährung. Heute gibt es etwa 2000 Bitcoin-Geldautomaten, verteilt über mehr als fünfzig Länder (Abb. 2.7). Man kann Bitcoins darüber hinaus über Broker, Onlinebörsen, dezentrale Börsen, Handelsplattformen und im Offlinehandel kaufen. Im folgenden Abschnitt werden diese Möglichkeiten ausführlicher erläutert.

Bei anderen, weniger populären Kryptowährungen sind die Kaufoptionen nicht ganz so vielfältig. Die jeweilige Bandbreite hängt von den verwendeten Währungen, ihrer Popularität und dem physischen Standort des Käufers ab.

Abb. 2.7   Bitcoin- und Ethereum-Geldautomaten in Hongkong

2.4.2 Broker

Direkthandel ist wenig beliebt, um Coins zu erwerben, aber Broker sind webbasierte Börsen, die es den Kunden ermöglichen, Kryptowährungen zu einem vom Broker festgelegten Festpreis zu kaufen und zu verkaufen (in der Regel der Marktpreis zuzüglich eines kleinen Aufschlags). Auf diesem Weg findet der Handel zwischen Käufer und Broker oder Verkäufer und Broker statt und nicht direkt zwischen Käufer und Verkäufer. Die Broker-Variante ist die einfachste Lösung für neue Nutzer, jedoch zahlen die Käufer dafür normalerweise etwas höhere Preise als bei anderen Handelsarten, wegen der Benutzerfreundlichkeit und der Arbeit, die der Broker leistet. Das Unternehmen Coinbase ist ein bekanntes Beispiel für diese Art von Plattform.

2.4.3 Traditionelle Börsen

Traditionelle Börsen sind wie klassische Börsen: Sie suchen passende Käufer und Verkäufer auf der Grundlage des aktuellen Marktpreises einer bestimmten Währung. Dabei erfüllen sie die Funktion des Buch führenden Vermittlers. Traditionelle Börsen erheben in der Regel eine Transaktionsgebühr.

Einige Börsen ermöglichen nur Transaktionen in kryptischer Währung, während andere auch Mittel für den Handel mit Fiat-Währungen (z. B. USD) für Kryptowährungen (z. B. BTC) bereitstellen. Bekannte Beispiele für traditionelle Börsen sind der GDAX von Coinbase und die Kraken-Plattform.

2.4.4 Dezentralisierte Börsen

Eine dezentralisierte Börse (DEX) ermöglicht die Implementation einer Tauschbörse ohne einen einzelnen Ausfallpunkt (*Single Point of Failure*). Während Smart Contracts alle Tauschvorgänge ohne eine zentralisierte Drittsoftware regeln und traditionelle zentralisierte Börsen oft den Fiat-Handel zulassen sowie spezifische Benutzerinformationen erfordern (z. B. Überprüfung der Identität durch Passvalidierung), gibt es bei DEX-Börsen keinen Fiat-Handel, sie benötigen aber auch nur wenig bis gar keine persönlichen Informationen.

DEX-Börsen stellen keine Treuhandfunktion bereit, es gibt keinen Registrierungs- oder Authentifizierungsprozess, und Benutzerinformationen werden nicht gespeichert. Stattdessen führt jeder Benutzer ein Protokoll individuell auf seinem Computer aus. Damit eine DEX dezentralisiert werden kann, muss sie zwei Bedingungen erfüllen: Es darf keinen Dritten als Vermittler geben, da das Geld bei den Handelsparteien verbleiben muss, und keinen zentralen Server, da dieser eine Schwachstelle darstellen würde.

Es gibt zurzeit nur wenige DEX-Handelsplätze, aber die Teilnehmer können über das Onion Router Network (TOR) anonym bleiben. Auf diese Anonymität wird in Kap. 5

näher eingegangen. Mit TOR betreiben die Benutzer ihre Knoten, und die gesamte Kommunikation wird durchgehend verschlüsselt (Bartlett 2016). Folglich haben nur die handelnden Parteien Informationen übereinander. Für physische und digitale Güter sowie Dienstleistungen gibt es OpenBazaar, für Kryptowährungen gibt es BISQ und BitShares. Beides sind Desktop-Anwendungen, die automatisch einen TOR-Knoten einrichten und eine Verbindung zu den anderen Netzwerkteilnehmern herstellen.

2.4.5 Handelsplattformen

Eine Handelsplattform für Kryptowährungen ist in etwa vergleichbar mit einer Börse für Kryptowährungen. Diese Plattformen bieten einen direkten Peer-to-Peer-Handel zwischen Käufern und Verkäufern, die dort ihre eigenen Kryptogelder verkaufen, gegen andere Zahlungsmittel eintauschen oder sogar eine neue Kryptowährung kaufen können. Handelsplattformen sind nicht auf einen im Voraus festgelegten Marktpreis angewiesen, sondern die Verkäufer legen ihre Kurse fest, und die Käufer verbinden sich mit ihnen über die Plattform oder führen Over-the-Counter-Transaktionen (OTC) durch.

Ähnlich einem traditionellen Marktplatz, können sich die Benutzer hier einen Überblick über das aktuelle Angebot an Kryptowährungen verschaffen (d. h. dessen Marktpreis) und welche Währungen sie zum Erwerb verwenden können. Eine Kryptowährungs-Handelsplattform ist der Dreh- und Angelpunkt der Transaktionen, da sie es den Benutzern ermöglicht, mit Kryptogeld zu verdienen, indem sie es investieren.

2.4.6 Offline-Börsen

Bitcoins können zudem auch im Internet gekauft werden. Die Bitcoin-Community organisiert zum Beispiel auch häufig persönliche Treffen, um den Kauf von Kryptowährung mit Bargeld zu ermöglichen. Eine solche Offline-Börse kann man sich etwa wie einen Flohmarkt vorstellen, bei dem sich Käufer und Verkäufer persönlich begegnen, um ein Geschäft zwischen den Währungen zu tätigen – eine Art von nicht reguliertem Handel.

2.5 Wallets

2.5.1 Einführung

Da Bitcoins nicht gespeichert werden können, verschaffen Krypto-Wallets eine Möglichkeit, private Schlüssel zu erfassen, die einen Zugang zur öffentlichen Bitcoin-Adresse bieten und Transaktionen ermöglichen. Es gibt verschiedene Arten von Bitcoin-Wallets, die jeweils ihre eigenen Erfordernisse haben und sich in Bezug auf Datensicherheit, Benutzerfreundlichkeit und technischer Einfachheit unterscheiden.

2.5.2 Hardware-Wallets

Eine Hardware-Wallet ist eine besondere Form einer Bitcoin-Geldbörse, welche die privaten Schlüssel auf einer sicheren Hardware speichert. Es ist der zuverlässigste Weg, eine beliebige Anzahl von Bitcoins zu sichern, da bisher noch keine Fälle von opportunistischen Akteuren gemeldet wurden, die Geld aus einer Hardware-Wallet gestohlen haben. Hardware-Wallets sind zudem immun gegen Computerviren, und es ist nicht möglich, die abgespeicherten Schlüssel entschlüsselt vom Gerät abzulesen. Hardware-Wallets verwenden für ihren Betrieb Open-Source-Software (z. B. TREZOR), was zusätzliches Vertrauen schafft, da die Öffentlichkeit die Integrität der Software überprüfen kann.

Jeder private Schlüssel wird mithilfe eines Pseudozufallszahlengenerators (PRNG) von einer Zufallszahl abgeleitet, die mit einem „Seed" initialisiert wurde, der einfach der Anfangszustand des PRNG ist (d. h. der Seed entspricht der Anfangszufallszahl oder der „nullten" Zufallszahl in einer PRNG-generierten Sequenz) und innerhalb der Hardware-Wallets isoliert wird. Der Seed der privaten Schlüssel unterscheidet sich von dem, was manchmal als „Wiederherstellungs-Seed" bezeichnet wird, welcher zur Wiederherstellung einer Hardware-Wallet (d. h. zum Zurücksetzen einer vorhandenen Hardware-Wallet oder zur Initialisierung einer neuen Hardware-Wallet) verwendet wird, sodass sie denselben Anfangszustand hat und somit denselben privaten Schlüssel generiert wie zuvor auf einem anderen (jetzt verlorenen oder defekten) Gerät.

Der Wiederherstellungs-Seed wird normalerweise als eine Sequenz von 12 (für 128 Bit) oder 24 (für 256 Bit) Wörtern aus einem vordefinierten Wörterbuch mit 2048 Wörtern dargestellt (2048 entspricht 11 Bit, da 211 = 2048 ist. Log2(2048) = 11, also 12*11 = 132 Bit, was 128 Bit Seed und 4 Bit Prüfsumme ist – oder 24*11 = 264 Bit, was 256 Bit Seed + 8 Bit Prüfsumme ist). Die Generierung der Wiederherstellungsmnemonik, auch bekannt als Wiederherstellungs-Seed/Phrase, ist für jede Blockchain standardisiert, z. B. in BIP39 für Bitcoin-Wallets.

Die Sicherheit besteht nun darin, dass eine Sammlung privater Schlüssel nur auf der Hardware gespeichert wird: Sie sind „Software-isoliert", und kein privater Schlüssel verlässt jemals die Hardware-Wallet. Transaktionen werden auf dem Gerät verifiziert und unterschrieben. Um Vermögenswerte zu transferieren, wird eine Anfrage zur Übertragung des Guthabens an eine öffentliche Adresse gesendet, die von der eigenen Hardware-Wallet bereitgestellt wird.

Einige Hardware-Wallets haben eigene Bildschirme, durch die eine weitere Sicherheitsebene hinzugefügt wird, da diese Displays zur Ansicht und Überprüfung wichtiger Wallet-Details verwendet werden können. Ein Bildschirm kann zum Beispiel dazu benutzt werden, ein Passwort abzufragen oder den Betrag sowie die Adresse einer Zahlung direkt zu bestätigen.

Obwohl sie nicht so leicht zugänglich sind, insbesondere im Vergleich zu Software oder Tauschbörsen, benötigen Hardwaregeräte nicht das Vertrauen zwischen einem Krypto-Besitzer und der Börse: Anstatt jemand anderem (d. h. der Börse) zu vertrauen, um die Währungseinheiten zu schützen, hält ein Besitzer die Token (d. h. die privaten Schlüssel) direkt und muss nicht befürchten, dass diese von Angreifern, die in die Infrastruktur der Börse vordringen, gestohlen werden. Selbst wenn es den Angreifern gelingt, sich in einen Computer zu hacken, können sie die Coins des Benutzers ohne die korrekte Passphrase nicht übertragen.

2.5.3 Software-Wallets

Eine andere Art einer Krypto-Wallet, die zur Speicherung digitaler Währung verwendet wird, ist eine Software-Wallet, bei der es sich um eine einfache Anwendung handelt, die die Benutzer herunterladen und auf ihren PCs laufen lassen können.

Software-Wallets speichern die privaten Schlüssel auf der lokalen Festplatte des Benutzers und sind sicherer als Online-Wallets, da sie Dritten nicht vertrauen und schwieriger zu stehlen sind. Aufgrund ihrer Verbindung zum Internet sind sie jedoch grundsätzlich unsicher, sodass Desktop-Wallets eine ausgezeichnete Lösung für diejenigen sind, die kleine Mengen an Bitcoins von ihren Computern aus versenden.

Desktop-Wallets können verschiedene Erfordernisse abdecken. Einige sind auf Sicherheit, andere auf Anonymität spezialisiert. Ihr Hauptproblem ist jedoch, dass sie anfällig für Hacker, Malware oder Viren sind, die sich Zugang zum Computer einer Person verschaffen können. Jedes Passwort, das auf einem Bildschirm sichtbar sein könnte, könnte von einem Hacker gesehen und aufgezeichnet oder mithilfe von Spyware gestohlen werden.

2.5.4 Online-E-Wallets

Online-Wallets gewähren Zugang zu Kryptowährungen von jedem mit dem Internet verbundenen Gerät aus. Sie bieten einen gewissen Komfort, da der Benutzer keine Software installieren muss und über jeden Internetbrowser auf die Wallet zugreifen kann. Online-Wallets speichern private Schlüssel auf einem Server, der den Unternehmen gehört, die die Online-Wallet-Software besitzen und betreiben.

Wie mobile Wallets bieten E-Wallets den Benutzern einen Zugang von jedem internetfähigen Gerät aus. Wenn das Unternehmen die Software jedoch nicht korrekt implementiert hat, könnte der Host, die die Website betreibt, auf die privaten Schlüssel der Benutzer zugreifen und hätte die vollständige Kontrolle über ihr Geld.

Börsen-Wallets sind die unsicherste Methode zur Aufbewahrung von Währungen, da die Börse die Währung für den Benutzer speichert, der nur über die Online-Plattform auf das Geld zugreifen kann. Im Gegensatz zu den üblichen Regelungen für Kryptowährungen haben Börsen-Wallets einen Schwachpunkt, da sie als Zwischenhändler für Dritte fungieren, sodass ein Benutzer im Falle eines kompromittierten Tauschvorgangs sein Krypto-Guthaben unwiderruflich verlieren kann.

Der größte Misserfolg eines Krypto-Handelsplatzes war die Abwicklung des Mt. Gox. Das im Juli 2010 gegründete Unternehmen mit Sitz in Tokio wickelte bis Anfang 2014 mehr als 70 Prozent aller Bitcoin-Transaktionen ab, stellte jedoch im Februar 2014 nach dem Diebstahl von etwa 850.000 Bitcoins, die Kunden und dem Unternehmen gehörten, den Handel ein, legte seine Website still und beantragte Insolvenzschutz (Popper 2016).

Während Börsen und andere Vermittler im Krypto-Währungsraum in den letzten zehn Jahren mehrfach gescheitert sind, gab es seit der Einführung von Bitcoin im Jahr 2009 keinen erfolgreichen Angriff auf Bitcoins Kerntechnologie.

2.6 Übungen

2.6.1 Einführung

Die Übungen des zweiten Kapitels konzentrieren sich auf die Erstellung neuer Konten auf der Ethereum-Blockchain. Wir werden Gelder zwischen Konten verschieben sowie verschiedene Szenarien und deren Auswirkungen demonstrieren (z. B. das Versenden von Geldern mit und ohne Transaktionsgebühr). Während der gesamten Übungen werden wir den Kontenplan unserer Blockchain regelmäßig analysieren (d. h. wir werden überprüfen, wie viel Geld mit jeder Adresse verbunden ist). Das Verfolgen des Geldes auf diese Weise ermöglicht es dem Leser, ein praktisches Verständnis dafür zu erhalten, wie sich Gelder innerhalb des Bereichs der Blockchain bewegen. Schließlich werden wir uns einen der Blöcke ansehen, der eine der Transaktionen aus den Übungen enthält, um ein konkretes Beispiel dafür bereitzustellen, welche Daten genau als Teil der Transaktion erfasst werden.

2.6.2 Standardtransfer: Herstellung der Verbindung

Wenn Sie die Übung in Kap. 1 abgeschlossen haben, können Sie von dort aus weitermachen. Falls Sie die Docker-Instanz nach Abschluss der Übung in Kap. 1 verlassen haben, müssen Sie das Gerät mit den Befehlen *start* und *attach* (siehe unten) starten und sich erneut verbinden. Wenn Ihre Docker-Instanz noch läuft, können Sie diesen Schritt überspringen und mit Schritt b) fortfahren.

Andernfalls vervollständigen Sie alle Schritte aus Kap. 1 (oder wiederholen Sie diese). Für alle Schritte in Kap. 2 gehen wir davon aus, dass ein PoW-basiertes Setup eingerichtet und bereit ist.

Wenn die Übung in Kap. 1 beendet wurde, wird die Docker-Instanz weiterhin existieren. Sie können immer alle Ihre Docker-Instanzen einsehen, indem Sie den folgenden Befehl in die Systemkonsole (d. h. die Windows-Befehlszeile oder das macOS-Terminal) eingeben:

```
docker ps -a

CONTAINER ID    IMAGE    COMMAND       CREATED          STATUS          PORTS        NAMES
db253cb81bf7    ubuntu   "/bin/bash"   44 seconds ago   Exited (127)                 node_pow
```

Wenn Ihre Konsole nicht läuft, müssen Sie die Instanz zuerst mit dem folgenden Befehl neu starten. Beachten Sie, dass die Container-ID anders aussehen wird.

```
docker start db253cb81bf7
root@db253cb81bf7:/#
```

Sobald Ihr Knoten in Betrieb ist (oder Ihr Knoten-Status *running* ist), können Sie die Verbindung zur Konsole mit dem folgenden Befehl wiederherstellen (auch hier wird Ihre Container-ID eine andere sein):

```
docker attach db253cb81bf7
db253cb81bf7
```

Zu diesem Zeitpunkt sollten Sie sich wieder auf dem @root-Bildschirm befinden. Ihre Eingabeaufforderung sollte wie folgt aussehen:

```
root@015e2e8bef67:/#
```

2.6.3   Interaktion mit der Blockchain

Als ersten Schritt werden wir die Geth-Konsole neu starten, die genau wie die Ubuntu-Konsole funktioniert: In den nächsten Kapiteln werden wir sie zur Interaktion mit der Blockchain, die wir lokal auf unserem Computer ausführen, verwenden.

Der unten stehende Befehl startet die Geth-Konsole in einem interaktiven Modus und mit limitierter Statusausgabe, was bedeutet, dass wir nicht den gesamten Output des Mining-Programms sehen werden. Vergewissern Sie sich, dass Sie sich im Ordner „test1" (oder wie immer Sie Ihren Ordner genannt haben) befinden, bevor Sie diesen Befehl ausführen (d. h. mit dem Befehl *cd* zum Ändern des Verzeichnisses, den wir in Kap. 1 eingeführt haben).

```
root@015e2e8bef67:~/test1#geth --verbosity 2 console --datadir node_pow --mine --miner.threads 1 --nousb
```

2.6.4 Konten und Salden

Sie können sich jederzeit ansehen, welche Konten auf Ihrer Blockchain existieren; das ist für diese Übung hilfreich, da Sie die Konten individuell verfolgen können. Sobald eine Transaktion eines oder mehrere Ihrer Konten involviert, werden diese Änderungen auch auf der eigentlichen Blockchain erfasst.

Um zu sehen, welche Konten bereits existieren, können Sie von der Geth-Konsole aus den Befehl *personal.listAccounts* benutzen:

```
> personal.listAccounts
[
    "0xe9c51fb5f23321142ee20e991413b956e1c5fbc6"
]
```

Sie sollten jetzt zwei Konten sehen. Hierbei handelt es sich um die beiden Konten, die Sie im Rahmen der Übungen zu Kap. 1 erstellt und vorfinanziert haben. Lassen Sie uns im nächsten Schritt den Wert validieren, der in jedem dieser beiden Konten enthalten ist. Dazu werden Sie den Befehl *web3.eth.getBalance* verwenden.

Als Nächstes können Sie mit dem Befehl *getBalance* den Saldo Ihrer einzelnen Konten überprüfen. Dieser wird in Wei, der kleinsten Einheit im Bereich von Ether, angezeigt.

```
> web3.eth.getBalance("0xe9c51fb5f23321142ee20e991413b956e1c5fbc6")
396000000000000000000
```

Der Einfachheit halber können Sie die gleiche Eingabeaufforderung schreiben, indem Sie über einen Parameter und die Funktion *personal.listAccounts* auf eines Ihrer Konten verweisen; dies führt zum gleichen Ergebnis.

```
> web3.eth.getBalance(personal.listAccounts[0])
396000000000000000000
```

2.6.5 Ihre erste Transaktion

Bevor wir unsere erste Transaktion erstellen, werden wir ein zusätzliches Konto einrichten. Dieses Konto wird nicht vorfinanziert, was die Überprüfung erleichtert, ob eine Transaktion stattgefunden hat. Verwenden Sie in der Geth-Konsole den folgenden Befehl, um ein neues Konto zu erstellen:

```
> personal.newAccount()
Passphrase:
Repeat passphrase:
"0xa53f495b27a40b73e0919b89aa8e15d5c220199b"
```

Sie können jederzeit nachschauen, welche Konten existieren. Es sollten jetzt drei Konten vorhanden sein, die beiden, die Sie in Kap. 1 erstellt haben, sowie das neue (leere) Konto, das Sie gerade eingerichtet haben.

```
> personal.listAccounts
[
    "0xe9c51fb5f23321142ee20e991413b956e1c5fbc6",
    "0x24d016d3968facdf2c7f2c074522f1b92ce9ec30",
    "0xa53f495b27a40b73e0919b89aa8e15d5c220199b"
]
```

Nun können Sie mit dem Befehl *getBalance* verifizieren, dass das letzte Konto keine Ether enthält.

```
> web3.eth.getBalance("0xa53f495b27a40b73e0919b89aa8e15d5c220199b")
0
```

Um es zu vereinfachen, können Sie die gleiche Eingabeaufforderung schreiben, indem Sie über einen Parameter und die Funktion *personal.listAccounts* auf eines Ihrer Konten verweisen; dies führt zum gleichen Ergebnis.

```
> web3.eth.getBalance(personal.listAccounts[2])
0
```

Beachten Sie auch, dass Sie die Funktion „fromWei" verwenden können, um die Zahl in Ether umzuwandeln.

```
> web3.fromWei(web3.eth.getBalance(personal.listAccounts[0])),"Ether")
0
```

Als Nächstes werden wir unsere erste Transaktion durchführen. Dazu benötigen wir sowohl eine Sender- als auch eine Empfängeradresse sowie den privaten Schlüssel des Senders. In der Geth-Befehlszeile funktioniert das Anlegen einer neuen Transaktion wie im folgenden Beispiel:

```
web3.eth.sendTransaction

(

    {
        from:personal.listAccounts[0],

        to:personal.listAccounts[2],

        value:1000

    }

);
```

Wenn Sie diesen Befehl ausprobieren, werden Sie eine Fehlermeldung erhalten, weil Sie zuerst das Absenderkonto entsperren müssen.

```
Error: authentication needed: password or unlock
    at web3.js:3143:20
    at web3.js:6347:15
    at web3.js:5081:36
    at <anonymous>:1:1
```

Dazu sollten Sie die folgende Eingabeaufforderung (und das Passwort, das Sie bei der Erstellung dieser Adresse festgelegt haben) verwenden:

```
> personal.unlockAccount(personal.listAccounts[0]);
Unlock account 0xe9c51fb5f23321142ee20e991413b956e1c5fbc6
Passphrase:
```

Nun sollten Sie in der Lage sein, die Transaktion mit *web3.eth.sendTransaction* durchzuführen.

```
web3.eth.sendTransaction

(

    {
        from:personal.listAccounts[0],

        to:personal.listAccounts[2],

        value:1000

    }

);
"0x45b85025de231fd7641d475f0144bc130433cd843ea0190ac985b4734f889aa8"
```

Die angezeigte Nummer ist der Transaktions-Hash; sie kann zur Identifizierung jeder auf der Blockchain durchgeführten Transaktion verwendet werden.

2.6.6 Validierung von Transaktionen

Im nächsten Schritt müssen wir den Saldo beider Konten erneut validieren, zur Bestätigung, dass die Transaktion tatsächlich durchgeführt wurde.

```
web3.eth.getBalance(personal.listAccounts[2]);
0
```

Moment, was ist hier passiert? Das Guthaben auf Ihren Absenderkonten ist immer noch unverändert! Das liegt daran, dass Sie die Blockchain nicht gemined haben. Damit die Transaktion tatsächlich stattfinden kann, müssen Sie zuerst den Mining-Prozess starten.

Zu jedem Zeitpunkt können Sie mit dem folgenden Befehl feststellen, ob das Mining Ihrer Blockchain *wirklich* stattfindet:

```
> eth.mining
false
```

Bevor wir den Mining-Prozess einleiten, um unsere Transaktion *endgültig* abzuschicken, lassen Sie uns einen Blick auf den offenen Transaktionspool werfen. Denken Sie daran, dass dies die noch ausstehenden Transaktionen sind, die noch nicht verarbeitet wurden und somit noch nicht Teil der Blockchain sind.

```
> txpool.content
{
  pending: {
    0xE9c51fB5F23321142Ee20e991413b956e1C5fBC6: {
      0: {
        blockHash: "0x0000000000000000000000000000000000000000000000000000000000000000",
        blockNumber: null,
        from: "0xe9c51fb5f23321142ee20e991413b956e1c5fbc6",
        gas: "0x15f90",
        gasPrice: "0x3b9aca00",
        hash: "0x45b85025de231fd7641d475f0144bc130433cd843ea0190ac985b4734f889aa8",
        input: "0x",
        nonce: "0x0",
        r: "0xf289cc2cd78b4747b4cc28286551b6fdc0268d40781deb11d702828b372f0d8c",
        s: "0xa27f711d8db93dc26cef44b2640d6edc550f2949f3d9231df137f454315bd8",
        to: "0x24d016d3968facdf2c7f2c074522f1b92ce9ec30",
        transactionIndex: "0x0",
        v: "0xee",
        value: "0x3e8iner"
      }
    }
  },
  queued: {}
}

>
```

Als Nächstes werden wir den Mining-Prozess mit dem folgenden Befehl starten:

```
> miner.start();
```

Mit diesem Befehl können Sie den Miner wieder stoppen:

```
> miner.stop();
```

An diesem Punkt gehen wir davon aus, dass unsere Transaktion (1) ausgeführt, (2) in einen Block aufgenommen und (3) aus dem offenen Transaktionspool entfernt wurde. Lassen Sie uns diese Annahmen nun weiter validieren.

```
> txpool.content
{
  pending: {},
  queued: {}
}
```

Wie Sie erkennen können, ist der offene Transaktionspool jetzt leer; es gibt keine ausstehenden Transaktionen, die auf die Validierung warten.

Lassen Sie uns als Nächstes bestätigen, ob die Kontostände wie erwartet aktualisiert wurden. Dazu geben wir den gleichen Befehl ein, den wir bereits zuvor ausprobiert hatten:

```
> web3.eth.getBalance(personal.listAccounts[0])
1000
```

Erfolg! Wir sehen nun, dass der angegebene Betrag von 1000 Wei von unserem ersten persönlichen Konto auf das dritte persönliche Konto überwiesen wurde.

Als Nächstes werden wir in den Übungen von Kap. 3 genauer untersuchen, wie der Proof-of-Authority-Mechanismus (PoA) den Prozess des Minings von Blöcken und der Bestätigung von Transaktionen verändert.

Literatur

Antonopoulos A (2017) Mastering bitcoin: unlocking digital cryptocurrencies. O'Reilly Media, Sebastopol

Bartlett J (2016) The dark net: inside the digital underworld. Melville House, Brooklyn

Chaum D (1983) Blind signatures for untraceable payments. Adv Cryptol Proc Crypto 82(3):199–203

Diedrich H (2016) Ethereum: blockchains, digital assets, smart contracts, decentralized autonomous organizations. Wildfire Publishing

Franco P (2015) Understanding bitcoin: cryptography, engineering and economics. Wiley, Chichester

Mougayar W, Buterin V (2016) The business blockchain: promise, practice, and application of the next internet technology. Wiley, Hoboken

Narayanan A, Bonneau J, Felten E et al (2016) Bitcoin and cryptocurrency technologies: a compre-
    hensive introduction. Princeton University Press, Princeton

Popper N (2016) Digital gold: bitcoin and the inside story of the misfits and millionaires trying to
    reinvent money. HarperCollins, New York

Szabo N (2005) Bit gold (December). Retrieved 08.01.2017

Tapscott A, Tapscott D (2018) Blockchain revolution: how the technology behind bitcoin and other
    cryptocurrencies is changing the world. Penguin, New York

Viega J, Messier M (2003) Secure programming cookbook for C and C++: recipes for cryptography,
    authentication, input validation & more. O'Reilly, New York

Werbach K (2018) The blockchain and the new architecture of digital trust. MIT Press, Cambridge

Wood G, Antonopoulos A (2019) Mastering ethereum: building smart contracts and DApps.
    O'Reilly, Beijing

Konsensmechanismen

3

3.1 Einführung

Eines der wertvollsten Merkmale einer Blockchain ist die Konsistenz der gespeicherten Daten und damit die Sicherheit, die sie im Hinblick auf diese bietet. Die Konsistenz wird durch Konsensmechanismen erreicht – der gängigste Mechanismus ist zurzeit der Proof-of-Work-Mechanismus (PoW) von Bitcoin.

Konsensmechanismen schaffen einen Anreiz für gewünschtes Verhalten und halten die Teilnehmer des Blockchain-Netzwerks von nicht regelkonformen Handlungen ab, indem sie von ihnen verlangen, einige Ressourcen wie etwa Rechen- oder Speicherkapazität, eine Geldbeteiligung oder Ähnliches bereitzustellen.

Dieses Kapitel enthält zunächst eine formale Definition von Konsens-Algorithmen und listet ihre Ziele auf. Anschließend werden damit verbundene Themen wie das CAP-Theorem und der byzantinische Fehler betrachtet. Das Kapitel endet mit einem Überblick über die zurzeit verbreitetsten Konsensmechanismen, ihre Stärken und Schwächen sowie Anwendungsbeispiele aus der Praxis.

3.1.1 Definition

Im Bereich der Blockchain bezieht sich die Konsistenz auf eine Einigung zwischen den verschiedenen Netzwerkknoten über den Zustand der gespeicherten Daten, d. h. über alle Änderungen, die seit Beginn der jeweiligen Blockchain stattgefunden haben, und die Abfolge dieser Ereignisse. Ein Konsens-Protokoll bezieht sich auf den Algorithmus, der eine solche Übereinkunft über den Status eines Netzwerks erzielt. Konsensmechanismen werden in dezentralisierten Systemen, wie z. B. dezentralisierten Kontobüchern (Ledgern),

© Der/die Autor(en), exklusiv lizenziert durch Springer-Verlag GmbH, DE, ein Teil von Springer Nature 2021
D. Hellwig et al., *Entwickeln Sie Ihre eigene Blockchain*,
https://doi.org/10.1007/978-3-662-62966-6_3

verwendet, um sicherzustellen, dass alle Teilnehmer über eine identische Kopie der verteilten Datenbank verfügen.

Dezentralisierte Systeme stehen in krassem Gegensatz zu zentralisierten (z. B. die Datenbank einer Bank), bei denen ein Akteur (z. B. die Bank) die volle Kontrolle über den Stand der Daten hat. Ein solcher Akteur könnte einen Datensatz (etwa einen Kontostand) einseitig und ohne die Zustimmung von anderen ändern. Da solche Methoden zu einem Verlust an Glaubwürdigkeit und Kunden führen und nicht im Interesse der Bank liegen, sind sie unüblich, aber theoretisch möglich.

Im Folgenden wird ein Überblick über die Ziele gegeben, die ein Konsensmechanismus verfolgen muss, um effektive Prozesse in einem dezentralisierten Ledger-Netzwerk zu ermöglichen.

3.1.2 Zielsetzungen

In ihrem Kern zielen Konsensmechanismen darauf ab,

- **eine einvernehmliche Vereinbarung zu erreichen:** Das primäre Ziel jedes Konsensmechanismus ist es, das dezentralisierten Ledger-Systemen zugrunde liegende Kernproblem zu lösen, also eine einvernehmliche Einigung über den Zustand des Netzwerks zu erzielen. Durch die strikte Einhaltung der Regeln des Protokolls stellen die Knoten die ständige Aktualität des Netzwerkstatus sicher, d. h. dass er entsprechend der letzten Vereinbarung (Konsens) der Mehrheit der Netzwerkteilnehmer aktualisiert wird.
- **doppelte Ausgaben zu verhindern:** In Kap. 2 wurde die doppelte Ausgabe als eines der Hauptprobleme bei digitalen Währungen vorgestellt. Konsensmechanismen befassen sich mit diesem Problem, indem sie die Historie aller Transaktionen, an denen eine bestimmte Coin beteiligt war, überprüfen und sicherstellen, dass nur gültige Transaktionsnachrichten in das öffentliche Ledger aufgenommen werden.
- **einen Anreiz für Selbstregulierung zu bieten:** Der Konsensmechanismus unterstützt die selbstregulierenden Aspekte eines vertrauensfreien Systems, was eine Angleichung der Interessen aller Netzwerkteilnehmer erfordert. Zu diesem Zweck müssen die vorhandenen Mechanismen erwünschtes Verhalten anregen (z. B. durch neue symbolische Belohnungen) und opportunistische Akteure bestrafen (indem sie z. B. zweifelhafte Handlungen finanziell und rechnerisch untragbar machen). Auf diese Weise stellt der Konsensmechanismus sicher, dass die Rechenressourcen besser für als gegen das System eingesetzt werden. Netzteilnehmer, die an der Konsensbildung (d. h. am Mining) beteiligt sind, sollten ihre Ausgaben langfristig decken können und für ihre Arbeit belohnt werden.
- **Gleichheit zu gewährleisten:** Blockchain ist ein Peer-to-Peer-Netzwerk mit einer niedrigen Barriere, neue Knoten-Punkte zu errichten und Teilnehmer zu werden. Darüber hinaus kann jeder den zugrunde liegenden Programmcode einsehen, da er frei verfügbar ist, was es den Teilnehmern ermöglicht, die Fairness des Protokolls direkt zu

validieren. Auf diese Weise stellt der Konsensmechanismus sicher, dass die Blockchain nicht benachteiligt und die Teilnehmer gleich behandelt werden.

- **Fehlertoleranz zu bieten:** Im EDV-Bereich beschreibt die Fehlertoleranz ein Computersystem, dessen Architektur im Falle eines Ausfalls durch Rückgriff auf Sicherungskomponenten oder andere spezifische Verfahren einen sofortigen und unterbrechungsfreien Ersatz bietet. Konsensmechanismen stellen sicher, dass Blockchains durch die Fehlertoleranz verlässlich und konsistent bleiben.

3.1.3   Variationen

Verschiedene Blockchain-Implementierungen nutzen unterschiedliche Arten von Konsens-Algorithmen. Die Bitcoin-Blockchain verwendet zum Beispiel den Proof-of-Work-Ansatz, während andere Blockchains, abhängig von ihren jeweiligen Anforderungen, eine Vielzahl anderer Algorithmen einsetzen. Beispielsweise kann die aktuelle Implementierung der Bitcoin-Blockchain theoretisch etwa 5 bis 10 Transaktionen pro Sekunde verarbeiten (Attaran 2019), was ausreichend für Werttransfers ist. Sie eignet sich jedoch nicht für die Implementierung eines kreditkartenähnlichen Zahlungsnetzwerks, welches voraussetzt, dass das System deutlich höhere Transaktionszahlen unterstützt, als Bitcoin es heute tut. Das VISA-Netzwerk kann als Richtwert etwa 10.000 Transaktionen pro Sekunde verarbeiten (Narayanan et al. 2016).

3.2   Das CAP-Theorem

3.2.1   Das Trilemma

Das CAP-Theorem, auch bekannt als Brewers Theorem (Borah et al. 2020), bietet eine theoretische Grundlage für die unvermeidbaren Kompromisse, die dezentralisierten Datenbanksystemen inhärent sind, also ihre nicht vorhandene Fähigkeit, Konsistenz, Verfügbarkeit und Ausfalltoleranz gleichzeitig zu erreichen (Abb. 3.1):

- **Konsistenz (C):** Jede Abfrage eines Knotens liefert den aktuellsten Zustand des Systems, also die neuesten Daten. Solange die neuesten Informationen nicht verfügbar sind, erhält man von der Datenbank keine Antwort zurück. Konsistenz erfordert, dass zwei Knoten eines Netzwerks zu keinem Zeitpunkt einen unterschiedlichen Zustand darstellen und kein Knoten einen nicht aktuellen Zustand zurückgibt.
- **Verfügbarkeit (A):** Jeder Knoten in einem System wird immer eine (fehlerfreie) Antwort liefern. Alle Knoten haben ständigen Lese- und Schreibzugriff: Das System bleibt verfügbar, sodass der Benutzer jederzeit Aktualisierungen vornehmen und Daten aus dem System abrufen kann.

Abb. 3.1 Venn-Diagramm des
CAP-Theorems von Brewer

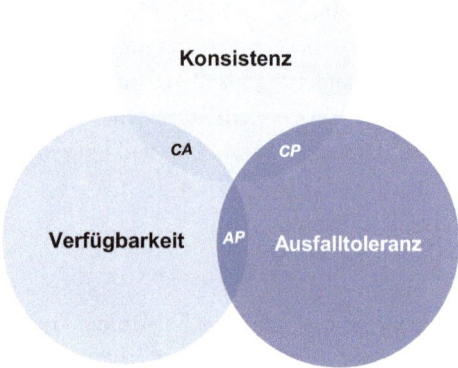

- **Ausfalltoleranz (P):** Eine Partition beschreibt die Unfähigkeit von zwei oder mehr
  Knoten eines Netzwerks, zu kommunizieren (d. h. Nachrichten zwischen einzelnen
  Knoten werden vom Netzwerk verzögert oder gar nicht weitergegeben). Die Ausfalltoleranz nimmt Bezug auf die Fähigkeit eines Netzwerks, trotz vorhandener Partitionen
  weiterzuarbeiten.

Veranschaulichung
Stellen Sie sich eine Datenbank vor, die aus einer Reihe von einfachen Notizbüchern mit
aufgezeichneten Informationen besteht. Um vollständige Konsistenz zu erreichen, würden
Sie ein Notizbuch nach dem anderen zum Schreiben und Lesen verwenden. Um verschie-
denartige Informationen zu lesen und zu schreiben, würden Sie mehrere Notizbücher
gleichzeitig benutzen – etwa für jedes Thema eins (Verfügbarkeit). Und um die Notizbücher in verschiedenen Räumen zur gleichen Zeit zu nutzen (Ausfalltoleranz), müssten sie
von Zeit zu Zeit synchronisiert werden, um Konsistenz beizubehalten.

Nach dem CAP-Theorem kann ein System jeweils nur zwei dieser drei Eigenschaften
gleichzeitig erfüllen; dies ist aber insbesondere bei Bitcoin, der bisher erfolgreichsten
Anwendung von Blockchain, nicht der Fall.

3.2.2 CAP-Theorem und Blockchains

Blockchain-Netzwerke wie Bitcoin sind dezentralisierte Systeme und müssen sich daher
mit der Partitions- oder Ausfalltoleranz auseinandersetzen. Infolgedessen opfert Bitcoin
kurzzeitig die Konsistenz zugunsten von Verfügbarkeit und Ausfalltoleranz: Konsistenz
(C) auf der Blockchain wird nicht gleichzeitig mit der Partitionstoleranz (P) und der Verfügbarkeit (A) erreicht, sondern erst im Laufe der Zeit. Endgültige Konsistenz ist in einer
Situation gegeben, in der Konsistenz als Ergebnis der Validierung mehrerer Knoten zur

gegebenen Zeit erreicht wird. Zu diesem Zweck führte Bitcoin das Mining ein, ein Verfahren, das die Erzielung eines Konsenses durch den Proof-of-Work-Algorithmus (siehe Abschn. 3.5.1) ermöglicht, wodurch das Hinzufügen weiterer Blöcke erleichtert wird.

Hätte sich Bitcoin für Konsistenz statt Verfügbarkeit entschieden, wäre der Benutzer im Falle eines Verbindungsproblems oder eines fehlerhaften Knoten nicht in der Lage, Bitcoins zu senden oder zu empfangen.

Die primäre Funktion eines Konsens-Algorithmus besteht darin, für die Daten in der dezentralisierten Blockchain-Datenbank schlussendlich die Konsistenz zu gewährleisten. Die nächsten Abschnitte beschreiben und formalisieren das CAP-Theorem und bieten Lösungen für die Probleme dezentralisierter Netzwerke, die den Betrieb eines zuverlässigen verteilten Ledger-Systems für Kryptowährungen ermöglichen.

3.2.3 Das CAP-Theorem in der Praxis

Um das CAP-Theorem bei der Arbeit zu veranschaulichen, stellen wir verschiedene Szenarien vor, in denen die Auswahl zweier Eigenschaften einen Kompromiss für die dritte erfordert.

Szenario 1: Partitionstolerant und verfügbar, aber nicht konsistent
Betrachten Sie das folgende Szenario: Zwei Zustände werden in verschiedenen Knoten einer blockchainbasierten, dezentralisierten Datenbank gespeichert; vier Netzwerkknoten bilden das Netzwerk (Abb. 3.2). Der Kontostand in jedem dieser Netzwerkknoten beträgt 20 USD.

Angenommen, ich erhalte eine Überweisung mit weiteren 10 USD. Wie in Abb. 3.2 zu sehen, wird diese zunächst in dem Knoten in der oberen linken Ecke (als Zustand B dargestellt) angezeigt. Der Knoten gibt diese Information dann an alle anderen Knoten im Netzwerk weiter, mit denen er kommunizieren kann. Da dies zwischen der linken und der rechten Seite nicht möglich ist, breitet sich der neue Zustand des Knoten nicht auf alle übrigen aus, sodass auch die letzte Kontostandsaktualisierung nicht auf die Knoten auf der

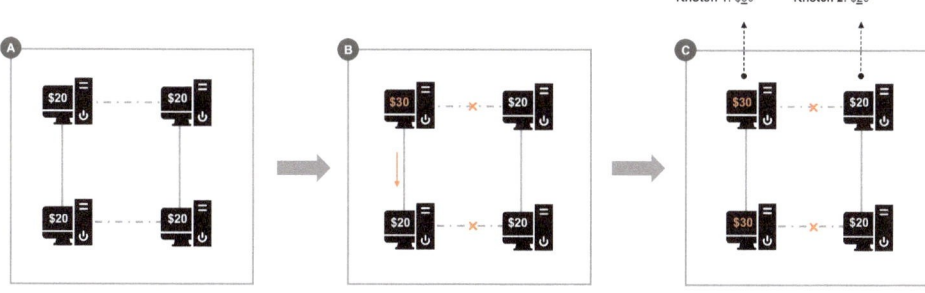

Abb. 3.2 Partitionstolerant und verfügbar, aber nicht konsistent

rechten Seite übertragen wird und nur der Knoten links unten die Nachricht empfängt und den aktuellsten Netzwerkzustand widerspiegelt.

Obwohl kein einziger Knoten im Netzwerk eine Fehlermeldung bringt, ist es möglich, dass einige nicht den aktuellen Zustand widergeben.

Szenario 2: Partitionstolerant und konsistent, aber nicht verfügbar

Betrachten wir eine Ausgangskonfiguration, die mit der im ersten Szenario identisch ist, außer dass das Netzwerk vertikal so aufgeteilt ist, dass nur die beiden Knoten auf der linken Seite und die beiden Knoten auf der rechten Seite kommunizieren können (Abb. 3.3).

Da wir jetzt Konsistenz verlangen – d. h. jeder Knoten muss nun den aktuellsten Zustand widerspiegeln –, muss auf die Verfügbarkeit verzichtet werden. Wie in Abb. 3.3 zu sehen, gibt Knoten 2 in diesem Fall einen Fehler zurück, da er nicht validieren kann, über die neuesten Daten, die im gesamten System konsistent sind, zu verfügen, weil er nicht alle anderen Knoten nach ihrem neuesten Zustand abfragen kann. Da Knoten 1 keine Nachrichten von allen Knoten empfangen kann, geht er davon aus, nicht auf dem neuesten Stand zu sein, und gibt ebenfalls einen Nichtverfügbarkeitsfehler zurück.

Szenario 3: Konsistent und verfügbar, aber nicht partitionstolerant

Wenn die Knoten sowohl konsistent als auch verfügbar sein sollen, gehen wir davon aus, dass die Partitionstoleranz geopfert wird, wie in Abb. 3.4 dargestellt. Wenn wir jedoch eine Partition in dieses Szenario einbeziehen, würde es automatisch in eines der ersten beiden Beispiele umgewandelt werden, wodurch entweder auf die Verfügbarkeit oder die Konsistenz verzichtet werden müsste.

Beachten Sie, dass man sich die CAP-Dimensionen nicht als binäre Ja-/Nein-Kategorien vorstellen sollte, sondern am besten als auf einem Dreieck liegend, bei dem jede Ecke die vollständige Beachtung von entweder C, A oder P darstellt: Dezentralisierte Datenbanksysteme sind Punkte innerhalb dieses Dreiecks, deren Positionen zeigen, wie genau jeder Aspekt eingehalten wird.

Eine nicht verteilte und zentralisierte Datenbank liegt in der Regel an der C-A-Kante, da keine Partitionstoleranz erforderlich ist. Daher können nicht dezentralisierte Datenbanken sowohl Konsistenz als auch Verfügbarkeit gleichzeitig realisieren und sind nicht von

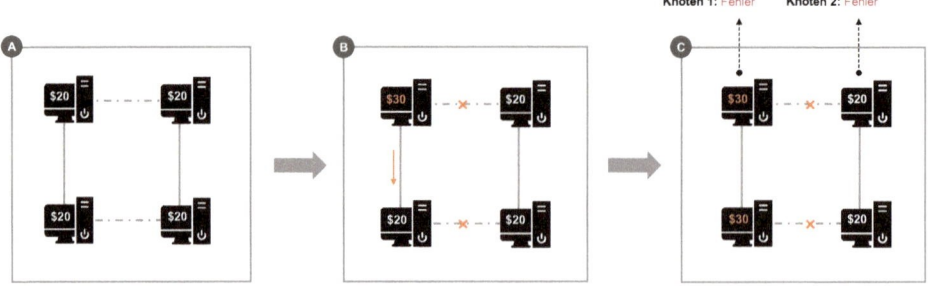

Abb. 3.3 Partitionstolerant und konsistent, aber nicht verfügbar

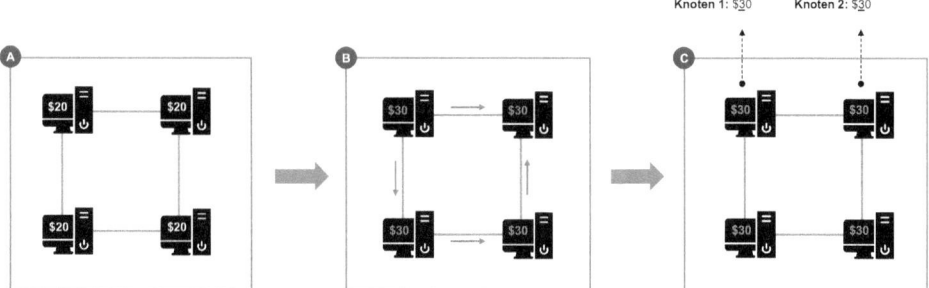

Abb. 3.4 Konsistent und verfügbar, aber nicht partitionstolerant

fehlerhaften Knoten oder Partitionstoleranz betroffen. Die Verfügbarkeit kann nicht garantiert werden, wenn man sich über das Internet mit einer regulären Datenbank verbindet.

Nach dem CAP-Theorem muss ein System immer einen Kompromiss eingehen. Da jedes produktionsbereite System – d. h. jedes System, das für reale Anwendungen eingesetzt wird – ein gewisses Maß an Partitionstoleranz voraussetzt, stellt sich eher die Frage nach Verfügbarkeit versus Konsistenz statt eines Trilemmas: Ist es vorzuziehen, dass ein System potenziell veraltete Werte oder gar keine Werte zurückliefert? Diese Frage führt uns in das historische Byzanz.

3.3   Byzantinischer Fehler

3.3.1   Hintergrund

Im Kontext der traditionellen Informatik beschreibt der byzantinische Fehler den Zustand eines dezentralisierten Computersystems, in dem Komponenten ausfallen können und Informationen bezüglich des Ausfalls von Komponenten unvollständig sind (Zhao 2014).

Bei einem byzantinischen Fehler kann eine Komponente wie ein Server den Fehlererkennungssystemen sowohl als fehlerhaft als auch als funktionstüchtig erscheinen und somit für verschiedene Beobachter unterschiedliche Symptome aufweisen. Für andere Komponenten ist es schwierig, sie für fehlerhaft zu erklären und aus dem Netzwerk auszuschließen, da sie zunächst einen Konsens darüber erzielen müssen, ob die Komponente überhaupt gescheitert ist.

Die erste umfassende Lösung für dieses Dilemma wurde 1999 von Miguel Castro und Barbara Liskov präsentiert, als sie den „Practical Byzantine Fault Tolerance"-Algorithmus (PBFT) vorstellten (Raj 2019). In Abschn. 3.4.6. werden wir näher auf diesen Algorithmus eingehen. Lassen Sie uns jedoch zunächst den grundlegenden Aufbau des byzantinischen Fehlerproblems am Beispiel des „Problems des byzantinischen Generals" erläutern.

3.3.2   Das Problem des byzantinischen Generals

Der Begriff „byzantinischer Fehler" stammt von einer Allegorie, dem „Problem des byzantinischen Generals" (Abb. 3.5), worin sich die Akteure auf eine gemeinsame Strategie einigen müssen, um ein katastrophales Scheitern zu vermeiden, jedoch sind einige der Akteure von Natur aus unzuverlässig (Kelly 2015).

Das Problem des byzantinischen Generals taucht auch in Situationen mit digitalem Geld auf, bei denen keine vertrauenswürdige dritte Partei vorhanden ist. Wie kann man sicher sein, dass ein Teilnehmer in einem Netzwerk nicht mehr Geld sendet, als er besitzt, und dass er nicht mehrmals das gleiche digitale Token sendet? Dies ist das Problem der „doppelten Ausgaben", auf das wir schon einmal eingegangen sind und das eines von mehreren bekannten Betrugsszenarien in einer Kryptowährung ist.

Mathematiker und Informatiker nutzen das Problem des byzantinischen Generals als ein Gedankenexperiment, um das zugrunde liegende Rätsel zu untersuchen, wie ein Konsens zwischen den Parteien, d. h. den Komponenten in einem dezentralisierten System, erreicht werden kann, in Bezug auf die Komponenten, die kompromittiert wurden, also fehlgeschlagen sind, und wo es unvollständige Informationen darüber gibt, ob eine Partei kompromittiert wurde, also wann eine Komponente fehlgeschlagen ist.

Der Ausgangspunkt des Problems des byzantinischen Generals ist, dass eine Gruppe byzantinischer Generäle plant, eine Stadt anzugreifen, die von ihren Truppen umgeben ist. Die Generäle müssen irgendwie dafür sorgen, dass alle ihre Truppen gleichzeitig angreifen, sonst würde der Plan scheitern, da die Stadt nicht erobert werden kann, sobald auch nur ein einziger General nicht angreift.

Das Fehlen von E-Mail-, SMS- oder Instant-Messaging-Diensten im alten Byzanz erfordert, dass die Generäle über Boten kommunizieren. Es kann jedoch auch Verräter unter

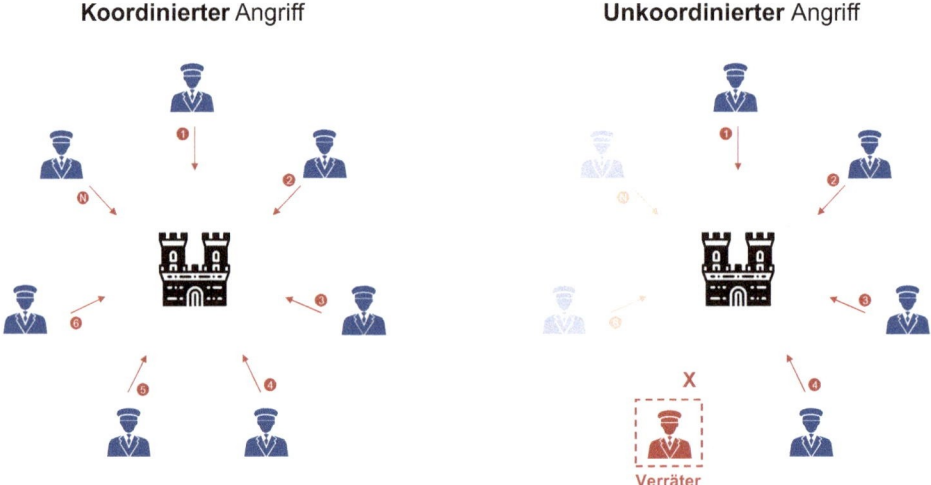

Abb. 3.5 Angriffsszenarien beim Problem des byzantinischen Generals

diesen geben, die sich dem Plan in den Weg stellen könnten, indem sie dem Boten falsche Nachrichten melden oder sich zurückziehen, anstatt anzugreifen. Daher ist das Problem des byzantinischen Generals ein Problem des Vertrauens und der Konsensbildung.

3.3.3 Ein Beispiel

Betrachten Sie noch einmal die Geschichte des byzantinischen Reiches, aber geben Sie jetzt jedem Befehlshaber zehn Minuten Zeit, um eine Botschaft zu verfassen, d. h. sie zu schreiben und dann mit seinem royalen Emblem zu versiegeln. Der General muss darüber hinaus auch die gesamte Geschichte der zuvor empfangenen und gesendeten Nachrichten beifügen.

Kommandant A sendet eine Nachricht an Kommandant B, in der es heißt: „A befiehlt ATTACKE um 4 Uhr."

Zehn Minuten später sendet Kommandant B eine Nachricht an Kommandant C, in der es heißt: „B befiehlt ATTACKE um 4 Uhr" und fügt die ursprünglich empfangene Nachricht bei: „A befiehlt ATTACKE um 4 Uhr."

C empfängt die Nachricht, ist jedoch ein Verräter und ändert sie zu „C befiehlt ATTACKE um 3 Uhr". Er ändert auch die Nachrichten von A und B, damit sie mit seiner Nachricht übereinstimmen, ein Vorgang, der insgesamt 30 Minuten dauert, 10 Minuten für jede von ihm gesendete Nachricht.

D erhält dann eine der folgenden Nachrichtenreihen von C:

1. Nach 10 Minuten erhält D die Nachrichten: „C befiehlt ATTACKE um 3 Uhr. | B befiehlt ATTACKE um 4 Uhr. | A befiehlt ATTACKE um 4 Uhr." Da die Nachrichten widersprüchlich sind, wird D den Befehl von C verwerfen und, da er erkennt, dass C korrupt ist, Nachrichten an A und B senden, um sie darüber zu informieren.
2. Nach 30 Minuten erhält D die Nachrichten: „C befiehlt ATTACKE um 3 Uhr. | B befiehlt ATTACKE um 3 Uhr. | A befiehlt ATTACKE um 3 Uhr." Da die Nachricht erst nach 30 statt nach 10 Minuten eingegangen ist, erkennt D, dass C korrupt ist.

Die einzige Möglichkeit für C, die Intrige weiterzuführen, besteht darin, alle drei Botschaften in 10 Minuten anzufertigen, was angesichts des Arbeitsaufwandes für ihre Zusammenstellung und Versiegelung praktisch unmöglich ist.

Was passiert nun, wenn C zusätzliche Hilfe erhielte, damit er diese drei Aktionen parallel durchführen kann?

Im Bitcoin-Äquivalent würde dies dem Fall von Hacks entsprechen, da der Proof-of-Work-Mechanismus von Bitcoin zwar nicht vor ihnen schützt, aber die Wahrscheinlichkeit ihres Auftretens minimiert, indem er größere finanzielle Anreize für Netzwerkteilnehmer schafft, sich an die Regeln des Systems zu halten, statt sie zu brechen.

Die zugrunde liegende Annahme ist hier, dass mehr als die Hälfte aller Generäle (oder Miner) ehrliche Akteure sind; wenn mehr als die Hälfte sich opportunistisch verhält und konspiriert, dann können sie jeden ehrlichen Teilnehmer allein durch die Macht ihrer Mehrheitsabstimmung als unehrlich erscheinen lassen.

Dies ist in jedem redundanten System der Fall. Ein weiteres gutes Beispiel sind die drei primären Flugcomputersysteme (PFCs) in modernen Flugzeugen: Wenn zwei dieser primären Computer das gleiche fehlerhafte Ergebnis liefern und einer ein korrektes Ergebnis, dann wird angenommen, dass das fehlerhafte Ergebnis richtig ist, und das korrekte Ergebnis wird als falsch eingestuft (Yeh 1996).

In der Praxis wollen opportunistische Akteure in der Regel ihre Gewinne steigern, aber die fehlende Übereinstimmung zwischen ihren individuellen Interessen verhindert ihre Absprachen. Im Bitcoin-Netzwerk muss mehr als die Hälfte der teilnehmenden Netzwerkknoten zustimmen, damit der Netzwerkzustand geändert werden kann. Wenn also eine kleinere Gruppe von Knoten kolludiert oder die von ihnen übermittelten Nachrichten korrupt sind, bleibt das Netzwerk unbeeinflusst und widersteht dem Angriff.

Die zweite wichtige Funktion eines Konsens-Algorithmus ist es daher, den Konsens zu erreichen, auch wenn er sich mit fehlerhaften oder opportunistischen Teilnehmern und Kommunikationswegen konfrontiert sieht.

3.4   Verbreitete Konsensprotokolle

Das Blockchain-Protokoll bietet einen äußerst effektiven Ansatz für den dezentralisierten Austausch. Änderungen des Systemzustands durch diese Plattformen beruhen auf dem zugrunde liegenden Konsensmechanismus, der das System in die Lage versetzt, unabhängig von den beteiligten Knoten zuverlässig zu arbeiten. Im weiteren Verlauf dieses Kapitels werden die am häufigsten verwendeten Konsensmechanismen beschrieben; für jedes der Protokolle geben wir eine kurze Erläuterung der Funktionsweise, betrachten die Vorund Nachteile und besprechen ein reales Beispiel für ihre Umsetzung.

3.4.1   Proof-of-Work (PoW)

▶   Grundsatz: Je mehr Rechenarbeit ein Knoten aufwendet, desto größer ist die Wahrscheinlichkeit, dass er Blöcke generiert.

Der Proof-of-Work-Konsens-Algorithmus umfasst das Lösen einer rechenintensiven mathematischen Aufgabe, um der Bitcoin-Blockchain neue Blöcke hinzuzufügen. Umgangssprachlich ist dieser Prozess als „Mining" bekannt, und die Knoten im Netzwerk, die sich mit dem Mining befassen, werden als Miner bezeichnet. Der Anreiz für Mining-Transaktionen beruht auf der wirtschaftlichen Rentabilität, da konkurrierende Miner mit einer bestimmten Anzahl von Bitcoins belohnt werden (12,5 Bitcoins zum Zeitpunkt des Schreibens dieses Buches) sowie den Transaktionsgebühren von (normalerweise) etwa 0,20 USD für jede Transaktion in dem Block, die sie durchführen und die das Blockchain-Netzwerk akzeptiert und an die bestehende Bitcoin-Blockchain anhängt.

Die Funktionsweise

Um neue Blöcke an die Blockchain anzuhängen, muss ein Knoten ein mathematisches Problem durch Ausprobieren lösen. Der erste Teilnehmer, der eine Lösung findet, kann diese und die Einträge des Blocks an das Netzwerk verteilen, sodass andere Teilnehmer auf dem Block aufbauen und einen weiteren Block mit neuen Einträgen anhängen können (Abb. 3.6). Die Bereitstellung des Proof-of-Work-Algorithmus ist sehr zeitaufwendig, während die Validierung durch andere Teilnehmer relativ schnell und unkompliziert ist, sodass gegenseitiges Vertrauen unter den Teilnehmern nicht erforderlich ist.

Verwendung in der realen Welt

Nehmen wir das folgende Beispiel: Ohne die richtige Kombination zu kennen, ist das Öffnen eines Zahlenkombinationsschlosses eine Herausforderung, und der einzige Weg, die richtige Kombination zu erhalten, führt über das Ausprobieren. Sobald richtig geraten wurde, ist die Kombination jedoch leicht zu validieren: Man gibt die Zahlen ein und sieht, ob sich das Schloss öffnet.

In ähnlicher Weise ist ein Bitcoin-Miner erforderlich, um eine Zufallszahl (Nonce) zu kreieren, die zu einem akzeptablen Hash für den Block führt. Auch dies ist eine Herausforderung, da man als einzige Möglichkeit, eine Nonce zu erzeugen, nur raten kann. Danach kann sie jedoch leicht validiert werden, indem festgestellt wird, ob die vom Miner bereitgestellte Zufallszahl zu einem akzeptablen Hash führt, der die Anforderungen des Systems erfüllt.

Eine Blockchain, die durch den Proof-of-Work-Mechanismus gesichert ist, ist angesichts der unerschwinglichen Menge an erforderlicher Rechenleistung am schwierigsten zu manipulieren: Der Proof-of-Work-Konsensmechanismus benötigt zum Ausführen erhebliche Energie, und die Menge der von einem Knoten eingesetzten Rechenleistung ist direkt proportional zur Anzahl der Blöcke, die der Knoten auflöst und für die er belohnt wird. Infolgedessen findet sich die Konzentrierung der Miner-Leistung in Ländern, in denen Strom relativ billig ist, z. B. in den Bergen Sichuans, wo reichlich Wasserkraft zu den günstigsten Strompreisen der Welt führt.

Proof-of-Work hat im Hinblick auf die Transaktionsvalidierung eine hohe Latenzzeit: Es dauert etwa 30 Minuten (d. h. drei aufeinanderfolgende Blöcke) vom Zeitpunkt der

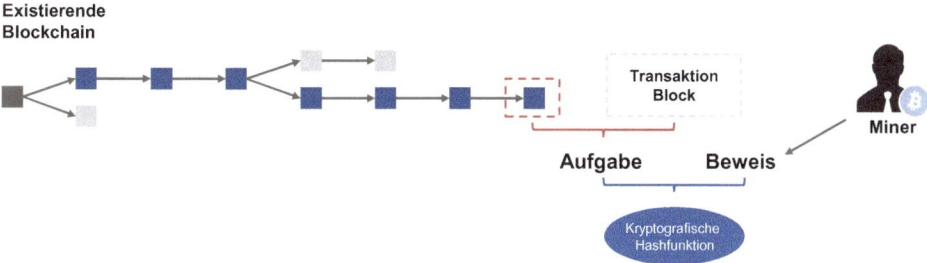

Abb. 3.6 Die innere Funktionsweise des PoW-Mechanismus

Absendung eines Zahlungsauftrags bis zu dem Zeitpunkt, an dem der Zahlungsauftragge-
ber sicher sein kann, dass die Transaktion irreversibel durchgeführt wurde. Dies ist relativ
lang, insbesondere im Vergleich zu regulären Kreditkartentransaktionen. Darüber hinaus
ist der Proof-of-Work-Mechanismus anfällig für den „51-Prozent-Angriff", der zurückzu-
führen ist auf einen Angriff auf eine Blockchain durch eine Gruppe von Minern, die mehr
als die Hälfte der Rechenleistung des Netzwerks kontrollieren und damit den Zustand der
Blockchain ändern können, indem sie gemeinsam die Durchsetzung der Ledger-Regeln
ändern.

3.4.2 Proof-of-Stake (PoS)

▶   *Grundsatz: Je höher der Einsatz für die Validierung eines Knoten im Netzwerk ist,
     desto größer sind die Chancen und die Legitimität der Validierung von Blöcken.*

Bei Proof-of-Stake fungieren die Knoten als Validatoren. Anstatt die Blockchain durch die
aufwendige Berechnung von Hashs zu validieren und abzusichern, wie es beim Proof-of-
Work der Fall ist, bestätigen die Validatoren die Transaktionen, um eine Transaktionsgebühr zu erhalten. Es ist kein herkömmliches computergestütztes Mining erforderlich;
alle Coins existieren vom ersten Tag an.

Die spezifische Implementierung von Proof-of-Stake kann je nach Anwendungsfall
und Softwaredesign variieren. Im Gegensatz zum Proof-of-Work-Konsensregime ist der
Proof-of-Stake-Algorithmus nicht von teuren Rechenressourcen abhängig.

Die Funktionsweise
In der Praxis werden die Knoten nach dem Zufallsprinzip ausgewählt, um Blöcke zu validieren. Die Wahrscheinlichkeit der Wahl eines bestimmten Knotens hängt von der Anzahl
der Coins ab, die er zu diesem Zeitpunkt enthält. Validatoren müssen eine Sicherheitsleis-
tung hinterlegen. Die Wahrscheinlichkeit, den nächsten Block zu erzeugen, steigt mit der
Höhe des Einsatzes: Wenn Knoten A zwei Coins und Knoten B eine Coin hinterlegt hat,
ist die Wahrscheinlichkeit doppelt so hoch, dass Knoten A den nächsten Transaktions-
block validieren wird. Da die Validatoren zufällig ausgewählt werden, ist im Vorhinein
nicht klar, woher der nächste Block kommen wird. Nach dem Auswahl- und Validierungsprozess stimmt die allgemeine Benutzercommunity darüber ab, ob der Block hinzugefügt
werden soll.

Einsatz in der realen Welt
Ethereum verwendet immer noch Proof-of-Work, wird aber in der nächsten Entwicklungs-
phase zu Proof-of-Stake wechseln. Auf den ersten Blick mag Proof-of-Stake nicht reizvoll
erscheinen, da diejenigen, die bereits das meiste Geld besitzen, und nicht diejenigen, die
die meiste Arbeit leisten, am ehesten den nächsten Block bilden werden. Dieser Wechsel
wird jedoch die Strommenge reduzieren, die Ethereum benötigt, um im Netzwerk eine

Einigung über den Stand der Transaktionen und Verträge zu erzielen. Darüber hinaus sind Proof-of-Stake-basierte Netzwerke immun gegen opportunistische Akteure, die genügend Wert aus einem kostspieligen Angriff auf das Netzwerk ziehen, da der Einsatz die Währung selbst ist. Der Angreifer müsste also mehr als die Hälfte der gesamten im Umlauf befindlichen Währung unter Kontrolle haben, um einen erfolgreichen Angriff zu starten.

Bei Ethereums Proof-of-Stake-Implementierung Casper produziert der Validator (das Gegenstück zum Miner) die Blöcke (Wu 2019). Wenn ein Block erfolgreich zur Blockchain hinzugefügt wurde, werden die Validatoren mit Ether belohnt.

Grundlegende Proof-of-Stake-Algorithmen stehen dem Nothing-at-Stake-Problem gegenüber, das dadurch entsteht, dass es keine direkten Kosten für die Teilnahme am Mining-Prozess gibt. Dieses Problem wirkt sich auf Proof-of-Stake-Implementierungen aus, die keine konkreten Anreize für die Abstimmung über den richtigen Block bieten: Da die Teilnehmer keinen finanziellen Einsatz bringen müssen, um teilzunehmen, und die Knoten gleichzeitig über mehrere Blöcke abstimmen können, ist es für sie möglich, mehrere Verzweigungen effektiv zu unterstützen und die Chancen auf eine Belohnung zu maximieren.

Eine weitere Dimension ist ein opportunistischer Akteur, dem es weniger um den wirtschaftlichen Zweck als um eine Ideologie geht. Einen solchen ideologisch motivierten Akteur, wie es etwa bei staatlich geförderter Einmischung der Fall sein kann, kümmern die wirtschaftlichen Folgen eher nicht.

Um zu verhindern, dass Validatoren mehrere Blöcke erstellen und für jeden Block die Transaktionsgebühr beanspruchen (Nothing-at-Stake-Problem), ist die Auszahlung an den Prozess des Hinzufügens des neuen Blocks zur bestehenden Blockchain gebunden. Wenn ein Block erstellt, aber nicht zur Blockchain hinzugefügt wird, verliert er die Belohnung, die er sonst für einen neu hinzugefügten Block erhalten hätte. Auf der Grundlage dieses Mechanismus haben manipulierte Blöcke wenig Reiz.

3.4.3 Proof-of-Capacity/Proof-of-Space

▶ Grundsatz: Je höher die Speicherkapazität eines Knoten ist, desto größer ist die Chance, dass neue Blöcke erzeugt werden und er belohnt wird.

Proof-of-Capacitiy (PoC) ist ein Mittel, um nachzuweisen, dass man ein berechtigtes Interesse an einem Service (z. B. einer Blockchain) hat, indem Festplattenspeicherplatz zur Lösung einer vom Dienstanbieter gestellten Aufgabe zugewiesen wird. Proof-of-Capacity ist eine ressourcenschonende Alternative zu Proof-of-Work, da von den Minern nicht verlangt wird, ihr Engagement durch das Einsetzen von Rechenkapazität, sondern durch Speicherplatz (Festplattenkapazität) nachzuweisen. Das folgende Beispiel beschreibt einen vereinfachten Anwendungsfall.

Ein Anbieter von kostenlosen E-Mail-Konten könnte die Zahl der gefälschten Konten reduzieren, indem er eine bestimmte Menge an Festplattenspeicher verlangt, die leicht durch das Kopieren einer großen Datei dorthin überprüft werden könnte. Für einen normalen Benutzer ist es unwahrscheinlich, dass die 100 GB vorausgesetzte Systemkapazität zu einem Problem werden. Für einen Spammer, der diese × 100 benötigt, ist dies jedoch weniger machbar.

Die Funktionsweise

Bei Proof-of-Capacity geht es um einen Prozess namens Plotting, der einen relativ langsamen Hashing-Algorithmus namens Shabal (Biryukov et al. 2011) verwendet. Plotting bezieht sich in diesem Fall auf die Vorberechnung und Speicherung von Problemlösungen, bevor der eigentliche Mining-Prozess anfängt. Während des Vorgangs des Minings fragt das Systemprotokoll die Knoten nach Lösungen, und der Benutzer mit der größten Festplattenkapazität wird die meisten Lösungen gespeichert haben.

Shabal unterscheidet sich vom Proof-of-Work-SHA-Algorithmus, bei dem Blocklösungen in Echtzeit berechnet werden. Da die Shabal-Hashs schwierig zu berechnen und die Blockzeiten kürzer sind (z. B. durchschnittlich 1 Block alle 4 Minuten), berechnen und speichern die Benutzer die Hashs im Voraus. Letztendlich ist die Chance eines Teilnehmers, die Lösung für das aktuellste Rätsel zuerst zu erhalten, umso größer, je höher die Anzahl der verfügbaren Lösungen ist.

Bei der Erstellung einer Plot-Datei produzieren Benutzer durch wiederholtes Hashing von Daten, einschließlich der Konto-ID eines Benutzers, Zufallszahlen (Abschn. 1.4.2). Je mehr Speicherplatz dem Plotting zugewiesen wird, desto mehr Nonces können gespeichert werden. Eine solche Zufallszahl wird irgendwann 8192 Hashs enthalten (Abb. 3.7), die in Paaren organisiert sind und als Scoops bezeichnet werden. Jedem Scoop wird eine Nummer von 0 bis 4095 zugewiesen.

Einsatz in der realen Welt

Ein Knoten berechnet als Teil des Mining-Prozesses eine Scoop-Zahl zwischen 0 und 4095. Sobald eine Zahl bestimmt wurde (z. B. 42), wählt der Miner Scoop 42 von Nonce 1 aus und verwendet diese Scoop-Daten zur Ableitung eines zufälligen Zeitpunkts, der als „Deadline" bezeichnet wird (Abb. 3.7). Der Miner wiederholt diesen Vorgang dann für alle Nonces in der Plot-Datei. Nach der Berechnung aller Deadlines wählt der Miner die kürzeste Frist, die angibt, wie viele Sekunden zwischen dem Formen der Blöcke vergangen sind. Wenn nach Ablauf dieser Zeit niemand anderes einen Block geschaffen hat, kann der Miner einen Block formen und die Belohnung für den Block einfordern.

Proof-of-Capacity löst das energiebezogene Problem der klassischen Proof-of-Work-Algorithmen, da es den Energieverbrauch entsprechend der Art der eingesetzten Ressource (d. h. des Festplattenspeicherplatzes) reduziert.

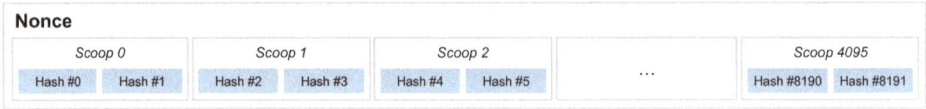

Abb. 3.7 Anatomie einer Nonce im Rahmen von Proof-of-Capacity

3.4.4 Delegated-Proof-of-Stake (DPoS)

▶ Grundsatz: Je höher der Einsatz eines validierenden Knoten im Netzwerk ist, desto mehr Stimmen kann er zur Durchführung der Validierung an einen anderen vertrauenswürdigen Knoten delegieren.

Delegated-Proof-of-Stake ist ein Schnellkonsens-Mechanismus, der am bekanntesten für seine Implementierung in EOS, ei nem ERC-20-Token, ist. In diesem Zusammenhang bezieht sich „schnell" auf die kürzeren Blockbestätigungszeiten. Delegated-Proof-of-Stake wird wegen seines Abstimmungssystems, das auf Anteilen basiert, häufig als digitale oder repräsentative Demokratie bezeichnet.

Delegated-Proof-of-Stake basiert auf dem Konzept des „Proof of Stake". Die Akteure in einem Delegated-Proof-of-Stake-System werden Wähler, Zeugen und Delegierte genannt. In diesem Prozess der technologiegestützten Demokratie basiert der Schutz des Netzwerks auf einem Abstimmungs- und Wahlprozess.

Die Funktionsweise

Bei Delegated-Proof-of-Stake erhalten die Teilnehmer eine Stimme für den Besitz eines Tokens. Die Benutzer einer DPoS-basierten Blockchain stimmen für Zeugen und Delegierte, indem sie ihre Token auf einzelne Kandidaten setzen. Dieses Verfahren unterscheidet sich vom Proof-of-Stake-Modell, bei dem jeder, der Token in seiner Wallet hat, sich im Prinzip als Validator für einen neuen Block qualifizieren kann.

Die Zeugen im Netzwerk sind für dessen Sicherheit verantwortlich und können neue Blöcke validieren. Nur eine Teilmenge der ausgewählten Zeugen wird für ihre Arbeit bezahlt, und von dieser Teilmenge erhält eine noch kleinere Teilmenge regelmäßiges (d. h. zyklisches) Einkommen für ihre Bemühungen. Da das Wahlsystem kontinuierlich läuft, können diejenigen, die ihre Arbeit vernachlässigen oder in betrügerischer Absicht handeln, jederzeit abgewählt werden, was die Zeugen motiviert, ihre Arbeit gewissenhaft durchzuführen.

Zusätzlich zu den Zeugen wählt die Community auch Delegierte. Die Delegierten ähneln Gesetzgebern, die helfen, den Betrieb des Systems zu lenken und zu regulieren: Sie sind für die Aufrechterhaltung des Netzwerks, seine Leitung und die Leistung der Blockchain verantwortlich, können aber im Gegensatz zu den Zeugen keine Transaktionen validieren. Delegierte können darüber hinaus auch Vorschläge zur Änderung der Blockgrößen oder der Zeugengebühren einreichen, über die anschließend abgestimmt wird.

Einsatz in der realen Welt

Bekannte Beispiele für Kryptowährungen, die Delegated-Proof-of-Stake verwenden, sind Lisk, EOS und BitShares.

3.4.5 Proof-of-Authority (PoA)

▶   Grundsatz: Eine ausgewählte Gruppe von N etablierten Teilnehmern verfügt über
     eine erhöhte Autorität in der Blockchain; jeder Teilnehmer mit einer solchen Auto-
     rität kann den nächsten Block vorschlagen, und wenn ein Teil der Teilnehmer den
     Block unterzeichnet, wird er zu der Blockchain hinzugefügt.

Im Gegensatz zu allen anderen Konsensverfahren gilt Proof-of-Authority als undemokra-
tisch und kann für genehmigte Ledger verwendet werden. Im Mittelpunkt des Mechanismus steht die Verwendung von „Autoritäten", die als Knoten bezeichnet werden, die neue
Blöcke erstellen und das Ledger sichern können. Die spezifischen Implementierungsre-
geln können variieren, aber insgesamt erfordert das Ledger eines Proof-of-Authority-
Systems die Abzeichnung durch eine Untergruppe von Autoritäten (d. h. m von allen N
Autoritäten), damit ein neuer Block erstellt werden kann.

Die Funktionsweise
Proof-of-Authority ist vergleichbar mit Proof-of-Stake, aber anstelle eines Ressourcenein-
satzes setzen die Knoten ihre Identitäten für das Recht ein, einen neuen Block zu erstellen.
Jeder maßgebende Knoten muss freiwillig seine pseudonyme Identität in Form seines öffentlichen Schlüssels offenlegen. Der Identitätseinsatz kann als Gleichmacher dienen, da
die Teilnehmer, deren Identität und damit Ansehen auf dem Spiel steht, dazu angespornt
werden, das Netzwerk zu erhalten, während opportunistische Akteure leicht zu identifizieren sind.
    Die folgenden Bedingungen müssen erfüllt sein, damit Proof-of-Authority in einer re-
alen Umgebung funktionieren kann:

* *Überprüfung der Identität*: Die Methoden zur Verifizierung von Identitäten und zur
    Verhinderung der Subversion durch opportunistische Akteure müssen standardisiert
    und robust sein.
* *Einsatzfähigkeit*: Das Recht, ein Validator zu sein, muss schwer aufrechtzuerhalten sein.
* *Einrichtung der Autorität*: Ein gleichbleibendes Verfahren stellt sicher, dass alle Kno-
    ten den Prozess verstehen und auf dessen Integrität vertrauen.

Die bekanntesten Beispiele für die Anwendung eines Proof-of-Authority-Konsens-
mechanismus sind die beiden Ethereum-Testnetze Kovan und Rinkeby.

3.4.6 Praktische byzantinische Fehlertoleranz (PBFT)

▶   Grundsatz: Konsens durch eine Zweidrittelmehrheit (z. B. zwei gegen einen).

In jedem fehlertoleranten System können Nachrichten Verlust, Korruption, eine hohe Latenzzeit oder Wiederholungen aufweisen. Darüber hinaus stimmt die Übertragungsreihen-

folge möglicherweise nicht mit der Reihenfolge überein, in der die Nachricht empfangen wurde. Knoten-Aktivitäten sind zudem unvorhersehbar, da Knoten jederzeit in das Netzwerk eintreten oder es verlassen können, Informationen verlieren oder verfälschen oder einfach nicht mehr funktionieren. Die praktische byzantinische Fehlertoleranz bietet eine Fehlertoleranz von $f = \lfloor (n-1)/3 \rfloor$ für ein Konsenssystem, das aus n Knoten besteht. Eine Fehlertoleranzkapazität von 1/3 bietet Sicherheit und eignet sich für jede Netzwerkumgebung.

Die Funktionsweise

Der PBFT-Algorithmus gewährleistet Sicherheit und Benutzerfreundlichkeit. Mit nicht mehr als $\lfloor (n-1)/3 \rfloor$ fehlerhaften Knoten im Konsens, wobei $n = |R|$, n die Anzahl der an der Konsensbildung beteiligten Knoten und R die Anzahl der Konsensknoten ist, sind die Funktionalität und Stabilität des Systems gewährleistet. Gegeben $f = \lfloor (n-1)/3 \rfloor$, stellt f die maximal zulässige Anzahl von fehlerhaften Knoten im System dar.

Die gesamte Blockchain wird von Buchhaltungs-Knoten verwaltet, während gewöhnliche Knoten nicht an der Konsensbildung beteiligt sind. Alle Konsens- (d. h. Buchhaltungs-) Knoten müssen eine Logdatei führen, um den aktuellen Konsensstatus aufzuzeichnen. Die Aufzeichnung, die von Anfang bis Ende für die Konsensbildung verwendet wird, wird als „View" bezeichnet. Wenn im aktuellen „View" kein Konsens erreicht werden kann, ist eine Änderung des „Views" erforderlich.

Technische Erläuterung

Wir ermitteln jeden „View" mit einer natürlichen Zahl v, beginnend bei 0, die ansteigen kann, bis ein Zustand des Konsenses erreicht ist; wir kennzeichnen außerdem jeden Konsensknoten mit einer Zahl, die bei 0 beginnt und mit $n - 1$ endet. Für jede Runde der Konsensfindung spielt ein Knoten den „Haussprecher", während andere Knoten „Kongresssprecher" spielen. Die Nummer des Sprechers p wird durch den folgenden Algorithmus bestimmt: Unter Berücksichtigung der aktuellen Blockhöhe h, dann $p = (h - v) \bmod n$, ist der Bereich für p, $0 \le p < n$.

Jede Konsensrunde erzeugt einen neuen Block von mindestens $n - f$ Unterschriften der Buchhaltungs-Knoten. Wenn ein Block erstellt wird, wird eine neue Runde der Konsensbildung gestartet, die $v = 0$ zurücksetzt.

3.4.7 Proof-of-Elapsed-Time (PoET)

▶ Grundsatz: ein vertrauenswürdiger Hardware-Chip, der zunächst eine Zeitdauer nach dem Zufallsprinzip auswählt und dann wartet, bis die gewählte Zeit verstrichen ist.

Bei Proof-of-Work, Proof-of-Capacity, Proof-of-Stake und Delagated-Proof-of-Stake wird die Demokratisierung der Konsensteilnehmer dadurch behindert, dass die Verteilung der Mining-Power auf der Grundlage von verzichtbarem Kapital erfolgt (z. B. entweder eine Investition in Mining-Hardware oder eine Kapitalbeteiligung in Kryptowährung). Der Proof-of-Elapsed-Time strebt einen demokratischeren Konsens an, indem er jedem Teilnehmer ein faires Maß an Beteiligung ermöglicht. Zurzeit ermöglicht nur Proof-of-Elapsed-Time eine „Eine CPU, eine Stimme"-Implementierung, die unabhängig von Rechenleistung oder anderen Ressourcenausgaben ist. Eine solche Funktionsweise wird in erster Linie durch die Bereitstellung einer vertrauenswürdigen Umgebung für die Ausführung (Trusted Execution Environment, TEE) erreicht, bei der es sich um eine gesicherte Enklave innerhalb der CPU handelt, die zum Schutz hochsensibler Informationen wie Verschlüsselungsschlüssel verwendet wird. In der Praxis ist eine moderne CPU-Enklave nahezu unmöglich zu hacken, und zwar nicht nur wegen des nicht lösbaren kleinen physikalischen Maßstabs in der Größenordnung von 10 nm (nur mit einem Elektronenmikroskop zu beobachten), sondern auch, weil diese CPU-Enklaven herstellergeprüfte kryptografische Schlüssel verwenden, die in der Hardware selbst eingebaut sind.

Die Funktionsweise

Bei Proof-of-Elapsed-Time wählt jeder Teilnehmer nach dem Zufallsprinzip eine Zeitdauer aus und wartet dann auf deren Ende (Hold-up time). Intel Software Guard Extensions (SGX) ist ein Beispiel für eine hardwarebasierte Implementierung von sicherheitsbezogenen Befehlscodes. Der Teilnehmer mit der kürzesten Überbrückungszeit schlägt den nächsten Block vor und unterzeichnet zum Beweis, dass die Zeitdauer zufällig ausgewählt wurde und er deren Ablauf abgewartet hat.

Alle Netzwerkknoten können den Antrag für einen neuen Block leicht validieren, indem sie einen mathematischen Beweis verwenden, der vom TEE des anspruchsberechtigten Knoten zur Verfügung gestellt wird. Der Knoten, der den neuen Block vorschlägt, muss beweisen, dass er von allen beteiligten Knoten die kürzeste Wartezeit hatte und dass er die im Protokoll festgelegte Zeitspanne abgewartet hat, bevor er mit dem Mining des nachfolgenden Blocks beginnt.

Die Zufälligkeit der Wartezeiten für jeden Knoten gewährleistet die zufällige Verteilung der Führungsrolle. Eine Schwäche des Proof-of-Elapsed-Time-Konsensmechanismus besteht jedoch darin, dass er spezialisierte Hardware erfordert, die Kosten verursacht und in der Einrichtung sehr komplex ist.

3.4.8 Andere Mechanismen

Neue Protokolle haben sowohl Vor- als auch Nachteile, werden aber ständig verbessert und weiterentwickelt. Diese Modelle zur Konsensfindung werden in der Regel bei einzelnen und kleineren Projekten umgesetzt, verdienen jedoch eine Erwähnung.

Das eine ist eine Mischung aus Proof-of-Work und Proof-of-Stake mit einem „Proof-of-Activity". In diesem Szenario werden Blöcke ohne Transaktionen über Proof-of-Work generiert, und wer den Block abschließt, wird über Proof-of-Stake bestimmt. Blockchain fügt diesem Prozess eine zusätzliche Ebene der Dezentralisierung hinzu, und diese Mischung kombiniert die potenziellen Probleme von Proof-of-Work (Stromverbrauch) und Proof-of-Stake (Nothing-at-Stake).

Ein anderes konzeptionelles System, „Proof-of-Burn", wird zwar ab und an erwähnt, in der Praxis aber nicht verwendet. Hier werden die Coins des Systems oder eine andere Kryptowährung vernichtet, indem sie an eine Adresse geschickt werden, die Coins sammelt, sie aber nicht zurückgeben kann. Wie beim Proof-of-Stake erhöht die Ausgabe von mehr Geld die Chancen, Blöcke zu bilden und damit belohnt zu werden.

Unabhängig von den Details des angewandten Mechanismus ist die Kernrichtlinie dieselbe: Durch Konsens-Algorithmen werden Hürden errichtet, um Manipulation und Duplizierung von Belohnungen/Transaktionsgebühren durch Miner/Validatoren zu verhindern.

Wenn der Architekt einer Anwendung einen Konsensmechanismus und eine Plattform für ihre Anwendung auswählt, sollte die Auswahl des Konsensmechanismus die Beziehungen zwischen den Teilnehmern sowie die funktionalen und nicht-funktionalen Aspekte der Anwendung berücksichtigen. Zu den funktionalen Aspekten einer Blockchain-Anwendung, die durch einen Konsensmechanismus unterstützt wird, können die Art der Transaktionen, die Transaktionszeit, der Transaktionsdurchsatz, die Verfügbarkeit von Knoten/Netzwerken, die Transaktionsendlichkeit und die Fähigkeit, Transaktionen rückgängig zu machen, gehören. Zu den nichtfunktionalen Aspekten einer Blockchain-Anwendung zählen wiederum die Teilnehmeridentität, das Vertrauen der Teilnehmer, die Ausrichtung der Anreize und das regulatorische Umfeld. Ein aktueller Überblick über diese Entwicklungen ist von entscheidender Bedeutung, um eine durchdachte Auswahl von Konsensmodellen zu gewährleisten.

3.5 Übungen

3.5.1 Einführung

Nachdem wir im Rahmen der Übung in Kap. 1 eine Proof-of-Work-Blockchain (PoW-Blockchain) eingeführt und in Kap. 2 eine erste Transaktion durchgeführt haben, werden wir nun eine Proof-of-Authority-Blockchain (PoA-Blockchain) einführen.

Der Unterschied zwischen den beiden Konsensmechanismen ist, wie Sie aus dem Inhalt des Kapitels bereits wissen, der folgende: Beim Proof-of-Work liegt die Kontrolle über das Netzwerk bei der Partei, die die meiste Rechenleistung kontrolliert; beim Proof-of-Authority wird die Kontrolle über das Netzwerk bestimmten Parteien vorab zugewiesen.

3.5.2 Einrichtung des PoA-Genesis-Blocks

Als Nächstes werden wir eine auf dem Autoritätsnachweis (Proof-of-Authority, PoA) basierende Blockchain aufbauen. Wenn Sie Hilfe beim Wiederverbinden oder Einrichten Ihrer Docker-Instanz benötigen, gehen Sie zu den Abschn. 2.6.2.a und 2.6.2.b. zurück.

Navigieren Sie innerhalb Ihrer Docker-Instanz zu dem Ordner *test1* (oder wie immer Sie den Ordner benannt haben), den Sie in Kap. 1 eingerichtet haben. Bevor wir fortfahren, werden wir sowohl separate Konten als auch ein separates Basisverzeichnis (node_poa) für unsere PoA-basierte Übung anlegen.

Um ein neues Ethereum-Konto auf Ihrer lokalen Instanz zu erstellen, verwenden Sie den folgenden Befehl (der Ordner node_poa enthält sowohl die Datenbanken als auch den Schlüsselspeicher für das neue PoA-basierte Netzwerk):

```
geth account new --datadir node_poa
```

Sie werden nun erneut aufgefordert, eine Passphrase anzugeben. Zunächst können Sie die Eingabetaste zweimal drücken, um diesen Schritt zu überspringen, da wir kein Passwort verwenden werden.

```
Your new account is locked with a password. Please give a password.
Do not forget this password.
Passphrase:
Repeat passphrase:
```

Anschließend sehen Sie Ihre neu erstellte Ethereum-Adresse in der Kommandozeile; sie sollte in etwa so aussehen:

```
Address: {6287b3be866b1d2615337f9b3025f1ceaaef34ed}
```

Verwenden Sie innerhalb des Ordners *test1* den Befehl *puppeth*, um ein privates PoA-Netzwerk auf Ihrem simulierten Rechner zu konfigurieren und zu starten, indem Sie die folgenden Schritte ausführen:

```
> puppeth
```

Als Nächstes werden Sie aufgefordert, einen Ethereum-Netzwerknamen anzugeben. Geben Sie *node_poa* ein.

```
Please specify a network name to administer (no spaces or hyphens, please)
> node_poa
```

Um im nächsten Schritt eine Aktion auszuwählen, wählen Sie 2, um eine neue Genesis zu konfigurieren.

```
What would you like to do? (default = stats)
 1. Show network stats
 2. Configure new genesis
 3. Track new remote server
 4. Deploy network components
> 2
```

Bei der nachfolgenden Frage, was Sie tun möchten, wählen Sie 1, um einen neuen Genesis-Block von Grund auf neu zu erstellen.

```
What would you like to do? (default = create)
 1. Create new genesis block from scratch
 2. Import already existing genesis
>                                                                      1
```

Anschließend werden Sie aufgefordert, einen Konsens-Algorithmus auszuwählen. Wählen Sie 2, um einen Proof-of-Authority zu verwenden.

```
Which consensus engine to use? (default = clique)
 1. Ethash - proof-of-work
 2. Clique - proof-of-authority
> 2
```

Bei einem PoA-basierten Netzwerk können Sie wählen, wie lange das Mining eines Blocks dauern soll. Für den Moment können Sie einfach den Standardwert von 15 Sekunden wählen:

```
How many seconds should blocks take? (default = 15)
> 15
```

Im nächsten Schritt müssen Sie angeben, welche Konten versiegelt werden können. Diese „Versiegelung" bezieht sich auf die Erstellung neuer Blöcke. Eine alternative Möglichkeit für diese Frage wäre, welche Konten mit der Autorität für diese PoA-Blockchain ausgestattet werden sollen.

```
Which accounts are allowed to seal? (mandatory at least one)
> 0x6287b3be866b1d2615337f9b3025f1ceaaef34ed
```

Jetzt werden Sie aufgefordert, vorfinanzierte Konten anzugeben. Sie können dieselben Konten auch vorfinanzieren, indem Sie sie bereitstellen.

```
Which accounts should be pre-funded? (advisable at least one)
> 0x6287b3be866b1d2615337f9b3025f1ceaaef34ed
```

Sie werden nun gefragt, ob Sie Ihre Anfangsadresse mit *1 wei* vorfinanzieren möchten; geben Sie Ja ein und drücken Sie die Eingabetaste, um die Adresse vorzufinanzieren.

```
Should the precompile-addresses (0x1 .. 0xff) be pre-funded with 1 wei? (advisable yes)
> yes
```

Als Nächstes werden Sie aufgefordert, einen Netzwerkidentifikator anzugeben, geben Sie *101* ein und drücken Sie die Eingabetaste.

```
Specify your chain/network ID if you want an explicit one (default = random)
> 101
```

Darauf folgend sollen Sie eine Aktion auswählen: Wählen Sie *2*, um die vorhandene Genesis zu verwalten.

```
What would you like to do? (default = stats)
 1. Show network stats
 2. Manage existing genesis
 3. Track new remote server
 4. Deploy network components
> 2
```

Im nächsten Schritt werden Sie gebeten, eine Aktion auszuwählen: Wählen Sie *2*, um die Genesis-Spezifikationen zu exportieren.

```
 1. Modify existing fork rules
 2. Export genesis configuration
 3. Remove genesis configuration
> 2
```

Im Anschluss sollen Sie einen Ordner zum Speichern der Genesis-Spezifikationen auswählen. Drücken Sie die Eingabetaste, um den (aktuellen) Standardordner auszuwählen.

```
Which folder to save the genesis specs into? (default = current)
  Will create node_poa.json, node_poa-aleth.json, node_poa-harmony.json,node_poa-parity.json
```

Schließlich werden Sie aufgefordert, eine Aktion auszuwählen. Drücken Sie die Tastenkombination control + c, um geth zu beenden; danach sollten Sie wieder die Eingabeaufforderung root@ … sehen.

```
What would you like to do? (default = stats)
 1. Show network stats
 2. Manage existing genesis
 3. Track new remote server
 4. Deploy network components
> ^C
```

3.5.3 Erstellen eines Proof-of-Authority-Netzwerks

Verwenden Sie in Ihrem Verzeichnis *test1* auf Ihrer Docker-Instanz den Befehl *geth*, um ein neues PoA-Netzwerk mit der konfigurierten Genesis, die Sie gerade erstellt haben, zu starten.

```
geth init node_poa.json --datadir node_poa
```

Als Nächstes verwenden Sie den Befehl *geth*, um den Mining-Prozess einzuleiten, so wie Sie es zuvor bereits getan haben.

```
geth --verbosity 2 console --datadir node_poa --nousb
```

Und genau wie zuvor, können Sie den Mining-Prozess mit dem Befehl *miner.start()* einleiten:

```
miner.start()
null
> WARN [10-29|17:26:40.840] Block sealing failed     err="authentication needed: password or unlock"
```

Da wir nun in der PoA-basierten Welt tätig sind, werden Sie feststellen, dass Sie den Mining-Prozess nicht einfach starten können, wie Sie es in einem PoW-basierten Setup mit dem *miner.start()*-Befehl getan haben. Der Grund dafür ist Ihr gesperrtes Konto und die Abhängigkeit der Mining-Möglichkeit von Ihren Kontorechten.

```
> personal.unlockAccount(personal.listAccounts[0]);
Unlock account 0x6287b3be866b1d2615337f9b3025f1ceaaef34ed
Passphrase:
true
```

Zunächst müssen wir Ihr (einziges) persönliches Konto mit PoA-Mining-Rechten freischalten.

```
miner.start()
null
```

Danach sollten Sie in der Lage sein, den Mining-Prozess mit *miner.start ()* zu starten.

```
miner.start()
null
```

Wie Sie schon wissen, können wir Ihren Erfolg mit dem *eth.mining* Befehl validieren.

```
eth.mining
true
```

Herzlichen Glückwunsch! Sie haben Ihre eigene Proof-of-Authority-Blockchain erfolgreich gestartet und den Mining-Prozess in Gang gesetzt.

Literatur

Attaran M (2019) Applications of blockchain technology in business: challenges and opportunities. Springer Nature, Bakersfield

Biryukov A, Gong G, Stinson D (2011) Selected areas in cryptography 17th international workshop, SAC 2010. Springer, Heidelberg

Borah S, Ballas V, Polkowski Z (2020) Advances in data science and management: proceedings of ICDSM 2019. Springer, Singapore

Kelly B (2015) The Bitcoin big bang: how alternative currencies are about to change the world. Wiley, Hoboken

Narayanan A, Bonneau J, Felten E et al (2016) Bitcoin and cryptocurrency technologies: a comprehensive introduction. Princeton University Press, Princeton

Raj K (2019) Foundations of blockchain: the pathway to cryptocurrencies and decentralized blockchain applications. Packt Publishing, Birmingham

Wu X (2019) Learn ethereum: build your own decentralized applications with ethereum and smart contracts. Packt, Birmingham

Yeh YC (1996) Triple-triple redundant 777 primary fight computer. IEEE Aerospace Applications Conference. Proceedings, Aspen, CO, USA.

Zhao W (2014) Building dependable distributed systems. Wiley, Beverly

Smart Contracts

4

4.1 Einführung

Eines der interessantesten und beachtenswertesten Themen, die im Ökosystem der Blockchain auftauchen, ist der Smart Contract. Ein Smart Contract ist ein Computerprogramm, dessen Code in einer dezentralisierten Blockchain-Struktur gespeichert ist und das digitale Vermögenswerte direkt steuert, ohne auf einen Dritten als Vermittler angewiesen zu sein (siehe Abb. 4.1). Das Programm stellt selbstständig fest, ob die Vertragsbedingungen erfüllt wurden (z. B. durch den Abruf externer Daten wie Wetterinformationen als Informationsbasis für Flugversicherungverträge oder Zinssätze für Finanzinstrumente unter Verwendung vordefinierter Programmierschnittstellen (APIs) als Quelle) und führt den Vertrag (z. B. einen Werttransfer) entsprechend aus. Smart Contracts können rechtliche Prozesse, die derzeit extrem papierlastig, langwierig und teuer sind, vereinfachen oder sogar vollständig automatisieren.

Die „Smart Contract"-Plattform von Ethereum hat bisher am meisten an Dynamik gewonnen. Das Ethereum-Projekt betreibt eine öffentliche Blockchain-Plattform, die zwar der Bitcoin-Blockchain ähnelt, jedoch von ihr separiert ist und eine umfangreiche, Turing-vollständige Smart-Contract-Funktionalität aufweist (Wood 2014) (Einzelheiten zur Turing-Vollständigkeit finden Sie in Abschn. 4.6). Mehrere Technologieunternehmen, darunter IBM, haben Pilotprojekte mit der Ethereum-Infrastruktur durchgeführt. Zum Beispiel kündigte Microsoft seine Unterstützung für Ethereum auf seiner Azure Infrastructure-as-a-Service-Plattform (IaaS) bereits im Jahr 2015 an. Das Ethereum-System selbst bietet eine dezentralisierte virtuelle Maschine, die Smart Contracts durch die Verwendung einer Kryptowährung namens Ether (ETH) ausführen kann, sowie ein Konstrukt namens Gas zur Bezahlung der Rechen- und Speicherinfrastruktur (Diedrich 2016).

© Der/die Autor(en), exklusiv lizenziert durch Springer-Verlag GmbH, DE, ein Teil von Springer Nature 2021
D. Hellwig et al., *Entwickeln Sie Ihre eigene Blockchain*,
https://doi.org/10.1007/978-3-662-62966-6_4

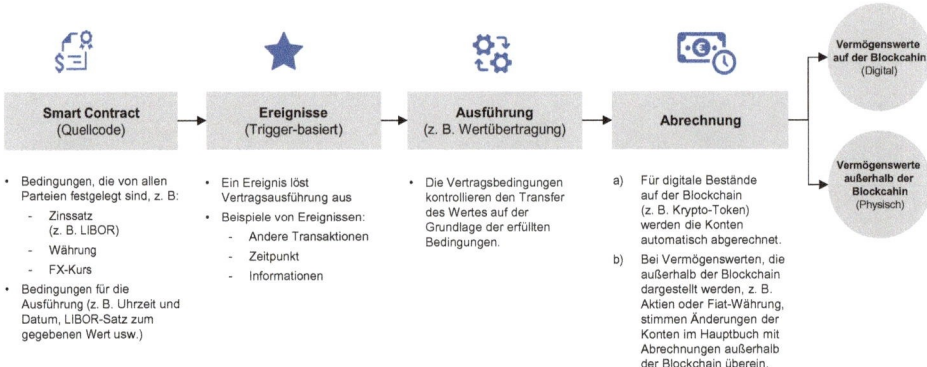

Abb. 4.1 Ablaufdiagramm eines Smart Contracts

Der Großteil der heutigen Smart Contracts wird manuell kodiert und enthält lediglich eine Beschreibung der Vertragsbedingungen, Szenarien und Ergebnisse. Dieser Prozess könnte jedoch vereinfacht werden, sodass Smart Contracts branchenübergreifend standardisiert und für bestimmte Verwendungszwecke angepasst oder maßgeschneidert werden könnten. Selbstverständlich müssen nicht alle Aspekte eines Smart Contracts vollständig automatisiert werden: Der Code eines Smart Contracts kann spezielle Szenarien berücksichtigen, in denen der Smart Contract einem Vermittler besondere Entscheidungsbefugnisse zuteilen kann (z. B. um im Zweifel eine endgültige Entscheidung hinsichtlich der zu überweisenden Mittel zu treffen). Die Kunden könnten dann Blockchain-fähige Smart Contracts verwenden, ohne sich mit den Elementen der zugrunde liegenden Technologie befassen zu müssen.

Das in Abb. 4.2 dargestellte Sparschwein-Beispiel ist ein einfaches Arbeitsbeispiel für einen Smart-Contract-Code, der so auf der Ethereum-Blockchain eingesetzt werden kann. Das Beispiel zeigt, wie ein Vertrag generiert werden kann, der jedem Benutzer erlaubt, einen beliebigen Betrag einzuzahlen, aber nur dem Vertragsinhaber gestattet, das Geld herauszunehmen, sobald ein bestimmter Betrag angesammelt wurde (hier 1 ETH).

In diesem Kapitel wird das Ethereum-Ökosystem und seine primäre Programmiersprache Solidity verwendet, um die Funktionsweise von Smart Contracts zu veranschaulichen und die großen Herausforderungen zu erläutern, die der Technologie heute gegenüberstehen. Wir werden außerdem zwei weitere Konzepte vorstellen: Zum einen Oracles, die die technischen Mittel für den Datenaustausch mit Off-Chain-Datenanbietern (z. B. Banken, Wetterstationen) und dezentralen Anwendungen bereitstellen, und zum anderen dApps, voll funktionsfähige Computerprogramme, die autonom auf der Blockchain laufen. Das Kapitel endet mit einem Blick auf die aktuelle rechtliche Situation von Smart Contracts und andere Herausforderungen im Zusammenhang mit deren Ausführung.

```
pragma solidity ^0.5.1;

contract Piggybank                          # Sparschwein-Vertrag;
{                                           Auszahlungen nur erlaubt, wenn
                                            Einzahlungen > 1 ETH sind

        address payable public owner;       # Vertragsinhaber

    constructor() public
    {
        owner = msg.sender;                 # Erstellung eines Vertrags
    }

        function() payable external
    {                                       # Einzahlung von Geldern
    }

        function spend() public
    {
        require(msg.sender == owner);       # Auszahlung an
        require(address(this).balance >= 1 ether);   den Vertragsinhaber
        owner.transfer(address(this).balance);
    }

}
```

Abb. 4.2 Sparschwein-Beispiel

4.2   Ethereum – eine Alternative zu Bitcoin

4.2.1   Einführung

Ethereum wurde 2013 von Vitalik Buterin, einem kanadischen Bitcoin-Programmierer, konzipiert. Die Plattform nahm ihren Betrieb im Jahr 2015 auf. Ethereum sollte sich von Ethereum Classic (ETC) unterscheiden, von dem es sich 2016 nach einem Streit zwischen den Entwicklern über das Projekt der dezentralisierten autonomen Organisation (DAO) abgespalten hatte (siehe Abschn. 4.3). Seit seiner Einführung ist Ethereum bei Programmierern und Nutzern gleichermaßen beliebt: Seit 2019 ist seine Blockchain die zweitgrößte in Bezug auf die gespeicherten Daten (~244 Gigabyte) und wird nur noch von der ursprünglichen Bitcoin-Blockchain (~258 Gigabyte) überholt.

In der offiziellen Dokumentation von Ethereum heißt es: „Ethereum ist eine offene Blockchain-Plattform, die es jedem ermöglicht, dezentralisierte Anwendungen, die auf Blockchain-Technologie basieren, zu erstellen und zu nutzen." Daher liegt der Schwerpunkt der Ethereum-Blockchain-Plattform darauf, die Skripting-Funktionalität im Rahmen von Smart Contracts zu erleichtern, die von den Knoten im Netzwerk ausgeführt werden (Antonopoulos 2017). Die Netzwerkknoten stellen auch die Rechen- und Speicherressourcen zur Verfügung; im Gegensatz zur Bitcoin-Blockchain verfolgt Ethereum daher nicht nur Transaktionen, sondern programmiert sie auch. Somit ist Ethereum genau wie Bitcoin ein auf einer Blockchain basierendes Netzwerk, das neben reinen Geldtransaktionen auch die Funktionalität von Smart Contracts bietet. Ethereum wird von einer gemeinnützigen Stiftung betrieben und hat sich zur größten Plattform für Smart Contracts entwickelt. Seit 2019 verfügt diese auch über die größte Entwicklercommunity.

Durch eine Konzepterweiterung von Bitcoin um dynamische Elemente in der Blockchain zielt Ethereum darauf ab, zum Fundament der gesamten Ökologie der Blockchain zu werden. Tatsächlich hat die überwiegende Mehrheit der heutigen Blockchain-Projekte keine eigene Blockchain, sondern verwendet als Grundlage die von Ethereum. Das Ethereum-Projekt hat darüber hinaus auch eine eigene Kryptowährung namens Ether (ETH).

4.2.2   Ethereum versus Bitcoin-Anwendungen

Schon vor Ethereum unterstützte Bitcoin eine Reihe grundlegender Anweisungen, genannt Operation Codes (Opcodes), welche die Bitcoin-Skriptsprache (Antonopoulos 2017) bilden. Mit diesen Befehlen kann man Daten speichern und Bitcoins senden oder empfangen. Zu den am häufigsten verwendeten Skripten gehört das Signaturskript (`scriptSig`) und das Pubkey-Skript (`scriptPubKey`). Ein Pubkey-Skript setzt sich aus den Opcodes `OP_DUP`, `OP_HASH160`, `OP_EQUALVERIFY` und `OP_CHECKSIG` zusammen, während ein Signaturskript lediglich eine Unterschrift erfordert (in der Regel die Unterschrift des Eigentümers, die nur mit seinem privaten Schlüssel generiert werden kann). Komplexere Skripte können viele Anweisungen und Bedingungen enthalten, wie z. B. das Sperren oder Einfrieren von Geldern bis zu einem bestimmten zukünftigen Zeitpunkt, das Verlangen mehrerer Unterschriften für das Ausgeben von Geldern oder sogar für Glücksspiele.

Beispielsweise kann ein Sender im Bitcoin-Ökosystem die Bedingungen definieren, unter denen der Empfänger einen Saldo senden kann (d. h. den nicht ausgegebenen Transaktionsoutput (UTXO) aus einer früheren Transaktion). Zur Erinnerung: Im Bereich von Bitcoin gibt es keine Kontosalden, sondern nur UTXOs aus früheren Transaktionen. Der Grundgedanke für die Implementierung dieser Funktionalität im Bitcoin-Protokoll bestand darin, die Flexibilität im Umgang mit Bitcoins zu erhöhen, ohne die Knoten-Software ständig updaten zu müssen. Der Benutzer gibt ein Skript vor, das in einer Transaktion ausgeführt werden soll, und der Miner übernimmt die Durchführung.

Abb. 4.3 zeigt ein funktionierendes Beispielskript, welches erlaubt, dass nur der an der angegebenen Adresse eingezahlte Betrag ausgezahlt werden kann, aber erst nach einem bestimmten Datum (hier 1668165071, die Zeit der Unix-Epoche, Freitag, 2022-11-11 11:11:11 UTC).

Bitcoin basiert auf einer Forth-ähnlichen Skriptsprache und bietet im Gegensatz zu Ethereum keinen Turing-vollständigen Befehlssatz an (siehe Abschn. 4.6), da es bei einem Turing-kompletten Instruktionssatz praktisch unmöglich ist, im Voraus zu wissen, ob der laufende Prozess auch beendet wird. In der Praxis kann sich der Prozess in einer Endlosschleife verfangen. Beachten Sie die folgenden Anweisungen, die eine Endlosschleife erzeugen werden:

```
1668165071                           # Der Datumswert wird oben auf den Stapel geschoben (Unix-Zeit)


OP_CHECKLOCKTIMEVERIFY               # Wenn die aktuelle Zeit vor dem Anfang des Stapels liegt (über dem
                                     Datum), wird der Vorgang angehalten.


OP_DROP                              # Oben auf dem Stapel aufklappen (über dem Datum).


OP_DUP                               # Den oberen Teil des Stapels duplizieren (d.h. den öffentlichen
                                     Schlüssel des Absenders).


OP_HASH160                           # Hash (mit RIPEMD160) den öffentlichen Schlüssel des Absenders
                                     oben auf den Stapel legen und den oberen Teil des Stapels ersetzen.


9c1185a5c5e9fc546128...              # Wert an die Spitze des Stapels schieben (d.h. script unlock hash).


                                     # Prüfen Sie, ob die beiden obersten Stapelelemente gleich sind, d.h.
OP_EQUALVERIFY                       der Hash-Wert für den öffentlichen Schlüssel des Absenders und der
                                     Hash-Wert für die Entsperrung des Skripts.


OP_CHECKSIG                          # Prüfen Sie, ob der öffentliche Schlüssel des Absenders mit der
                                     Skriptsignatur übereinstimmt (prüft die Integrität des Skripts).
```

Abb. 4.3 Auf Bitcoin basierender Vertragscode

Die Variable x hat den Wert 2. Wiederholen Sie die Anweisung x = x − 0, bis x den Wert 1 annimmt.

Wir können unendlich oft 0 von 2 subtrahieren, und das Ergebnis wird nie 1 sein, sodass sich das Programm aufhängt. In diesem Beispiel ist der Fehler leicht zu erkennen, aber es ist unmöglich, zu wissen, ob Schleifen mit einer gewissen Komplexität jemals wegen des Halteproblems abbrechen werden, welches, wie von Alan Turing 1936 bewiesen, besagt, dass es keinen Algorithmus gibt, der entscheiden kann, ob ein nicht-triviales Programm jemals beendet wird (Hodges 2012).

Das Halteproblem gilt nur für nicht-triviale Programme, da diese nicht überprüft werden müssen. Wenn ein Programm geschrieben wird, um festzustellen, ob ein anderes Programm abbricht, wird das neue Programm automatisch komplexer sein als das zu analysierende Programm. Das Halteproblem steht in engem Zusammenhang mit Kurt Gödels 1931 veröffentlichtem Unvollständigkeitssatz, der zeigt, dass ein nicht-triviales axiomatisches System seine Konsistenz nicht nachweisen kann (Smullyan 1992).

Die Auswirkungen dieses Set-ups sind für die Erstellung von Smart Contracts signifikant, da ein Benutzer absichtlich einen schädlichen Code schreiben könnte, um das Netzwerk lahmzulegen, sodass die Software abstürzt, wenn die Miner ein Programm ausführen, das in einer Schleife stecken bleibt. Diese Gefahr hat Forscher veranlasst, weniger leistungsfähige und sicherere Sprachen in Betracht zu ziehen, da der Code immer abbricht.

Der Nachteil ist, dass bestimmte Logiken nicht formuliert werden können und der Code relativ schnell übermäßig lang wird, sodass die Codebasis unüberschaubar wird.

Als Nächstes werden wir uns anschauen, wie Ethereum mit der Herausforderung eines unendlich langen Codes für seine Smart-Contract-Plattform umgeht.

4.2.3   Ethereum-Ansatz

Während die Funktionalitäten der Ethereum-Blockchain denen von Bitcoin ähneln, zeichnet sich Ethereum dadurch aus, dass es einen viel komplexeren Satz von Anweisungen erlaubt und auf dem Gas-Konzept basiert, um Benutzern die Ausführung von Codes in Rechnung zu stellen (siehe Abschn. 4.2.3).

Aufgrund ihres fortschrittlicheren Befehlssatzes ermöglicht die Ethereum-Blockchain Smart Contracts, d. h. Computerprogramme, die als dezentralisierte Anwendungen (dApps) in einer virtuellen Laufzeitumgebung namens Ethereum Virtual Machine (EVM) laufen. EVM ist ein simulierter Computer, der eine Reihe von Befehlen ausführen kann, die in den zugrunde liegenden Gerätecode übersetzt werden und dann auf der von den Minern bereitgestellten nicht-virtuellen Computerhardware laufen.

Damit ist die Blockchain nicht mehr nur eine reine Liste von Transaktionen, sondern garantiert auch die Authentizität und Ausführungskorrektheit von komplett automatisch ablaufenden Computerprogrammen. Dementsprechend funktionieren dApps und Smart Contracts wie Programme, die durch ein Ereignis, z. B. eine Transaktion in Ether, ausgelöst werden, um vordefinierte Aktionen automatisch auszuführen.

4.2.4   Gas

Die Entwickler des EVM haben sich dazu entschieden, einen Turing-Vollständigkeits-Befehlssatz zu implementieren. Dieses Setup ist möglich, weil jeder Befehl, den die virtu-

Wert	Mnemonic	Gas Used	Subset	Removed from stack	Added to stack	Notes
0x00	STOP	0	zero	0	0	Stoppt die Ausführung.
0x01	ADD	3	very low	2	1	Additions-Operation.
0x02	MUL	5	low	2	1	Multiplikations-Operation.
0x03	SUB	3	very low	2	1	Subtraktions-Operation.
0x04	DIV	5	low	2	1	Ganzzahlige Divisions-Operation.
0x05	SDIV	5	low	2	1	Vorzeichenbehaftete Ganzzahl-Divisionsoperation.
0x06	MOD	5	low	2	1	Modulo-Restoperation.
0x07	SMOD	5	low	2	1	Vorzeichenbehaftete Modulo-Restoperation.
0x08	ADDMOD	8	mid	3	1	Modulo-Additionsoperation.

Abb. 4.4   Ethereum-Befehle und Gaskosten

elle Maschine ausführt, einen Preis hat (siehe Abb. 4.4). Im Ethereum-Ökosystem werden die Kosten für die Ausführung eines Smart-Contract-Codes in Einheiten namens Gas gemessen. Durch die Berechnung der Ausführungskosten wird dem Problem unendlich langer Ausführungszeiten entgegengewirkt, das in Abschn. 4.2.1 beschrieben wurde, da jede Endlosschleife beendet wird, sobald kein Gas mehr vorhanden ist.

Wie in Abb. 4.4 dargestellt, haben die einzelnen Programmierungsanweisungen vom EVM jeweils ihre eigenen Gaskosten. Wenn also ein Auftraggeber einen Smart Contract startet, muss er immer das Gaslimit festlegen, um das Gasmaximum anzugeben, das der Smart Contract während seiner Ausführung verbrauchen darf (Wood und Antonopoulos 2019).

Im Idealfall endet das Programm, bevor das Gaslimit erreicht ist, und der Auftraggeber zahlt genau das Gas, das der Smart Contract verwendet. Wenn jedoch das gesamte Gas verbraucht ist, entweder weil das Programm in einer Schleife stecken bleibt oder das Gaslimit zu niedrig war, wird der Smart Contract beendet. In solchen Fällen wird ein korrekt programmierter Smart Contract enden, ohne dass Änderungen vorgenommen werden, während ein schlecht programmierter Smart Contract zu unerwarteten Ergebnissen führen könnte, z. B. dass er dauerhaft unzugänglich wird oder eine betrügerische Nutzung ermöglicht.

Auf Ethereum basierende Smart Contracts können als Transaktionen mit umfangreichen Regeln und Bedingungen betrachtet werden (siehe Abb. 4.5 für die Anatomie eines Ethereum-Blocks). Der Gasverbrauch ist bei einem komplexen Smart Contract höher als bei einem einfacheren, daher sollte das Gaslimit hoch genug sein, um zu verhindern, dass Gas ausgeht, bevor alle im Code des Smart Contracts enthaltenen Anweisungen vollständig ausgeführt wurden. Gas wird an den Miner gezahlt, der die Transaktion erfolgreich in einen Block packt und dessen Code ausführt.

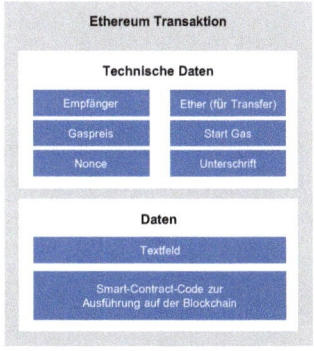

- **Transaktion:** Eine Ethereum-Transaktion kann wie bei Bitcoin von einer Adresse an eine andere Adresse gesendet werden.
- **Vertrag:** Code in Transaktionsdatenfeld einfügen und an Nulladresse senden (wird als Vertrag gemint).
- **Interaktion:** Benutzer und Verträge können mit anderen Verträgen interagieren, indem sie Transaktionen an die respektiven Adressen senden.
- **Auslöser:** Eine Transaktion zu einem Smart Contract kann eine Funktion innerhalb dieses Vertrags auslösen, wodurch eine automatisierte Sequenz initiiert wird.
- **Berechnen:** Auf der Blockchain können Berechnungen durchgeführt und Daten gespeichert werden; dies kostet Ether (gemessen in Gas).
- **Konten:** Kein UTXO, das System speichert eine Liste von Konten (Adressen), wobei jedes Konto einen Saldo aufweist.
- **Ausgewogenheit:** Transaktion ist gültig, falls das Senderkonto einen Saldo hat, das Senderkonto wird belastet und das Empfängerkonto erhält die Gutschrift

Abb. 4.5 Anatomie des Ethereumblocks

4.2.5   Der Gaspreis

Zusätzlich zum Gaslimit gibt der Auftraggeber den Gaspreis für die Transaktion an, der festlegt, wie viel Ether pro Gaseinheit er bereit ist zu zahlen. Dadurch entsteht ein Markt ähnlich zu den Transaktionskosten bei Bitcoin, wo höhere Zahlungen zu schnelleren Transaktionszeiten führen. Wenn das Netz ausgelastet ist, steigt der Durchschnittspreis von Gas, da die Miner Transaktionen auswählen, die mehr Ether einbringen.

Der Gaspreis liegt in der Regel im Bereich eines Milliardstels eines Ethers. Ein milliardstel (10^{-9}) Ether wird auch Gigawei (GW) oder kurz Gwei genannt, wobei 1 Wei 10^{-18} Ether entspricht.

Betrachten wir das folgende Beispiel: Wir führen eine Transaktion durch, die 1475 Gas verbraucht, und legen den Gaspreis auf 17 GW fest. Wenn wir also ein Gaslimit von 1475 oder mehr wählen, zahlen wir für die Transaktion $17 \times 10^{-9} \times 1475 = 0{,}000025075$ Ether. Wenn wir das Gaslimit auf weniger als 1475 festlegen, wird die Transaktion nicht abgeschlossen, aber wir müssen den Miner trotzdem für den Versuch der Transaktionsausführung bezahlen.

4.3   Solidity-Programmiersprache

Solidity ist die vierte Programmiersprache für Ethereum. Als die am weitesten fortgeschrittene und erste objektorientierte High-Level-Programmiersprache für Ethereum nutzt sie eine zu JavaScript ähnliche Syntax, die die Nutzung moderner Programmierkonstrukte wie Abstraktion, Schnittstellen und Polymorphismus (d. h. die Fähigkeit zur Ableitung von Klassen) ermöglicht.

Solidity wird in erster Linie für die Entwicklung von Smart Contracts verwendet, die in Bytecode für die EVM erstellt werden können, die wiederum in die Ethereum-Blockchain hochgeladen werden (z. B. über die Ethereum Geth-Konsole). Es gibt mehrere Methoden, um den Solidity-Code zu kompilieren, wie der Online-Compiler, der Befehlszeilen-Solidity-Compiler *solc* und der in Ethereum eingebaute Compiler.

4.3.1   Syntax

Die Solidity-Syntax basiert hauptsächlich auf der ECMA Script-Syntax (Flanagan 2020), um Webentwicklern den Einstieg in die Smart-Contract-Entwicklung zu erleichtern. Im Gegensatz zum ECMA-Script ist die Solidity-Syntax jedoch statisch typisiert und unterstützt variable Rückgabewerte. Im Vergleich zu anderen Programmiersprachen für Smart Contracts (LLL, Serpent, Mutan etc.) unterstützt Solidity komplexe Typen von Variablen, wie hierarchische Zuordnungen und Konstruktoren, die auch verschachtelt werden können, sowie eine Vererbung für Verträge. Externe Anwendungen und Bibliotheken (z. B. die Browser-Bibliothek `Web3.js`) können über das Application Binary Interface (ABI) mit

Ethereum-Verträgen interagieren, deren Besonderheiten jedoch über den Rahmen dieser Einführung hinausgehen (Dannen 2017). Man kann sich das ABI aber als ein Regelwerk vorstellen, an das sich die Compiler und Linker halten, um einen Smart Contract ordnungsgemäß zu erstellen. ABIs decken mehrere Themen ab:

- **Verfahren:** Wie sollten Smart-Contract-Funktionen in Assemblercode übersetzt werden?
- **Namen der Funktionen:** Wie sollten Funktionen dargestellt werden, damit andere Smart Contracts wissen, wie sie mit ihnen interagieren können (d. h. welche Argumente müssen weitergegeben werden)?
- **Datentypen:** Welche Datentypen können verwendet werden, und müssen sie formatiert werden?

Solidity ermöglicht es, Smart Contracts in die Ethereum-Blockchain hochzuladen und von einem der Knoten des Netzwerks ausgeführt zu werden, wie das Beispiel des Münzwurfs im nächsten Abschnitt zeigt.

4.3.2 Münzwurf-Beispiel

Ein einfacher Münzwurf (Kopf oder Zahl) kann in einem Smart Contract mit Ethereum dargestellt werden. Dieses einfache Glücksspiel kann auf Basis der ETH-Kryptowährung umgesetzt werden. Das Spiel beginnt, wenn zwei Spieler einen minimalen Währungseinsatz in einen virtuellen Topf werfen, d. h. sie senden die ETH an eine Adresse, die im Smart Contract definiert ist. Während seiner Ausführungszeit bestimmt der Smart Contract zufällig den Gewinner des Münzwurfs (mit einer Quote von 50:50), indem er einen vom EVM implementierten Zufallszahlengenerator laufen lässt. Der Smart Contract überweist dann umgehend und automatisch den Gewinn auf das Konto des Gewinners.

Der Coin-Vertrag ist ein komplexeres Beispiel für einen Smart Contract, der in der Solidity-Programmiersprache geschrieben wurde (Abb. 4.6). In diesem Beispiel können zwei Wettende einen vordefinierten Betrag setzen, und der Gewinner wird nach dem Zufallsprinzip über den Smart Contract bestimmt, basierend auf der Parität des nicht vorhersehbaren Blockhashs (d. h. ob der Blockhash gerade oder ungerade ist).

4.4 Oracles

4.4.1 Einführung

Die Netzwerkteilnehmer (Knoten) validieren und führen Operationen durch, die auf der Blockchain ausgeführt werden, wie z. B. Smart Contracts, aber es ist nicht ungewöhnlich, dass ein Smart Contract Daten von externen Dritten verlangt. Angesichts der Tatsache,

```
pragma solidity ^0.5.1;

contract Coin
{

    uint256 amount;
    uint256 blockNumber;
    address payable[] bettors;

    constructor(uint256 amount_) public
    {
        amount = amount_;
    }

    function bet() payable public
    {
        require(msg.value == amount);
        require(bettors.length < 2);
        blockNumber = block.number + 1;
        bettors.push(msg.sender);
    }

    function toss()public
    {
        require(bettors.length == 2);
        require(blockNumber < block.number);
        uint256 winner = uint256(blockhash(block.number)) % 2;
        bettors[winner].transfer(address(this).balance);
    }

}
```

*# Münzwurf-Vertrag.
Erlaubt zwei Wettern,
auf einen vordefinierten
Betrag zu wetten.*

 # Vertragsinhaber

*# Erstellt den Vertrag.
@param amount_ der
Wettbetrag, in Wei.*

 # Platziert eine Wette.

*# Wirft die Münze und
bezahlt den Gewinner.*

Abb. 4.6 Münzwurf-Beispiel (Solidity)

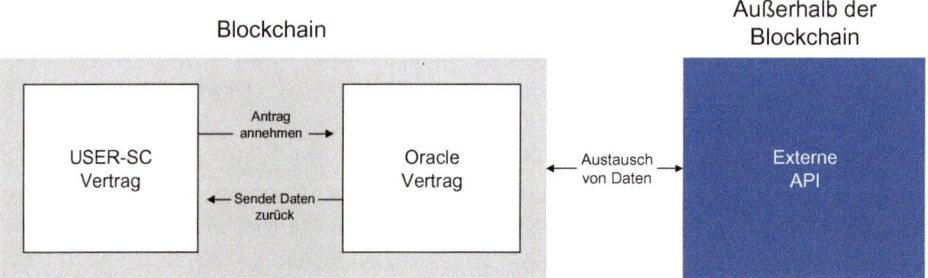

Abb. 4.7 Anatomie von Oracles

dass Blockchains nicht auf Daten außerhalb ihrer Netzwerke zugreifen können, stellt sich die Frage, wie externe Daten in den Workflow eingebunden werden. Hier kommen Oracles ins Spiel.

Oracles sind Agenten auf der Blockchain, die Ereignisse aus der realen Welt verifizieren und die entsprechenden Informationen als Daten an die Smart Contracts liefern können (Abb. 4.7). Sie agieren als Vermittler zwischen externen Daten und Smart Contracts, die ebenfalls auf der Blockchain laufen (Bambara und Allen 2018). Smart Contracts spezifizieren normalerweise nur Sequenzen wie „wenn Bedingung C eingetreten ist, wird Operation O ausgeführt". Um zu prüfen, ob die Bedingung erfüllt worden ist, stützen sich Smart Contracts oft auf externe Daten. Ein Beispiel sind Sensoren, die Phänomene aus der realen Welt messen. Wenn Sie beispielsweise eine Versicherung durch einen Smart Contract implementieren möchten, der bei Erreichen bestimmter Temperaturen eine direkte Kompensation zahlt, muss ein Oracle die Temperaturinformationen bereitstellen.

4.4.2 Integration von Smart Contracts

Das Hinzufügen eines Oracles erfolgt durch Verträge mit mehreren Unterschriften (Multi-Sig), die erfordern, dass ein Aufruf einer Smart-Contract-Methode von mehreren Parteien unterzeichnet werden muss. Um das Vertrauen in die externen Daten zu verbessern, die ein Smart Contract von einem Oracle erhält, und um zu verhindern, dass das Oracle von einer Partei kompromittiert wird, können die Daten von mehreren Parteien unterzeichnet werden: Im Falle eines Aktienkurs-Oracles kann man MultiSig so einrichten, dass jedes Aktienkurs-Datenelement von drei unabhängigen Parteien unterzeichnet werden muss (z. B. Bloomberg, NASDAQ und MSNBC).

4.4.3 Oracles und Sicherheit

Das Grundprinzip der Blockchain besteht darin, dass ein Konsens durch die Einbeziehung mehrerer Parteien erreicht wird, sodass die Notwendigkeit entfällt, einer einzelnen Partei zu vertrauen. Wenn die Daten jedoch von einer zentralen Behörde wie einer Bank bereitgestellt werden, muss der datenliefernden Autorität vertraut werden.

4.4.4 Arten von Oracles

Die Datenquellen für Oracles von Smart Contracts lassen sich in fünf Typen einteilen:

- **Software-Oracles:** Die Daten sind online verfügbar und stammen im Idealfall aus mehreren unabhängigen Quellen, sind öffentlich zugänglich (z. B. Flugverkehrsinformationen, meteorologische Daten) und werden von mehreren Parteien unterzeichnet.
- **Hardware-Oracles:** Die Daten stammen aus echten Messungen, wie z. B. RFID-Sensoren in einem Lieferkettenstandort. Zu den Herausforderungen bei dieser Art von Datenquelle gehört, dass es in der Regel nur eine einzige Quelle gibt, keine öffentlichen Aufzeichnungen vorhanden sind, sie nur von einer Partei unterzeichnet sind und die Übertragung der Informationen auf sichere und nachweislich unveränderliche Weise schwierig ist.

Aus technischer Sicht lassen sich Oracles auch nach ihrem funktionalen Setup klassifizieren, d. h. nach ihrem Datenfluss (eingehend vs. ausgehend), und danach, ob sie konsensbasiert sind oder nicht. Diese Abgrenzung schließt sich nicht gegenseitig aus, sodass einige Daten sowohl eingehende als auch ausgehende Daten sein können.

- **Eingehende Oracles:** Diese Oracles bieten einen Smart Contract mit Informationen aus der Außenwelt. Beispielsweise wird ein Kaufauftrag so festgelegt, dass er ausgeführt wird, sobald der EUR-USD-Kurs unter ein bestimmtes Limit fällt.
- **Ausgehende Oracles:** Diese Oracles ermöglichen es Smart Contracts, Daten nach außen zu senden, anstatt sie nur zu empfangen. Zum Beispiel kann Zugang zu einem Bereich gewährt werden, wenn eine Zahlung auf der Blockchain (z. B. über ein Smart Lock) erfolgt ist.
- **Konsensorientierte Oracles:** Mehrere Oracles werden zusammengefasst, sodass man sich nicht auf eine einzige externe Quelle verlassen muss. Diese Oracles bilden dann einen Konsens, um Entscheidungen zu treffen. Ein Beispiel dafür ist ein Konsens-Oracle, das festlegt, dass drei von fünf Oracles zustimmen müssen, bevor eine Operation

```solidity
pragma solidity ^0.5.1;


contract Oracle                          # Oracle-Vertrag.
{                                        Ein Oracle-Vertrag mit einer
                                         einzigen Unterschrift für den
                                         USD-EUR-Wechselkurs.

    address payable public owner;        # Oracle-Besitzer

    uint8 public decimals;               # USD-EUR -Wechselkurs

    uint256 public timestamp;            # Zeitstempel des
                                         USD-EUR-Wechselkurses


    constructor() public
    {
        owner = msg.sender;              # Erstellt den Vertrag
    }

                        .


    function set(uint8 decimals_, uint256 rate_) public   # Legt den neuen
    {                                                     Wechselkurs fest
        require(msg.sender == owner);
        require(rate_ > 0);              * @param decimals_ die
        decimals = decimals_;           Dezimalstellen des USD-
        rate = rate_;                   EUR-Wechselkurses
        timestamp = block.timestamp;
    }                                   * @param rate_ der
                                        USD-EUR-Wechselkurs


}
```

Abb. 4.8 Oracle für den USD-EUR-Wechselkurs

ausgeführt wird. Natürlich ist es auch möglich, einzelne Oracles unterschiedlich zu gewichten, sodass eine Quelle mehr Gewicht haben kann, wenn sie zuverlässiger erscheint als andere.

4.4.5 Vertragsbeispiel für Oracles

Der *Oracle*-Vertrag ist ein einfaches Arbeitsbeispiel für einen Oracle-Smart-Contract, der in der Programmiersprache Solidity geschrieben wurde (Abb. 4.8). In diesem Beispiel kann Oracle den USD-EUR-Wechselkurs (FX) anderen Smart Contracts auf einer Blockchain zur Verfügung stellen: Der Kontrakt gibt den Eigentümer (d. h. ein Oracle mit einer einzigen Unterschrift), den Zeitstempel (um festzulegen, wann der Devisenkurs zurückgegeben werden kann) und den Wechselkurs an, auf den andere Smart Contracts zugreifen können.

4.5 Dezentralisierte Anwendungen (dApps)

4.5.1 Einführung

„Dezentrale Anwendungen" (dApps) umfassen alle Anwendungen, die auf der Technologie der dezentralisierten Ledger basieren. Im weitesten Sinne ist jede Kryptowährung eine dApp, daher sollten alle dApps bestimmte Eigenschaften haben:

- Alle Daten werden in einer Blockchain gespeichert und kryptografisch gesichert.
- Es handelt sich um freie Open-Source-Software, die vorzugsweise von einer offenen Community entwickelt wurde.
- Entscheidungen werden im Konsens der Community getroffen, idealerweise auf der Blockchain selbst.
- Bestehende oder neu geschaffene Token werden verwendet, um den Zugang und die Belohnungen zu regeln.

Wenn eine Anwendung nicht jede dieser Anforderungen erfüllt, kann sie streng genommen nicht unbedingt als „dApp" betrachtet werden, jedoch wird dieses Regelwerk nicht immer befolgt.

Da dApps, die auf Ethereum laufen, dezentral und konsensorientiert ausgeführt werden, ist eine unerwünschte Einmischung praktisch unmöglich. Nur autorisierte Parteien, von denen möglicherweise keine vorhanden ist, können die dApp ändern, sodass Unbefugte sie nicht heimlich manipulieren, den Code verfälschen, die Funktionsweise beeinträchtigen oder Zensur anwenden können.

In ihrem Kern ermöglichen dApps die Ausführung von Anwendungen, bei denen einer zentralen Autorität oder einem Vermittler nicht vertraut werden muss. Beispielsweise ist

Uber eine nicht dezentralisierte Anwendung, betrieben von der Uber Corporation. Die Benutzer sind auf diese zentrale Einheit angewiesen, um Fahrer und Mitfahrende zusammenzubringen, während das Unternehmen die Gewinne einbehält und willkürlich neue Regeln erstellen und anwenden kann. Bei einer dApp hingegen könnte der Matching-Service ohne eine zentrale Partei, die den Service betreibt, zur Verfügung gestellt werden, da die gesamte Logik in den Code selbst eingebettet ist und entweder unveränderlich ist oder nur durch einen Konsensmechanismus geändert werden kann.

Zu den bekanntesten dApps auf der Ethereum-Plattform, gehören:

- Augur, ein dezentralisierter Prognosemarkt
  https://augur.net
- Digix, das Gold auf Ethereum als Token abbildet
  https://digix.global
- Maker, eine dezentralisierte autonome Organisation (DAO)
  https://makerdao.com

Wie alle Blockchain-Projekte haben dApps eine breite Palette von Anwendungen, die von der Datenspeicherung bis hin zur Ausleihe ungenutzter Ressourcen an das Gesundheitswesen reichen.

4.5.2   dApp-Beispiel: Dezentralisierte Autonome Organisation (DAO)

Eine DAO ist ein beliebter Typ von dApps, deren Ziel es ist, die Regeln und Entscheidungsprozesse einer Organisation zu verschlüsseln und die Voraussetzung der Existenz von Dokumenten und Personen im Rahmen ihrer Leitung zu eliminieren, indem eine Struktur mit dezentralisierter Kontrolle geschaffen wird (siehe das „Uber"-Beispiel in Abschn. 4.5.1).

Die DAO ist ein besonders hilfreiches Beispiel, weil sie vom Team des deutschen Startup Slock.it programmiert wurde, ein Unternehmen, das „intelligente Schlösser" baut, die es den Menschen ermöglichen, ihre Autos, Boote, Wohnungen und andere Besitztümer zu teilen, ähnlich wie eine dezentralisierte Version von Airbnb. Die DAO wurde am 30. April 2016 mit einem Finanzierungsfenster von 28 Tagen gegründet und brachte bis zum 15. Mai mehr als 100 Millionen Dollar auf.

Nach dem Start der DAO gelang es Hackern jedoch, einen beträchtlichen Teil der eingezahlten Mittel zu stehlen, und zwar nicht aufgrund von Schwächen im Ethereum-Protokoll, sondern wegen eines Programmierfehlers im Smart Contract der DAO. Die Community war in der Frage, ob dieser Diebstahl rückgängig gemacht werden könne, gespalten, und infolgedessen teilte sich auch die Ethereum-Blockchain und ihre Währung in Ethereum und Ethereum Classic (mehr zu Kryptowährungs-Spaltungen in Kap. 5).

Obwohl alle vernetzten Systeme anfällig für verschiedene Angriffsarten sind, wurde das Ethereum-Netzwerk nie gehackt und hat kontinuierlich viele andere intelligente

Aufträge ausgeführt. Tatsächlich war das Ethereum-Netzwerk frei von technischen Fehlern und funktionierte einwandfrei, als es gehackt wurde. Also war nicht das Ethereum-Netzwerk, sondern der Code des Smart Contracts der DAO fehlerhaft.

4.6 Turing-Vollständigkeit

4.6.1 Hintergrund

In der Berechenbarkeitstheorie gilt ein System von Datenmanipulationsregeln (z. B. der Befehlssatz eines Computers, einer Programmiersprache oder eines zellularen Automaten) als Turing-vollständig oder rechnerisch universell, wenn damit eine beliebige Turing-maschine simuliert werden kann, also ein mathematisches Modell eines universellen Computers mit nur minimalem Befehlssatz.

Das Konzept ist nach dem englischen Mathematiker und Informatiker Alan Turing benannt. Die Ausdruckskraft der regelbasierten Grammatiken wurde später durch die Chomsky-Hierarchie erklärt, die 1956 von Noam Chomsky beschrieben wurde.

Ein Turing-vollständiger Regelsatz ist theoretisch in der Lage, alle Aufgaben auszudrücken, die ein Computer ausführen kann. Da die für die Ethereum-Plattform verwendete Programmiersprache Turing-vollständig ist, kann jedes erdenkliche Computerprogramm darauf implementiert werden.

Um zu demonstrieren, dass ein Regelsatz Turing-vollständig ist, reicht es aus, zu zeigen, dass er zur Simulation eines Turing-vollständigen Systems verwendet werden kann. Eine imperative Sprache zum Beispiel ist Turing-vollständig, wenn sie eine bedingte Verzweigung aufweist (z. B. „if"- und „goto"-Angaben oder eine „branch if zero"-Anweisung) und die Fähigkeit hat, eine beliebige Menge an Speicher zu verändern. Tatsächlich sind heute fast alle Programmiersprachen Turing-vollständig, wenn man von der Beschränkung des endlichen Speichers absieht, die sich aus physikalischen Restriktionen ergibt.

4.6.2 Turing-Vollständigkeit und Ethereum

Mit Solidity und Serpent kann man Anwendungen (Smart Contracts) schreiben, die (zum größten Teil) jedes Rechenproblem lösen und Schleifen- und Verzweigungsanweisungen sowie lokale Zustandsspeicherungen durchführen können. Diese Funktionalität ist erforderlich, um die meisten nicht-trivialen Computerprogramme zu implementieren.

Da die EVM (Ethereum Virtual Machine) Turing-vollständig ist, können Programme, die in anderen Programmiersprachen wie Java oder Python geschrieben wurden, auch in Solidity geschrieben werden. Daher ist Turing-Vollständigkeit der Schlüssel zu den Smart Contracts von Ethereum, weil die Möglichkeit geboten wird, jede beliebige Logik zu implementieren.

4.7   Rechtliche Perspektive

Das digitale Zeitalter ist voll von neuen Erscheinungen: Kryptowährungen, Smart Contracts, und die Generierung finanzieller Ressourcen durch reine Rechenkapazitäten sind keine Visionen mehr, sondern Realität. Die Digitalisierung setzt voraus, dass parallel dazu rechtliche Regelungen entwickelt werden, die vor unbeabsichtigten Rechtsverletzungen durch Unternehmer schützen und opportunistische Akteure abschrecken. Im Hinblick auf die Blockchain ist der Gesetzgeber jedoch noch weit davon entfernt, eine konkrete Rechtsposition bezüglich Rechtmäßigkeit und Haftung zu haben.

Smart Contracts nehmen eine zentrale Stellung im Bereich der Blockchain-Anwendungen ein, da sie die direkte Durchsetzung eines Vertrags zwischen den Parteien ermöglichen. Sie vereinen also traditionelles Vertragsrecht und Informatik und können dadurch die Rolle des Anwalts verändern oder vielleicht sogar ganz abschaffen. Was bei dieser Feststellung jedoch übersehen wird, ist, dass die rechtlichen Anforderungen an die Durchführung vertraglicher Vereinbarungen nach wie vor im traditionellen Recht geregelt sind. In der Tat hat sich die Diskussion über ein Smart-Contract-Recht zwar noch nicht vollständig entfaltet, jedoch wird sie möglicherweise auch keine tief greifenden Auswirkungen auf die Gesetzgebung haben.

Diese Debatte weckt Erinnerungen an die „Law of the Horse"-Debatte, ein Begriff, der Mitte der 1990er-Jahre verwendet wurde, um den Stand des Cyberrechts in den Anfängen des Internets zu definieren. Richter Frank H. Easterbrook vom United States Court of Appeals for the Seventh Circuit sprach sich dagegen aus, das Cyberrecht als einen besonderen Abschnitt von Rechtsstudien und Rechtsstreitigkeiten zu definieren. Unter Berufung auf Gerhard Casper, der den Ausdruck „Law of the Horse" geprägt hat, erklärte Easterbrook, dass Caspers Argumente gegen spezialisierte oder Nischen-Rechtsstudien sowohl für das Cyberrecht als auch für Rennpferde gelten (Barfield 2015). Während also blockchainbasierte Systeme die Wirksamkeit des bestehenden Rechtsrahmens ausweiten (d. h. wegen der Ungewissheit über den Geltungsbereich des Rechts, da der genaue Ausführungsort eines Smart Contracts unbekannt sein kann), ist es unwahrscheinlich, dass diese Systeme eigene rechtliche Bestimmungen benötigen.

4.7.1   Interpretation von Smart Contracts

Man könnte davon ausgehen, dass der Code selbst ein Angebot und eine Annahme darstellt und die Ausführung des Vertrages dann in der Blockchain und nicht außerhalb davon stattfindet. Diese Annahme ist jedoch mit den technischen Anforderungen an einen Smart Contract nicht vereinbar. Nick Szabo, der Erfinder des Bitcoin-Vorläufers BitGold, prägte den Begriff „Smart Contracts" und beschrieb diese als automatisierte Computerprogramme, die Vertragsbedingungen ausführen können. Der Begriff „Smart Contract" beschreibt also ein Programm, das rechtlich relevante Aspekte eines Vertrags steuert und ausführt, aber nicht den Vertrag selbst konstituiert.

Um diese Feinheiten zu erfassen, betrachten Sie das Beispiel eines Autoleasingvertrags. Hier kann nach Vertragsabschluss ein Code verwendet werden, um ihn durchzusetzen (z. B. durch Abschließen des Autos, wenn die Zahlungen nicht rechtzeitig erfolgen). Diese Situation ist vergleichbar mit der des Vertragsabschlusses an einem Automaten, bei dem Angebot und Annahme nicht auf der Mechanik des Automaten, sondern auf Umständen beruhen, die außerhalb des Automaten stattfinden. Die Mechanik des Automaten dient dem Transfer von Gütern, so wie der Smart Contract den Leasinggegenstand steuert.

4.7.2 Offene Fragen

Es bleibt eine Vielzahl von Fragen offen: So ist beispielsweise noch zu klären, ob Smart Contracts einer juristischen Person zugeordnet werden können, und es müssen rechtliche Mechanismen geschaffen werden, um digitale Vertragsstörungen zu beheben (z. B. wenn sich der Vertrag in einer für den Kunden unangenehmen Weise entwickelt oder es Unterschiede in der Bewertung des Ergebnisses durch Käufer und Verkäufer gibt). Jegliche Umsetzung rechtlicher Mechanismen wird letztlich vom lokal anwendbaren Recht abhängen, das angesichts der dezentralen Natur des zugrunde liegenden Netzwerks und der unbegrenzten Anzahl von Orten der Ausführung des Vertragscodes nicht immer einfach zu bestimmen sein wird.

Wenn ein Smart Contract abgeschlossen wird, was immer auf einer Maschine geschieht, stellt sich die zentrale Frage, wem die Absichtserklärungen zuzuordnen sind. Solche Überlegungen entstehen wegen des Internet of Things (IoT) (z. B. ein leerer Kühlschrank, der die Lebensmittel selbst bestellt). Möglicherweise läuft sogar ein Smart Contract zwischen zwei Maschinen, wenn beispielsweise das Lebensmittelgeschäft ebenfalls eine Maschine benutzt.

Eine einfache und einheitliche Lösung für diese Probleme gibt es derzeit noch nicht. Vorerst lassen sich sowohl die Verantwortung als auch die Rechenschaftspflicht auf die Kette der Zurechenbarkeit zurückführen, und wie bei jedem Produkt ist es der Mensch, der letztlich hinter der Errichtung eines autonomen Systems steht. An der in diesem Kapitel betrachteten Smart-Contract-Konstellation sind in der Regel zwei Personen beteiligt: der Nutzer und der Programmierer. Wem die Transaktion letztlich zuzuordnen ist, hängt vom Grad der Autonomie der Handlung ab, sodass die Absichtserklärung umso eher dem Programmierer zuzuordnen ist, je autonomer die Handlungen der Maschine sind.

Angesichts des dezentralisierten Charakters der meisten Blockchains ergibt sich ein zusätzlicher Grund zur Besorgnis hinsichtlich der Anwendbarkeit des Gesetzes. Das Ethereum-Netzwerk ist ein dezentralisiertes, globales, öffentliches Netzwerk, sodass es nicht auf zentralen Servern an einem bestimmten geografischen Standort betrieben wird. Stattdessen wird die Rechenleistung, die das Netzwerk betreibt, durch die Knoten erzeugt, die über den ganzen Globus verteilt sind. Daher kann ein Benutzer nicht im Vorhinein wissen, wo sein Smart Contract ausgeführt wird – auf einem Knoten in Deutschland oder in China, eine Unklarheit, die die rechtliche Komplexität weiter erhöht.

4.7.3   Fazit

Smart Contracts verfügen über einen großen und flexiblen Anwendungsrahmen, der sich mit dem zügigen technologischen Fortschritt ausdehnen wird. Um gesetzeskonform zu bleiben, darf sich dieser technische Fortschritt nicht außerhalb unseres derzeitigen Rechtsrahmens bewegen. Aufgrund des großen Anwendungsbereichs von Smart Contracts ist jedoch mit rechtlichen Dilemmata zu rechnen. Um mit dem aufkeimenden Minenfeld der technischen und rechtlichen Komplexität zurechtzukommen und um der beruflichen Bedeutungslosigkeit zu entgehen, müssen Anwälte über ihre klassischen Methoden und ihre Ausbildung hinausgehen. Einige große Forschungsuniversitäten, z. B. University of Oxford und die London School of Economics, bieten blockchainspezifische juristische Wahlfächer an, sodass zumindest diese Themen angesprochen werden.

4.8   Übung („Sparschwein")

4.8.1   Einführung

Diese Übung konzentriert sich auf den Einsatz eines voll funktionsfähigen Smart Contracts, den „Sparschwein"-Vertrag. Dieser Vertrag wurde in Abschn. 4.1 vorgestellt. Indem Sie diesen in Ihrer eigenen Blockchain einsetzen, werden wir den zugrunde liegenden Arbeitsmechanismus im Detail untersuchen. Wir werden versuchen, Geld in das Sparschwein zu legen, aus dem Sparschwein zu nehmen und zu validieren, sodass alle Randbedingungen erfüllt sind. Zum Beispiel kann nur der Besitzer des Sparschweins Geld herausnehmen; und dies kann nur geschehen, wenn die vorgegebene Sparschwelle (d. h. 1 ETH) erreicht ist.

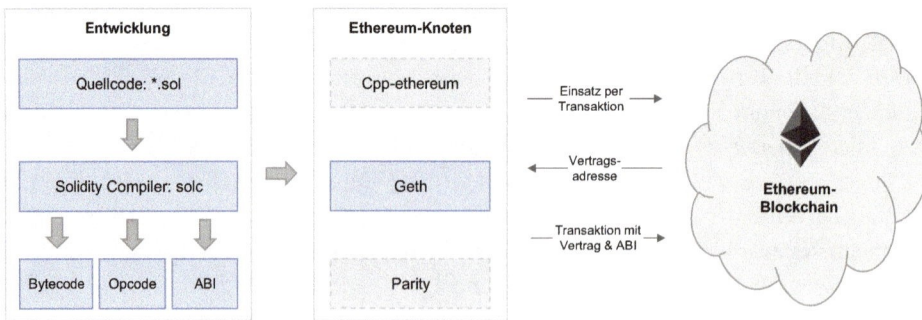

Abb. 4.9 Smart-Contract-Entwicklung (illustrativ)

Um den „Sparschwein"-Smart-Contract für unsere private Ethereum-Blockchain zu starten, müssen wir zunächst drei Komponenten erstellen: (1) den Opcode, (2) den Byte-code und (3) die ABI. Wir werden den Ethereum-Client „Geth" auf unserem privaten Knoten verwenden, um den Vertrag zu starten und die Übung zu beginnen. Zuvor werden wir diese drei Komponenten sowie ihren Zweck kurz vorstellen (Abb. 4.9).

4.8.2 Opcode

Der Opcode gibt die spezifischen Operationen an, die der Vertrag auf der virtuellen Ma-schine von Ethereum (EVM) ausführen kann. Dies sind die einzelnen atomaren Operatio-nen, wie durch das Ethereum-Protokoll spezifiziert (Abb. 4.4). Der Opcode ist eine vor-kompilierte Version des Solidity-Codes; es besteht eine 1:1-Beziehung zwischen Opcode und Bytecode des Smart Contracts. Der Opcode ist ein Zwischenschritt; er ist nicht per se erforderlich, kann aber als Referenz für die Interpretierbarkeit des Vertrags nach der Kom-pilierung verwendet werden.

```
PUSH1 0x80 PUSH1 0x40 MSTORE PUSH1 0x4 CALLDATASIZE LT PUSH2 0x1E JUMPI
PUSH1 0x0 CALLDATALOAD PUSH1 0xE0 SHR DUP1 PUSH4 0x45615BCC EQ PUSH2 0x20
JUMPI JUMPDEST STOP JUMPDEST CALLVALUE DUP1 ISZERO PUSH2 0x2C JUMPI PUSH1
0x0 DUP1 REVERT JUMPDEST POP PUSH2 0x35 PUSH2 0x37 JUMP JUMPDEST STOP
JUMPDEST PUSH1 0x0 DUP1 SWAP1 SLOAD SWAP1 PUSH2 0x100 EXP SWAP1 DIV
PUSH20       0xFFFFFFFFFFFFFFFFFFFFFFFFFFFFFFFFFFFFFFFF       AND       PUSH20
0xFFFFFFFFFFFFFFFFFFFFFFFFFFFFFFFFFFFFFFFF       AND       CALLER       PUSH20
0xFFFFFFFFFFFFFFFFFFFFFFFFFFFFFFFFFFFFFFFF AND EQ PUSH2 0x90 JUMPI PUSH1
0x0   DUP1   REVERT   JUMPDEST   PUSH8   0xDE0B6B3A7640000   ADDRESS   PUSH20
0xFFFFFFFFFFFFFFFFFFFFFFFFFFFFFFFFFFFFFFFF AND BALANCE LT ISZERO PUSH2
0xBC JUMPI PUSH1 0x0 DUP1 REVERT JUMPDEST PUSH1 0x0 DUP1 SWAP1 SLOAD
SWAP1      PUSH2      0x100      EXP      SWAP1      DIV      PUSH20
0xFFFFFFFFFFFFFFFFFFFFFFFFFFFFFFFFFFFFFFFF       AND       PUSH20
0xFFFFFFFFFFFFFFFFFFFFFFFFFFFFFFFFFFFFFFFF AND PUSH2 0x8FC ADDRESS PUSH20
0xFFFFFFFFFFFFFFFFFFFFFFFFFFFFFFFFFFFFFFFF AND BALANCE SWAP1 DUP2 ISZERO
MUL SWAP1 PUSH1 0x40 MLOAD PUSH1 0x0 PUSH1 0x40 MLOAD DUP1 DUP4 SUB DUP2
DUP6 DUP9 DUP9 CALL SWAP4 POP POP POP POP ISZERO DUP1 ISZERO PUSH2 0x13A
JUMPI RETURNDATASIZE PUSH1 0x0 DUP1 RETURNDATACOPY RETURNDATASIZE PUSH1
0x0 REVERT JUMPDEST POP JUMP INVALID LOG2 PUSH6 0x627A7A723158 KECCAK256
SWAP1       0xe8       DIFFICULTY       SWAP16       DUP9       PUSH23
0xC53A9A1C0EA79B65F7326CF802B7CC2DC9805C774098B8 DUP8 SWAP16 0x2b PUSH5
0x736F6C6343 STOP SDIV SIGNEXTEND STOP ORIGIN
```

4.8.3 Bytecode

Der Bytecode ist der kompilierte Code auf Maschinenebene; so wird der Smart Contract auf dem EVM gespeichert. Der Bytecode ist eine binäre Repräsentation der Opcodes, die aus dem Originalquellcode des Smart Contracts kompiliert wurden. Der Bytecode kodiert die Befehle, die dann von den einzelnen Netzwerkknoten ausgeführt werden.

608060405260043610610001e5760003560e01c806345615bcc14610020575b005b3480156100
2c57600080fd5b50610035610037565b005b6000809054906101000a900473ffffffffffffffff
ffffffffffffffffffffffffffffffff1673ffffffffffffffffffffffffffffffffffffffff163373
ffffffffffffffffffffffffffffffffffffffff161461009057600080fd5b670de0b6b3a764
00003073ffffffffffffffffffffffffffffffffffffffff163110156100bc57600080fd5b60
008090549061010009a900473ffffffffffffffffffffffffffffffffffffffff1673ffffffff
ffffffffffffffffffffffffffffffff166108fc3073ffffffffffffffffffffffffffffffffff
ffffffff163190811502906040516000604051808303818588888f193505050505015801561013a
573d6000803e3d6000fd5b5056fea265627a7a7231582090e8449f8876c53a9a1c0ea79b65f7
326cf802b7cc2dc9805c774098b8879f2b64736f6c634300050b0032

4.8.4   Application Binary Interface (ABI)

Die ABI (Binärschnittstelle) gibt die Schnittstelle für die Interaktion mit dem Smart Contract an. Sie legt fest, welche Funktionen der Smart Contract umfasst, wie sie genannt werden und welche Parameter sie verarbeiten können. Die ABI kann wie ein Application Programming Interface (API) (Programmierschnittstelle) interpretiert werden.

```
[
    {
        "constant": false,
        "inputs": [],
        "name": "spend",
        "outputs": [],
        "payable": false,
        "stateMutability": "nonpayable",
        "type": "function"
    },
    {
        "inputs": [],
        "payable": false,
        "stateMutability": "nonpayable",
        "type": "constructor"
    },
    {
        "payable": true,
        "stateMutability": "payable",
        "type": "fallback"
    }
]
```

Ein guter Weg, um über ABI-Spezifikationen nachzudenken, sind die ERK-20-Token. Alle ERK-20-Token haben die gleiche ABI; dies macht es möglich, sie an denselben Börsen zu handeln und eine gemeinsame Schnittstelle für Konsistenz zu haben. Die zugrunde liegenden Spezifikationen jedes ERK-20-Tokens können jedoch völlig unterschiedlich sein, was im jeweiligen Bytecode definiert ist.

4.8.5 Einsatz des Sparschweins

Zu diesem Zeitpunkt verfügen Sie bereits über alle Bausteine, um den „Sparschwein"-Smart-Contract anzuwenden, d. h. den Vertragsbytecode und dessen ABI.

4.8.6 Erneutes Verbinden

Stellen wir zunächst wieder eine Verbindung zu unserer Docker-Instanz her. Wie zuvor können Sie in der Konsole Ihres Betriebssystems jederzeit überprüfen, welche Docker-Images noch laufen, indem Sie den Befehl *docker ps -a* anwenden.

```
>docker ps -a
CONTAINER ID       IMAGE        COMMAND        CREATED       STATUS         PORTS       NAMES
d708bf8dc45d       ubuntu       "/bin/bash"    2 days ago    Exited (255)               pow
```

Wenn Ihre Konsole nicht mehr läuft (d. h. wie oben dargestellt), müssen Sie die Instanz zuerst mit dem Befehl *start* neu starten, andernfalls können Sie diesen Schritt überspringen. Beachten Sie, dass Ihre Container-ID anders sein wird.

```
docker start db253cb81bf7
root@db253cb81bf7:/#
```

Sobald Ihr Knoten in Betrieb ist (oder wenn Ihr Knotenstatus *running* lautet), können Sie sich mit dem Befehl *attach* wieder mit der Konsole verbinden. Beachten Sie auch hier, dass Ihre Container-ID anders lauten wird.

```
docker attach db253cb81bf7
db253cb81bf7
```

An diesem Punkt sollten Sie sich wieder auf dem @root-Bildschirm befinden; Ihre Eingabeaufforderung sollte wie folgt aussehen:

```
root@015e2e8bef67:/#
```

Nun werden wir die Geth-Konsole wieder in Betrieb nehmen. Der folgende Befehl startet sie in einem interaktiven Modus. Vergewissern Sie sich, dass Sie sich im Ordner *test1* (oder wie immer Sie diesen Ordner genannt haben) befinden, bevor Sie diesen Befehl ausführen (d. h. mithilfe des Befehlsverzeichnis wechseln (*cd*), welches wir in den Kap. 1 und 2 vorgestellt haben).

```
root@015e2e8bef67:~/test1# geth console --datadir node_pow --mine --miner.threads 1 -nousb
```

4.8.7   ABI-Erstellung

Danach erstellen Sie nun eine neue Vertragsspezifikation durch Nutzung des Befehls *eth. contract* sowie der ABI aus Abschn. 4.8.4.

```
> var bank = eth.contract(
[
  {
    "constant": false,
    "inputs": [],
    "name": "spend",
    "outputs": [],
    "payable": false,
    "stateMutability": "nonpayable",
    "type": "function"
  },
  {
    "inputs": [],
    "payable": false,
    "stateMutability": "nonpayable",
    "type": "constructor"
  },
  {
    "payable": true,
    "stateMutability": "payable",
    "type": "fallback"
  }
]);
```

Überprüfen Sie anschließend mit dem Befehl *bank.abi*, ob die Vertragsspezifikation ordnungsgemäß gespeichert wurde.

```
> bank.abi
```

Ihre Ausgabe sollte wie folgt aussehen:

```
> bank.abi
 [{
     constant: false,
     inputs: [],
     name: "spend",
     outputs: [],
     payable: false,
     stateMutability: "nonpayable",
     type: "function"
   }, {
     inputs: [],
     payable: false,
     stateMutability: "nonpayable",
     type: "constructor"
   }, {
     payable: true,
     stateMutability: "payable",
     type: "fallback"
 }]
```

4.8.8   Start des Vertrags

Durch die Speicherung der ABI-Spezifikation haben Sie gerade definiert, welche Art von
Befehlen Ihr Smart Contract akzeptieren kann. Sie haben jedoch noch nicht festgelegt,
was diese Befehle nach dem Einsatz des Vertrags bewirken. Dafür benötigen Sie nun den
Bytecode, wie in Abschn. 4.8.3 vorgestellt; zusammen mit der ABI-Spezifikation können
Sie nun endlich den Smart Contract auf Ihrer Blockchain einsetzen.

Denken Sie wie in den vorherigen Übungen daran, die Startkonten zu entsperren, bevor
Sie den nachstehenden Befehl ausführen:

```
> personal.unlockAccount(personal.listAccounts[0])
Unlock account 0xe9c51fb5f23321142ee20e991413b956e1c5fbc6
Passphrase:
```

Jetzt sind Sie bereit, Ihren ersten Smart Contract zu starten:

```
> var instance = bank.new({data:
"0x608060405260043610601001e5760003560e01c806345615bcc14610020575b005b34801561002c57600080fd5b5061003561
0037565b005b6000809054906101000a900473ffffffffffffffffffffffffffffffffffffffff1673ffffffffffffffffffffffff
ffffffffffffffff163373ffffffffffffffffffffffffffffffffffffffff16146100905760080fd5b670de0b6b3a76400
003073ffffffffffffffffffffffffffffffffffffffff163110156100bc57600080fd5b600080905490610101000a900473fffff
ffffffffffffffffffffffffffffffffffff1673ffffffffffffffffffffffffffffffffffffffff166108fc3073ffffffffffff
ffffffffffffffffffffffffffff163190811502906040516000604051808303818588f193505050501561001013a573d600
0803e3d6000fd5b5056fea265627a7a72315820e8449f8876c53a9a1c0ea79b65f7326cf802b7cc2dc9805c774098b8879f2b
64736f6c634300050b0032", gas: 80000, from: personal.listAccounts[0]});

INFO [09-15|15:41:15.518] Submitted contract creation
fullhash=0x16beef15f4accb456a277975665773fc07551f048e1a84f42bec0e5a3f034dcd
contract=0xA48582610d3bB3cD524Cf2C76fDed2fB85F17BD0
```

Herzlichen Glückwunsch, Sie haben gerade Ihren ersten Smart Contract auf den Weg
gebracht! Als Nächstes werden wir mit diesem Smart Contract interagieren, um si-

cherzustellen, dass er so funktioniert, wie wir es erwarten. Beachten Sie, dass die Vertrags-variable die Adresse des neuen Vertrags ist.

4.8.9 Interaktion

Zuerst werden Sie den Saldo des Vertrags überprüfen, genauso wie Sie die Salden Ihrer persönlichen Konten anhand der Vertrags-ID überprüft haben.

```
> eth.getBalance("0xA48582610d3bB3cD524Cf2C76fDed2fB85F17BD0")
0
```

Als Nächstes werden Sie etwas Geld an den Smart Contract überweisen (also etwas ETH ins Sparschwein legen); dafür verwenden Sie den gleichen Befehl, den Sie für die Überweisung von Geld zwischen zwei Konten benutzt haben (Beachten Sie, dass Sie die Vertrags-ID des soeben angelegten Vertrags verwenden müssen und nicht die ID, die im „to"-Feld des unten stehenden Beispiels verwendet wird).

```
web3.eth.sendTransaction (
    {
        from:personal.listAccounts[0],
        to:"0xA48582610d3bB3cD524Cf2C76fDed2fB85F17BD0",
        value:7
    }
);
```

Wie bisher müssen Sie zuerst Ihr Absenderkonto entsperren. Um alles etwas zu erleichtern, können Sie das Konto mit dem folgenden Befehl für einen längeren Zeitraum frei-schalten. Sie können verschiedene Zeitspannen angeben; wenn Sie die Zeitspanne auf 0 setzen, bleibt das Konto entsperrt, bis Sie sich von der Geth-Konsole abmelden.

```
> personal.unlockAccount(personal.listAccounts[0],"",0)
true
```

Jetzt wollen Sie nachsehen, ob der Wert des Auftrags, d. h. das Geld im Sparschwein, wie zu erwarten angepasst wurde. Sie können dies mit der gleichen Methode tun, die Sie zur Validierung des Wertes Ihrer persönlichen Konten nach den regulären Transaktionen verwendet haben.

```
> eth.getBalance("0xA48582610d3bB3cD524Cf2C76fDed2fB85F17BD0")
0
```

Genau wie bisher müssen Sie zunächst das Mining der Vertragsausführung einleiten. Dazu müssen Sie den Miner mit demselben Befehl starten, den Sie zuvor eingegeben haben:

```
> miner.start();
```

Sie sollten als Nächstes sehen, dass Ihre Transaktion jetzt gemined wurde, d. h. Block 276 eine neue Transaktion enthält, also das Geld, das Sie in das Sparschwein geschickt haben.

```
> miner.start()
INFO [09-15|21:41:36.479] Updated mining threads                     threads=2
INFO [09-15|21:41:36.479] Transaction pool price threshold updated price=1000000000
INFO [09-15|21:41:36.488] Commit new mining work     number=276 sealhash=91…df uncles=0 txs=0 gas=0      fees=0        elapsed=175.3µs
INFO [09-15|21:41:36.488] Commit new mining work     number=276 sealhash=6f…b3 uncles=0 txs=1 gas=21000 fees=2.1e-05 elapsed=671.7µs
INFO [09-15|21:41:39.646] Successfully sealed new block
```

Abschließend können Sie nun mit dem Befehl *eth.getBalance* den Saldo des Sparschwein-Vertrags überprüfen; Sie können auch bestätigen, dass (1) niemand außer *personal.listAccounts[0]* Geld von diesem Sparschwein abheben kann, sowie (2), dass diese Abhebung erst erfolgen kann, wenn Sie 1 ETH (oder mehr) an das Sparschwein geschickt haben.

```
> eth.getBalance("0xA48582610d3bB3cD524Cf2C76fDed2fB85F17BD0")
7
```

Literatur

Antonopoulos A (2017) Mastering bitcoin: unlocking digital cryptocurrencies. O'Reilly Media, Sebastopol

Bambara J, Allen P (2018) Blockchain: a practical guide to developing business, law, and technology solutions. McGraw-Hill, New York City

Barfield W (2015) Cyber-humans: our future with machines. Springer, Cham

Dannen C (2017) Introducing Ethereum and solidity: foundations of cryptocurrency and blockchain programming for beginners. Apress, New York

Diedrich H (2016) Ethereum: blockchains, digital assets, smart contracts, decentralized autonomous organizations. Wildfire Publishing, CreateSpace Independent Publishing Platform

Flanagan D (2020) JavaScript: the definitive guide. O'Reilly, Sebastopol

Hodges A (2012) Alan Turing: The enigma. Princeton University Press, Princeton

Smullyan RM (1992) Gödel's incompleteness theorems. Oxford University Press, New York

Wood G (2014) Ethereum: a secure decentralised generalised transaction ledger

Wood G, Antonopoulos A (2019) Mastering Ethereum: building smart contracts and DApps. O'Reilly, Beijing

Privatsphäre und Anonymität

5.1 Einführung

Bitcoin ist im Hinblick auf die Rückverfolgbarkeit der Transaktionen die transparenteste Zahlungsmethode der Welt: Jede Transaktion im Netzwerk kann bis zu ihrem Ursprung zurückverfolgt werden, und jedes Konto, das jemals mit Bitcoin oder einem Teil davon verbunden war, ist in ähnlicher Weise rückverfolgbar. Obwohl jeder sehen kann, wie und wann Bitcoins bewegt wurden, ist die Identität des Inhabers entsprechender Konten unbekannt (Tapscott und Tapscott D 2018). Daher ist Bitcoin technisch gesehen eher eine pseudonymisierte als eine anonyme Währung – ein Unterschied, der in diesem Kapitel behandelt wird. Zum Vergleich: Stellen Sie die Rückverfolgbarkeit von Bitcoin-Transaktionen denen realer Finanzsystemen gegenüber, wo die Eröffnung eines Bankkontos eine eindeutige und streng regulierte Identitätsprüfung erfordert, die Herkunft der Gelder jedoch grundsätzlich weder von privaten noch von öffentlichen Instanzen nachvollzogen werden kann.

Es ist daher vielleicht nicht überraschend, dass die öffentliche Wahrnehmung von Bitcoin des Öfteren durch negative Vorkommnisse geprägt wurde, in denen Bitcoin in erster Linie als Zahlungsmittel für kriminelle Aktivitäten diente, weil es ein nicht zurückzuverfolgendes Zahlungsmittel für Transaktionen wie die Finanzierung von Drogenkäufen auf der berüchtigten Website Silk Road (Brunton 2019) war.

Dieses Kapitel behandelt den Grad der Anonymität, den digitale Kryptowährungen ermöglichen, die Werkzeuge, die zu diesem Zweck verwendet werden können (z. B. das TOR-Netzwerk), die Verfahren, die zur Deanonymisierung von Netzwerkknoten eingesetzt werden können (z. B. die Taint-Analyse), sowie die innovativen Mechanismen, die der Deanonymisierung entgegenwirken. Außerdem werden wir neue, erst kürzlich eingeführte Mechanismen, um die Anonymität von Transaktionen der wichtigsten Krypto-

D. Hellwig et al., *Entwickeln Sie Ihre eigene Blockchain*, https://doi.org/10.1007/978-3-662-62966-6_5

währungen (wie Bitcoin und Ethereum) zu schützen, und neuartige Konzepte wie Zero-Knowledge-Beweise betrachten.

Abschließend führen wir eine weitere Gruppe von Kryptowährungen ein, die sogenannten Privacy Coins (wie etwa Zerocoin und Zerocash), die echte Anonymität der Transaktionen gewährleisten sollen. Wir analysieren die zu diesem Zweck eingerichteten Mechanismen und wie sich diese von jenen Mechanismen unterscheiden, die bei den Operationen des pseudonymen Bitcoin-Netzwerks eingesetzt werden.

5.1.1 Anonymität

Im Kontext der Kryptowährungen beschreibt Anonymität Interaktionen, die keinen Namen erfordern, während Pseudonymität Interaktionen unter falschem Namen darstellt. Obwohl die Begriffe oft synonym verwendet werden, unterscheiden sie sich in einer subtilen, aber dennoch wichtigen Art und Weise.

Ein echter Name ist nicht erforderlich, um mit dem Bitcoin-Netzwerk zu interagieren, eine Adresse (d. h. der Hash des öffentlichen Schlüssels) aber schon. Und diese kann auch zur Identifikation dienen: Obwohl Adressen nicht direkt mit echten Identitäten verbunden sind, können die Netzwerkdaten hinsichtlich Informationen über Verhaltensmuster ihrer Nutzer analysiert werden, wodurch möglicherweise ihre echten Identitäten aufgedeckt werden könnten (Abschn. 5.2). Obwohl Bitcoin anonym erscheint, da für die Verwendung der Währung kein echter Name anzugeben ist, fungiert die Bitcoin-Kontoadresse jedoch selbst als Identifikator, wodurch Bitcoin zu einem pseudonymen System wird.

5.1.2 Unverkettbarkeit

Um ein pseudonymes System wie Bitcoin anonym zu bekommen, sollte sich ein Rückschluss aus Adressen und Transaktionen auf denselben Absender oder Ähnliches so schwierig wie möglich gestalten, d. h. eine Verknüpfung zwischen Adressen und Transaktionen muss unmöglich sein. Wenn ein Zusammenhang zwischen Adressen und/oder Transaktionen mit einem Absender (d. h. Konto/Wallet/privater Schlüssel) hergestellt werden kann, kann eine externe Partei die Transaktionshistorie und den Saldo des Absenders analysieren. Sobald die Identität eines Auftraggebers aufgedeckt ist (z. B. durch Verwendung von Seitenkanälen), liegen sowohl Transaktionshistorie als auch Vermögen offen. Die Eigenschaft „Unverkettbarkeit" reflektiert somit in erster Linie die Fähigkeiten einer externen Drittpartei: Wenn der Besitzer einer Kryptowährungsadresse (z. B. Bitcoin) wiederholt mit dem System interagiert, wird durch die Unverkettbarkeit sichergestellt, dass kein externer Dritter die Interaktionen miteinander verbinden kann.

Ein Bitcoin-Benutzer, der um seine Anonymität besorgt ist, möchte sicherstellen, dass es unmöglich ist, Absender und Endempfänger einer Zahlung durch eine Prüfung der Blockchain miteinander zu verknüpfen. Infolgedessen sind eine Vielzahl von Methoden und neue, spezialisierte Kryptowährungen mit eingebauten Anonymitätsprotokollen entstanden. Diese Methoden und Währungen betrachten wir in den Abschn. 5.4, 5.5 und 5.8 näher.

5.1.3 Anonymität versus Pseudonymität

Online-Foren sind gute Praxisbeispiele für den Unterschied zwischen Anonymität und Pseudonymität (Abb. 5.1). In Online-Foren wie Quora erstellen die Nutzer ein Konto, wählen ein langfristiges Pseudonym und können dann unter diesem Pseudonym posten oder mehrere Konten unter Verwendung verschiedener Pseudonyme einrichten. Mit dem Pseudonym-Modell von Quora können die Nutzer im Laufe der Zeit auch eine Reputation aufbauen. Wenn zum Beispiel der Nutzer dpa_dataGeek88 eine bestimmte Art von Fragen wiederholt beantwortet, kann dpa_dataGeek88 als Fachexperte auf diesem Gebiet hervortreten.

Es ist außerdem möglich, Informationen über einen Nutzer durch die Sammlung seiner Metadaten (z. B. zeitliche Aktivitätsmuster oder Sprachmerkmale) abzuleiten. Um die Privatsphäre zu schützen, können Nutzer mehrere Online-Identitäten einrichten, eine für jeden Beitrag. In ähnlicher Weise können Bitcoin-Benutzer für jede durchzuführende Transaktion eine neue Adresse anlegen. Obwohl theoretisch möglich, ist ein solcher Ansatz aber nicht wirklich praktikabel. Daher sind Interaktionen auf Quora (und Bitcoin) pseudonym und nicht anonym. Es gibt jedoch auch Systeme wie 4Chan, bei denen Nachrichten anonym, ohne individuelle Zuordnung, auf einem Schwarzen Brett gepostet werden können: Jeder Beitrag ist separat und kann nicht mit anderen Beiträgen desselben oder eines anderen Nutzers verknüpft werden.

Die Interaktionen, die im Bitcoin-Netzwerk stattfinden, sind pseudonymisiert. In Kap. 2 wurde gezeigt, dass die Bitcoin-Blockchain ohne Erlaubnis (öffentlich) ist, sodass jede Person jede stattgefundene Bitcoin-Transaktion abrufen kann. Daher ist es möglich, nach Transaktionen zu filtern, die von einer bestimmten Adresse stammen. Wenn eine Bitcoin-Adresse einmal mit der wirklichen Identität des Eigentümers in Verbindung gebracht wird, dann können auch alle dazugehörigen vergangenen und zukünftigen Transaktionen mit dieser Identität verknüpft werden.

Abb. 5.1 Grade der Anonymität

Und selbst wenn eine direkte Verbindung zwischen einer Transaktion (oder einem Beitrag) und einer Person nicht hergeleitet werden kann, könnte das pseudonyme Profil, wenn
auch nur zum Teil, über sogenannte Seitenkanäle deanonymisiert werden. Zum Beispiel
kann ein Angreifer Daten untersuchen, die auf pseudonyme Bitcoin-Transaktionen zurück-
zuführen sind (d. h. öffentlich auf der Blockchain gespeicherte Transaktionsdaten) und
bestimmte Rückschlüsse daraus ziehen (z. B. indem er sich auf den möglichen geografischen Standort eines Nutzers durch die Analyse der Zeiten, zu denen dieser aktiv war,
konzentriert). Der Angreifer kann diese Daten dann mit anderen Informationsquellen
verknüpfen.

Bei der Aktivitätsanalyse einer pseudonymen Identität (oft als „Handle" bezeichnet)
kann ein Angreifer die Nutzungsdaten von zahlreichen halböffentlichen Konten (z. B. Twitter, Quora) einsehen. Die Korrelation dieser Daten kann zusätzliche Erkenntnisse über die
Verhaltensmuster eines Nutzers liefern, wie z. B. Aktivitätszeiten über bestimmte Zeiträume hinweg, und sie können damit Indikatoren für dessen Standort basierend auf den
Zeitzonen sein. Beispielsweise veröffentlichte Satoshi Nakamoto häufig Änderungen am
Aufbewahrungsort des Bitcoin-Codes von UTC 13:00 zu UTC 06:00, was darauf hin-
deutete, dass er sich irgendwo auf dem amerikanischen Kontinent aufhielt (sofern er tags-
über arbeitete). Metadaten können auch unbeabsichtigt identifizierende Informationen
preisgeben: John McAfees „versteckter" Aufenthaltsort wurde einmal versehentlich durch
Geo-Tagging-Metadaten enthüllt, die in von Journalisten auf Twitter veröffentlichten Bil-
dern enthalten waren.

Daher ist es möglich, lose Verbindungen zwischen einer Identität aus der realen Welt
(oder zumindest einer pseudonymen Identität, z. B. aus einem Online-Konto) und der
Bitcoin-Adresse des Benutzers zu erstellen. Obwohl der Prozess der Deanonymisierung
von Nutzern kompliziert, mühsam und zeitaufwendig erscheint, ist er überraschend einfach durchzuführen. Dementsprechend garantiert Pseudonymität ohne Unverkettbarkeit
also weder Privatsphäre noch Anonymität.

5.1.4 Taint-Analyse

Durch die Nutzung öffentlich zugänglicher Bitcoin-Transaktionsdaten können externe
Parteien verschiedene Analysen durchführen, um Erkenntnisse über den Besitzer einer
Bitcoin-Adresse zu erlangen. Die Taint-Analyse, eine Technik, die Bitcoin für die Messung der (mangelnden) Anonymität bietet, ist eine besonders beliebte Methode zur Berechnung des Grades, zu dem zwei Adressen miteinander in Verbindung stehen, d. h. inwieweit eine Adresse durch eine andere „verschmutzt" ist. So wurde zum Beispiel während
der Untersuchung von Silk Road, einem Darknet-Marktplatz für illegale Waren und
Dienstleistungen, vom FBI die Taint-Analyse verwendet, um Bitcoins von Silk Road bis
zu einer Wallet hin zu verfolgen, die auf dem privaten Laptop des Täters gefunden wurde:
Wenn Bitcoins, die von einer Adresse S verschickt werden, immer an einer anderen

Adresse R landen, sei es direkt oder erst nach Durchlaufen von Zwischenadressen, dann haben S und R einen hohen Taint-Score.

Genauer gesagt, berechnet die Taint-Analyse die Korrelation zwischen zwei Adressen als Prozentsatz der Bitcoins, die von derselben Ursprungsadresse innerhalb einer einzelnen Transaktion stammen. Im Beispiel in Abb. 5.2 hat A_4 einen Taint von 50 Prozent in Bezug auf A_1 (Casey und Vigna 2019). Bei der Bestimmung des Taint-Scores gilt diese Logik auch für Transaktionen mit mehreren Inputs und/oder Outputs.

Dieses oberflächliche Beispiel stellt nur direkte Verbindungen im Transaktionsgraphen dar und berücksichtigt keine Kontextinformationen (z. B. Seitenkanalinformationen). Opportunistische Dritte, die auf der Suche nach Informationen sind, können zusätzliche Daten, wie zum Beispiel den Zeitpunkt der Transaktionen und die relative Transaktionsgröße, zur Deanonymisierung von Transaktionen verwenden. Ein noch komplizierterer Ansatz basiert auf der Verwendung von Idiosynkrasien in Wallet-Software (z. B. CVE-2013-2272, was Dritten die Möglichkeit gibt, eine öffentliche IP-Adresse mit einem öffentlichen Schlüssel zu verknüpfen). Mehr dazu folgt später in diesem Kapitel.

5.2 Deanonymisierung

5.2.1 Einführung

Dieses Kapitel stellt gängige Techniken zur Deanonymisierung des Bitcoin-Netzwerks vor sowie die verbesserten Anonymisierungsmethoden, die als Reaktion darauf entwickelt wurden. Wie wir sehen werden, ist Bitcoin weder vollständig anonym noch vollständig rückverfolgbar.

5.2.2 Transaktionsgraphen-Analyse

Nehmen wir an, dass die Spendenseite einer NGO-Gruppe neben der Bitcoin-Adresse für Spenden einen „Aktualisieren"-Button hat. Dieser Button ermöglicht es der NGO-Gruppe, für jede erhaltene Spende eine neue Bitcoin-Adresse zu generieren, was ein bewährtes Verfahren ist, sodass jeder Spender seine Spende an eine separate Adresse sendet, die alle von der NGO-Gruppe kontrolliert werden. Daher könnte es den Anschein haben, dass diese unterschiedlichen Adressen nicht miteinander verknüpfbar sind. Gehen wir nun

Abb. 5.2 Taint-Analyse

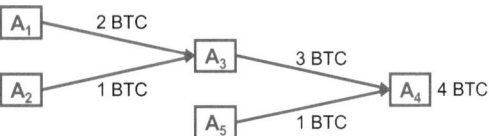

davon aus, dass die NGO-Gruppe einen neuen Computer kaufen will, der zehn Bitcoins (10 BTC) kostet. Nehmen wir an, es gäbe drei getrennte Spenden mit entsprechenden Beträgen (z. B. 2 BTC, 3 BTC und 5 BTC), die als nicht ausgegebene Transaktionsausgaben erfasst werden. Da die NGO-Gruppe nicht über eine einzelne Adresse mit 10 Bitcoins verfügt, muss sie drei Spenden-Outputs kombinieren, um sie als Inputs für die Computerkauf-Transaktion zu verwenden. Diese Output-Kombination wird dauerhaft in der Blockchain erfasst, ebenso wie die drei Spenden-Inputs. Ein Angreifer, der diese öffentlichen Daten analysiert, könnte schlussfolgern, dass die drei Transaktionen für den Computerkauf von einem Eigentümer allein getätigt wurden. Und je mehr Bitcoins auf diese Weise ausgegeben werden, desto mehr Details über die Beziehungen zwischen den einzelnen Spendenadressen und dem Empfänger können aufgedeckt werden, was zu einer Deanonymisierung beider Seiten führt.

5.2.3   Deanonymisierung auf Netzwerkebene

Zusätzlich zur Deanonymisierung von Transaktionen durch die Gruppierung einzelner Bitcoin-Adressen ist es möglich, die Vorteile der Netzwerkstruktur zu nutzen, um die Identität von Nutzern aufzudecken.

Die Deanonymisierung auf Netzwerkebene nutzt die Funktionsweise des Bitcoin-Netzwerks. Um in der Blockchain Transaktionen durchzuführen, muss ein Nutzer eine Nachricht an das Bitcoin-Netzwerk senden, die dann an alle anderen Netzwerkknoten verteilt wird. Beim Senden von Informationen an das restliche Netzwerk versucht ein Netzwerkknoten, mit der größtmöglichen Anzahl anderer Knoten zu kommunizieren, wobei er den ihm geografisch am nächsten gelegenen Knoten zuerst erreicht.

Wenn ein Akteur ausreichend Knoten an verschiedenen Orten kontrolliert, kann er den Standort des ersten Knotens bestimmen, der eine Transaktion sendet, also den Knoten, der vom Urheber der Transaktion betrieben wird. Diese Standortbestimmung erfolgt durch Messung der Zeit und den Vergleich der Dauer bis zum Eintreffen der Informationen an den verschiedenen von ihm kontrollierten Knoten (Triangulation).

Die Deanonymisierung der Netzwerkebenen bringt mehrere Probleme mit sich, nicht zuletzt wegen des Nutzens für autoritäre Systeme, sodass zusätzliche Anonymisierungsmethoden erforderlich sind.

5.3   „The-Onion-Router"-Netzwerk (TOR)

5.3.1   Hintergrund

Ein gängiger Ansatz zur Gewährleistung der Anonymität eines Nutzers in jedem Netzwerk ist der sogenannte TOR-Browser. Online-Überwachungsmethoden (z. B. das Tracking von IP-Adressen) können die Privatsphäre einzelner Nutzer direkt gefährden, da Verschlüsselung allein die Anonymität nicht gewährleistet. Die Paket-Header, d. h. Bruchteile von Daten, die Teil jeder internetbasierten Kommunikationsaktivität sind, können wichtige Informationen über die Online-Aktivität eines Benutzers preisgeben, wie zum Beispiel die Dienste und Websites, die zur Kommunikation benutzt werden. Daher kann eine widerstandsfähige Anonymität nur mit einem System gewährleistet werden, das vollständige End-to-End-Anonymität bieten kann. Hier kommt TOR ins Spiel – „The Onion Routing"-Projekt.

Das TOR-Netzwerk (kurz TOR) erlaubt es Nutzern, anonym auf das Internet zuzugreifen (Bartlett 2016). Obwohl die Open-Source-Idee des TOR-Projekts ursprünglich konzipiert wurde, um die Kommunikation des US-Geheimdienstes zu schützen, wurden seitdem viele andere Nutzungsmöglichkeiten gefunden, darunter für datenschutzbewusste Personen, die es leid sind, dass Unternehmen ihre Nutzungsdaten sammeln, oder auch für Journalisten und Aktivisten, die über die Konsequenzen besorgt sind, wenn sie über tyrannische Regime sprechen. TOR wurde zudem für kriminelle und illegale Aktivitäten eingesetzt (z. B. Verkauf von Falschgeld, Drogen usw.). Zwar gab es illegale kommerzielle Aktivitäten über den TOR-Browser schon lange vor der Entstehung von Bitcoin und anderen Kryptowährungen, doch florieren sie seither gerade deshalb, weil Kryptowährungen vertrauenswürdige Transaktionen ermöglichen, die die Identitäten der beteiligten Parteien verbergen.

In Anbetracht der garantierten Anonymität des Datentransfers bei der Verwendung von TOR ist die Unterscheidung zwischen sinnstiftender und opportunistischer Verwendung schwierig. Der eigentliche Zweck von TOR, nämlich die Fähigkeit, die Kommunikation zu anonymisieren, macht es auch unmöglich, die Art der Verwendung auf technischer Ebene zu beurteilen. Zum Zeitpunkt des Schreibens dieses Buches sind sich die meisten Rechtsprechungen darüber einig, dass der Schutz der Privatsphäre und die Sicherheit innerhalb der Kommunikation fundamentale Bedeutung haben. Jedoch blockieren einige Regierungen nach wie vor den Zugang zur TOR-Software und zum TOR-Netzwerk, z. B. Großbritannien (Tobias 2014).

5.3.2 TOR-Methode

TOR ist ein dezentralisierter, anonymer Kommunikationsdienst, der auf einem Overlay-Netzwerk basiert, das Einzelpersonen einen anonymen Zugang zum Internet ermöglicht (Abb. 5.3). Nutzer, die über das TOR-Netzwerk Websites abrufen, können nicht zurückverfolgt werden, und sie können alle Versuche lokaler Internet-Provider, bestimmte Inhalte zu blockieren, umgehen. Das TOR-Netz ermöglicht es den Benutzern auch, Inhalte zu teilen, ohne den Hosting-Standort der Website offenzulegen.

Die Schlüsselkomponenten von TOR sind:

- Overlay-Netzwerk (ON), das eine Teilmenge von Knoten im Netzwerk auswählt und verbindet

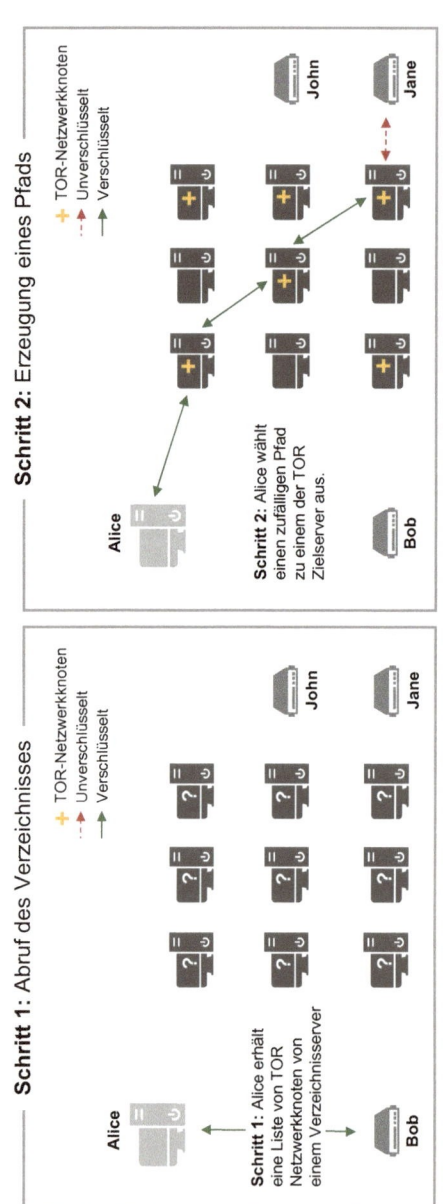
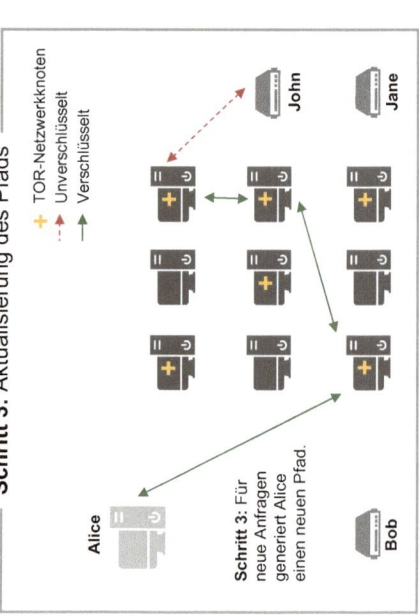

Abb. 5.3   TOR-Netzwerk-Operationen

- Onion Router (OR), die den Verkehr leiten
- Onion Proxy (OP), der Verzeichnisse abruft und virtuelle Netzwerkverbindungen erstellt

TOR läuft auf TCP/IP (Transmission Control Protocol/Internet Protocol), der grundlegenden Kommunikationssprache (Protokoll) des Internets. Das TOR-Netzwerk stützt sich auch auf eine Transport Layer Security (TLS), den Nachfolger der Secure Sockets Layer (SSL). TLS ist ein hybrides Verschlüsselungsprotokoll, um die Kommunikation im Internet abzusichern. Eine separate TLS-Schicht ist für TOR-Websites redundant, da das TOR-System bereits eine End-to-End-Verschlüsselung bietet. Beim Aufrufen von Websites über TOR wird TLS jedoch immer wichtiger, da der Ausgangsknoten den Datenverkehr, der unverschlüsselt stattfindet, abfangen und sogar manipulieren kann.

Als weitere Vorsichtsmaßnahme werden die Daten in Paketen oder Zellen mit einer festgelegten Größe gesendet, die jeweils 514 Bytes lang sind (in der Vergangenheit waren es 512 Bytes, was immer noch in einigen Dokumentationen zu finden ist), sodass alle über TOR übertragenen Daten in Vielfachen von 514 Bytes vorkommen. Wenn die gesendeten Daten kleiner als eine Zelle sind, wird die Zelle mit Nullen aufgefüllt. Dieser Ansatz erschwert es den Vermittlern, genau zu schätzen, mit wie vielen Bytes man bei jedem Schritt kommuniziert (Bair und Shavers 2016).

5.3.3 Anwendung von TOR

Um TOR verwenden zu können, muss der Benutzer zunächst eine TOR-Client-Software, wie zum Beispiel den TOR-Browser, herunterladen. Der TOR-Client stellt dann eine Verbindung zum TOR-Netzwerk her und stellt eine Liste aller verfügbaren Peers (d. h. andere Nutzer, die bereits Teil des Systems sind) zur Verfügung, die den Datenverkehr für den Benutzer weiterleiten können. Diese anderen Nutzer sind die TOR-Knotenpunkte. Alle Knoten müssen öffentliche Schlüssel bereitstellen, um sich im TOR-Netzwerk zu authentifizieren.

Sobald der neue Nutzer die Liste der TOR-Netzwerk-Relaisknoten erhält, wird für einen festgelegten Zeitraum eine Route durch das TOR-Netzwerk nach dem Zufallsprinzip ausgewählt. Eine Anfrage wird normalerweise über mindestens drei TOR-Knoten geleitet, um eine vollständige Anonymisierung zu gewährleisten.

Die Anonymität wird hergestellt, weil nur der Nutzer über alle Informationen verfügt, die zur Rekonstruktion des vollständigen Kommunikationsweges notwendig sind. Die Verschlüsselung mit öffentlich-privaten Schlüsseln stellt sicher, dass jeder Relaisknoten nur seinen Teil der Kommunikation sieht. Weder die TOR-Knoten, die besuchte Website noch andere genutzte Internetdienste verfügen über genügend Informationen, um vollständig zu wissen, wer mit wem kommuniziert (Tab. 5.1). Im Jahr 2019 hatte das Netzwerk mehr als 6500 Knoten.

Tab. 5.1 TOR-Kommunikationsmatrix

	Nutzer	Erstes Relais (Eingangsknoten)	Zweites Relais (Mittlerer Knoten)	Drittes Relais (Ausgangsknoten)	Website
Nutzer	✓	✓			
Erstes Relais	✓	✓	✓		
Zweites Relais	✓	✓	✓	✓	
Drittes Relais	✓		✓	✓	✓
Website	✓			✓	✓

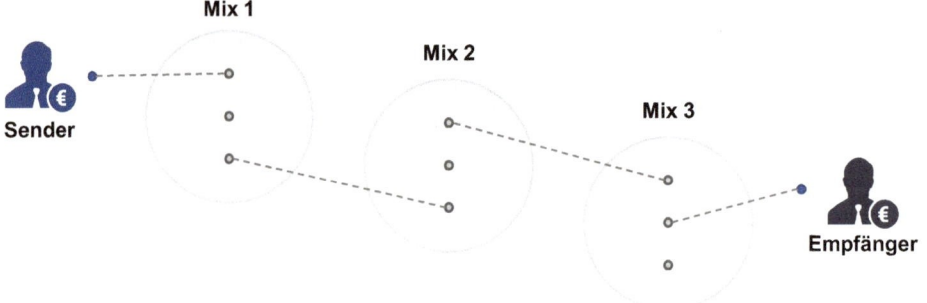

Abb. 5.4 Illustration eines Mixing-Modells

Darüber hinaus behält TOR nicht für immer die gleiche Route bei, da nach etwa zehn Minuten eine neue, zufällige Route ausgewählt wird, was den Anonymisierungsgrad erhöht und die Verfolgung des Verkehrs praktisch unmöglich macht. Jegliche Kommunikation zwischen den einzelnen Servern ist daher vollständig verschlüsselt.

5.3.4 Einschränkungen

TOR-basierte Lösungen für die Bereitstellung durchgehender Anonymität im Rahmen der Kommunikation mit einem Blockchain-Netzwerk sind angesichts des erforderlichen Aufwands und technischen Fachwissens nicht immer praktikabel. Dementsprechend wurden andere, weniger umständliche Mechanismen eingeführt, um das Problem der Anonymität von Transaktionen auf der Blockchain zu lösen, von denen einer als „Mixing" bezeichnet wird.

5.4 Mixing-Modelle

Der intuitivste Ansatz zur Bekämpfung der Analyse von Transaktionsgraphen wird Mixing genannt und gewährleistet Anonymität durch einen Vermittler. Das Mixen von Gruppentransaktionen erschwert die Rückverfolgung zur Ursprungsadresse (Narayanan et al. 2016).

Im Bereich der Mixing-Modelle erfordert die gängigste Strategie die serielle Verwendung mehrfacher Mixe, anstatt sich auf einen einzigen zu verlassen (Abb. 5.4). Die Verwendung multipler Mixe verringert das Vertrauen eines eine Transaktion tätigenden Nutzers in die Richtigkeit, Integrität und Wirksamkeit eines einzigen Mixes in der Sequenz, da es unwahrscheinlich ist, dass ein Angreifer alle zu einem bestimmten Zeitpunkt verwendeten Mixe gefährdet hat. Darüber hinaus bleibt der Anonymisierungsprozess auch dann ungebrochen, wenn ein Mix kompromittiert wurde (z. B. wenn die In- und Output-Daten gemeinsam genutzt werden), da ein Angreifer die In- und Output-Daten aller anderen Mixe benötigt. Solange also ein einzelner Mix in der Gruppe ehrlich bleibt und seine Transaktionsaufzeichnungen löscht, wird niemand in der Lage sein, die In- und Outputs des Gesamtprozesses später miteinander zu verbinden, selbst wenn ein opportunistischer Akteur die Informationen von allen anderen Mixen in der Sequenz erlangt. Vor allem der gut etablierte Ansatz, mehrere Mixe zu verwenden, beruht auf Funktionsprinzipien, die denen des TOR-Netzwerks ähneln (d. h. mehrere Transaktionsschichten).

5.5 Dezentralisiertes Mixing

5.5.1 Motivation

Die Vorteile der Mixing-Strategie für die Anonymisierung sind unverkennbar, jedoch hat die Umsetzung ihre Herausforderungen: Um eine gemixte Transaktion durchzuführen, müssen sich die Nutzer zunächst gegenseitig identifizieren, und da die Kontrolle über die Transaktionen gebündelt werden muss, ist fraglich, ob Diebstähle vermieden werden können. Darüber hinaus muss wegen der zentralisierten Organisation gemixter Transaktionen eine Partei weiterhin alle relevanten Informationen (d. h. Quellenadressen, Beträge usw.) erhalten, was im Gegensatz zur Philosophie von Bitcoin und anderen dezentralisierten Kryptowährungen steht.

Infolgedessen wurden verschiedene dezentralisierte Mixing-Modelle sowohl für das Bitcoin- als auch für das Ethereum-Ökosystem vorgeschlagen. Wir werden uns jedoch hier nur auf ein Modell, Coinjoin, zur Veranschaulichung konzentrieren, aber das gleiche Konzept kann auch auf andere Coins angewendet werden.

5.5.2 Coinjoin-Modell

Bitcoin-Kernentwickler Greg Maxwell schlug 2013 den dezentralisierten Mixing-Ansatz Coinjoin vor. Das Modell beschreibt eine Gruppe von Bitcoin-Nutzern, die sich zusammenfinden, um eine einzelne Bitcoin-Transaktion vorzunehmen, die aus gleichwertigen Input-Transaktionen eines jeden Nutzers besteht (Abb. 5.5). Die privaten Schlüssel der Nutzer müssen für diese Transaktion nicht zentral gesammelt werden, da jede betroffene Input-Signatur unterschiedlich ist. Darüber hinaus muss jeder Nutzer eine Out-

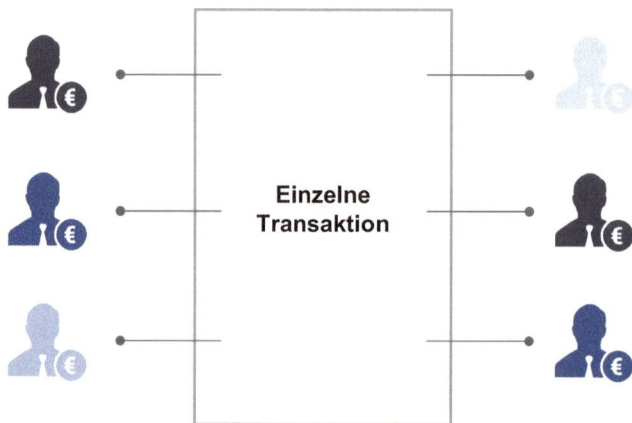

Abb. 5.5 Dezentralisiertes Mixing über eine zusammengefasste Transaktion

put-Adresse angeben, die dann gemixt wird, um die Rückverfolgbarkeit zum Ursprungs-
konto einzuschränken. Um noch größere Anonymität zu erreichen, werden mehrere Mix-
runden durchgeführt. Wer also versucht, eine Taint-Analyse an Bitcoin-Adressen durchzuführen,
um Transaktionsmuster zu erkennen, wird nicht in der Lage sein, der Spur zu folgen. Eine
solche Analyse kann zwar immer noch die direkte Zuordnung zwischen den Input- und
Output-Transaktionen finden, man muss jedoch davon ausgehen, dass die Transaktions-
paare zufällig sind, da Absender und Empfänger gemixt wurden.

Daher sind die übergeordneten Schritte jeder Coinjoin-Transaktion:

1. Identifizieren Sie mehrere andere Nutzer, die an den Coinjoin-Transaktionen teilnehmen sollen.
2. Tauschen Sie In- und Output-Adressen mit den anderen Nutzern aus.
3. Konstruieren Sie eine einzelne zentral zusammengefasste Transaktion.
4. Verteilen Sie die zusammengefasste Transaktion an alle beteiligten Nutzer (alle müssen
   unterschreiben).
5. Veröffentlichen Sie die Transaktion (nachdem alle Unterschriften vorhanden sind).

Mit diesem Ansatz können alle Nutzer bestätigen, dass ihre Zieladressen Teil der ver-
einten Transaktion sind, bevor sie ihre Unterschrift leisten. Die Transaktion kann nur ausgeführt werden, wenn alle Nutzer unterschreiben; wenn ein Einzelner sich weigert, dies zu
tun, kann die Transaktion nicht veröffentlicht werden.

5.5.3   Coinjoin-Anonymität

Um eine spezifische Input-Output-Zuordnung auf einem dezentralisierten Mixing-Modell
zu erhalten, kann ein Angreifer eine Coinjoin-Transaktion infiltrieren, indem er viele

Identitäten erstellt und so alle Input-Output-Zuordnungen bis auf eine erhält; bei Erfolg kann diese eine Zuordnung dann auch identifiziert werden.

Bei dezentralisierten Mixing-Modellen wissen die Nutzer nicht, wer ihre Peers sind, und damit das Modell funktioniert, müssen alle Input- und Output-Adressen allen beteiligten Peers mitgeteilt werden. Daher stellt sich die Frage, ob es einen alternativen Ansatz zur Deanonymisierung der Transaktion gibt, der eine solche Verknüpfung von In- und Outputs nicht erfordert.

So, wie dargestellt, ist dieses Problem nicht mehr ein Anonymitätsproblem von Bitcoin, sondern ein allgemeines Problem der Anonymität der Kommunikation. Zu Beginn dieses Kapitels (Abschn. 5.3) haben wir den TOR-Browser vorgestellt, der es Einzelpersonen erlaubt, mit dem Internet zu interagieren, ohne ihre Identitäten preiszugeben. Ein ähnlicher Ansatz kann hier verwendet werden, um die Anonymität der Nutzer zu gewährleisten.

Konzeptionell besteht die Lösung aus drei Schritten:

1. Peers verbinden und tauschen Input-Adressen aus.
2. Peers trennen und mixen ihre Identitäten.
3. Peers verbinden sich erneut und tauschen Output-Adressen aus.

In der Praxis kann dieses Verfahren mithilfe eines anonymen Routing-Protokolls implementiert werden (z. B. Entschlüsselungs-Mixnetze).

5.6 Zero-Knowledge-Beweise

5.6.1 Einführung

Zero-Knowledge-Beweise sind Mechanismen, durch die Person A gegenüber Person B beweisen kann, dass Person A ein Geheimnis kennt, ohne Person B Einzelheiten über das Geheimnis zu verraten (Rosen 2010). Solche Beweise müssen die folgenden Kriterien erfüllen:

- **Vollständigkeit**: Wenn die Aussage des Beweisenden wahr ist, wird sie den Verifizierenden überzeugen.
- **Zuverlässigkeit**: Wenn die Aussage des Beweisenden falsch ist, kann sie den Verifizierenden nicht überzeugen.
- **Zero-Knowledge**: Wenn die Aussage wahr ist, erfährt der Verifizierende nichts über die Tatsache hinaus, dass die Aussage des Beweisenden korrekt ist.

Im Bereich der Kryptowährungen gibt es ein großes Interesse an Zero-Knowledge-Beweisen, insbesondere was die Gewährleistung der Anonymität betrifft. Eine Möglichkeit, sich mit Zero-Knowledge-Beweisen zu befassen, sind Passwörter und Hashing: Wann immer wir uns einloggen, geben wir ein Passwort ein, das nur wir kennen. Die Website verwendet eine Hash-Funktion, um aus unserer Eingabe einen Hash-Wert zu berechnen,

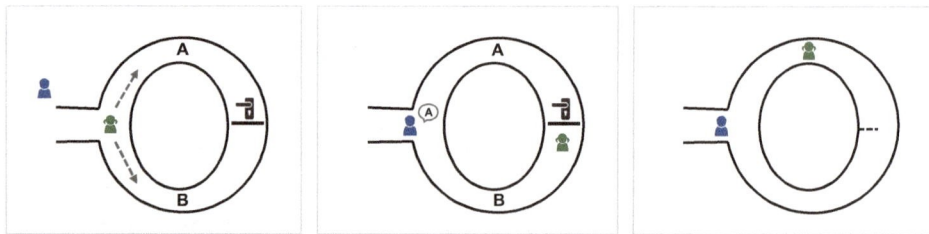

Abb. 5.6 Die wundersame Höhle von Ali Baba

d. h. das Passwort wird in eine einmalige Zahlenfolge umgewandelt. Die Website vergleicht dann den Hash-Wert der Eingabe mit dem gespeicherten Hash-Wert, und wenn sie übereinstimmen, weiß die Seite, dass wir das richtige Passwort eingegeben haben. Dementsprechend kennt der Server also nicht das eigentliche Passwort („Zero-Knowledge"), kann aber überprüfen, ob es korrekt ist oder nicht („Beweis").

Beispiel: „Die wundersame Höhle von Ali Baba"

„Die wundersame Höhle von Ali Baba" ist eine hilfreiche Veranschaulichung des Mechanismus eines Zero-Knowledge-Beweises. Der Aufbau besteht aus einer Höhle mit einem Eingang und einer verschlossenen Tür mit einem numerischen Schlüssel, die sich im Inneren der Höhle befindet (Abb. 5.6).

In diesem Szenario will der Beweisende A einer Person B zeigen, dass er den Schlüssel zum Öffnen der Tür kennt, ohne den Code zu offenbaren. Der Beweisende A betritt die Höhle, ruft zu Person B und fragt, von welcher Seite aus er die Höhle verlassen soll. Um diese Aufgabe mehrmals hintereinander zu erfüllen, muss der Beweisende A den Code für die Tür kennen, um von beiden Seiten des kreisförmigen Tunnels zum Ausgang zurückzukehren; in der folgenden Abb. 5.6 bittet Person B den Beweisenden A, die Höhle von Seite A aus zu verlassen. ◄

5.7   Privatsphäre und Sicherheitsprotokolle

5.7.1 Einführung

Datensicherheit und Datenschutz sind zwei der umstrittensten und kritischsten Aspekte von Sicherheitsmerkmalen: Beide Probleme stellen erhebliche technische Herausforderungen dar, und Versäumnisse bei der Gewährleistung der beiden können die Grundlage von Krypto-Sicherheiten gefährden.

Um die Art dieser Herausforderungen im Bereich der Sicherheitsmerkmale zu erklären, ziehen wir einen Vergleich zu traditionellen verbrieften Produkten: Wertpapiere operieren innerhalb vertrauenswürdiger Grenzen, die von einer relativ kleinen Anzahl zentralisierter Behörden festgelegt werden, und Vorschriften gewährleisten die Privatsphäre und den

Schutz von Transaktionen mit Wertpapieren. Im Gegensatz dazu besteht die Prämisse von Krypto-Wertpapieren darin, mithilfe von Mathematik und Kryptografie nicht auf Vertrauensmerkmale angewiesen zu sein, und gleichzeitig die Datenschutzbestimmungen einzuhalten. Im Rahmen dieses Anspruchs werden viele der bereits bestehenden Datenschutzbestimmungen in blockchainbasierten Protokollen gefasst.

Zur Veranschaulichung der Herausforderungen für den Datenschutz, die sich im Zusammenhang mit Sicherheitsmerkmalen ergeben, betrachten Sie diese beiden geläufigen Szenarien:

1. Ein in Deutschland ausgegebenes, in Token umgewandeltes Wirtschaftsgut unterliegt den Datenschutzbestimmungen, die besagen, dass es nur zwischen deutschen Parteien gehandelt werden darf und Daten, die sich auf den Handel beziehen, dem deutschen Rechtssystem unterliegen.
2. Ein auf Vermögenswerten basierendes, in Token umgewandeltes Produkt muss den FINRA-Regeln entsprechen, die den Schutz sensibler Informationen hinsichtlich des Handels mit Vermögenswerten gewährleisten.

Das erste Szenario stellt die Spannungen zwischen Privatsphäre und Dezentralisierung dar, das zweite den Konflikt zwischen Privatsphäre und Konformität. Beide Szenarien sind Beispiele für das Sicherheits-Token-Trilemma, welches besagt, dass Sicherheits-Token-Architekturen so konzipiert sind, dass sie nur zwei der drei Merkmale optimieren: Datenschutz, Dezentralisierung und Konformität.

Die Aufsichtsbehörden stellen die notwendigen Instrumente nicht zur Verfügung, um eine technologisch fortgeschrittene Umsetzung ihrer Regeln zu ermöglichen, d. h. digitale Zertifikate für natürliche und juristische Personen, Datenvermittlung für Know-Your-Customer (KYC), Anti-Money-Laundering (AML) sowie andere „Oracle"-Dienste. In der Praxis deutet diese regulatorische Beschränkung darauf hin, dass es einen Grund gibt, sich auf Protokolle wie ZK-SNARKS für die Sicherheit zu verlassen, aber auch, dass eine solche technologiebasierte Implementierung nicht unbedingt bestimmten Vorschriften entspricht (Yuan 2020). In ähnlicher Weise fallen die Sicherheits-Token-Netzwerke, die sich auf Datenschutz und Konformität konzentrieren, wahrscheinlich bis zu einem gewissen Grad der Dezentralisierung zum Opfer. Dieses Dilemma der Privatsphäre ist eine jener Dynamiken, die die nächste Generation von Sicherheits-Token-Protokollen beeinflussen wird.

Als Nächstes untersuchen wir einige der frühen Implementierungen von Privacy Coins.

5.8 Privacy Coins

5.8.1 Einführung

Im Gegensatz zu den Kryptowährungen, die wir bisher kennengelernt haben (z. B. Bitcoin und Ethereum), basieren Privacy Coins auf Kryptowährungsprotokollen, die einem

„Privacy-first"-Ansatz folgen. Diese Protokolle wurden speziell dafür entwickelt, eine kritische Schwachstelle im bestehenden Kryptowährungsraum zu beheben, genauer gesagt das Fehlen echter Datenschutzgarantien ähnlich wie bei der Verwendung von Bargeld, d. h. von Scheinen und Münzen, die von der Regierung ausgegeben werden.

In den ersten Kapiteln dieses Buches wurde erläutert, dass das Bitcoin-Netzwerk einen dezentralisierten Mechanismus für den Austausch von Krypto-Token (d. h. für die Entstehung und den Transfer) bietet. Die größte Stärke von Bitcoin ist jedoch auch dessen größte Einschränkung. Aufgrund der unerlaubten Natur des dezentralisierten Ledgers ist es möglich, die Historie jeder jemals stattgefundenen Zahlung einzusehen und damit einer externen Partei zu ermöglichen, Zugang zu Transaktionsinformationen zu erhalten und Muster in den Transaktionsdaten zu identifizieren. Das Bitcoin-Protokoll und seine Softwareanwendung können diese Einschränkung auf zwei Arten angehen:

1. Bitcoin-Transaktionen erfolgen nur zwischen öffentlichen Schlüsseln (als Identifikatoren); öffentliche Schlüssel sind nicht direkt mit den Namen ihrer Besitzer verknüpft.
2. Die Bitcoin-Client-Software kann eine unbegrenzte Anzahl von öffentlichen Schlüsseln (d. h. Identitäten) erstellen, wodurch die Benutzer vor Nachverfolgung geschützt werden.

Untersuchungen haben jedoch gezeigt, dass diese Schutzmechanismen nicht ausreichen, um echte Anonymität für Bitcoin-Nutzer zu gewährleisten, da in einigen Fällen ihre Identität, wenngleich auch nicht der richtige Name, aufgedeckt werden kann. Metainformationen und weitergehende Analysen können es jeder Partei ermöglichen, Transaktionen zu verbinden, miteinander verbundene Zahlungen zu identifizieren und die Aktivitäten einzelner Bitcoin-Nutzer über gewisse Zeiträume zu verfolgen.

Diese Einschränkung offenbart einen großen Schwachpunkt des Bitcoin-Protokolls. Eine gängige Lösung ist der Einsatz von Bitcoin-„Wäschereien", die Mixing-Modelle verwenden, um die Transaktionshistorie eines Nutzers zu verschleiern, indem sie ihre Transaktionen mit denen anderer Nutzer vermischen (siehe Abschn. 5.4). Bitcoin-„Wäschereien" haben jedoch auch eine Vielzahl von Nachteilen. Zum Beispiel können sie selbst gefährdet werden, und um effektiv arbeiten zu können, muss eine kritische Menge an Transaktionen zusammengeführt werden, damit die Ursprünge einer einzelnen Transaktion verschleiert werden können.

Wie wir gesehen haben, ist es auch möglich, mehrere Lösungen zu kombinieren (z. B. TOR und Mixing-Netzwerke), um sowohl Anonymität als auch Unklarheit über die Art einer Transaktion zu erreichen. Diese Ansätze sind jedoch noch nicht vollständig entwickelt oder noch nicht integriert, was Raum für Nutzerfehler und Mehrdeutigkeit lässt. Infolgedessen haben sich alternative Lösungen wie die Nullwährungen herausgebildet, die Nutzertransaktionen vollständiger verschleiern, indem sie deren Ursprung, Ziel und Menge verbergen.

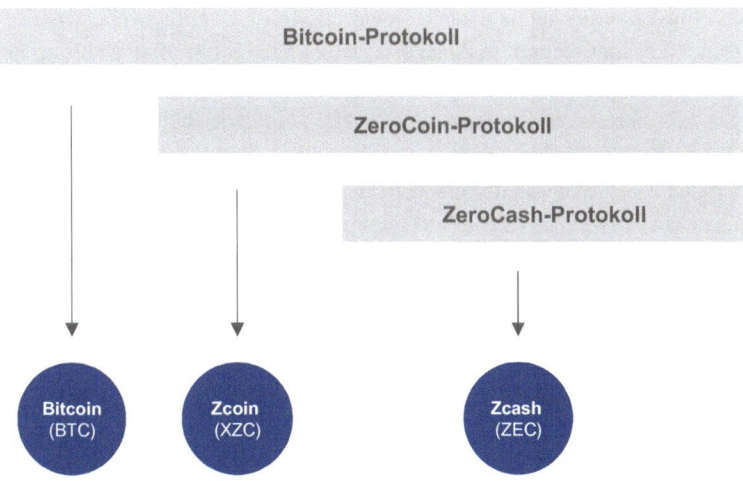

Abb. 5.7 Vererbung von Protokollen

5.8.2 Die Nullwährungen

Die Protokolle Zerocoin und Zerocash erweitern die Funktionalität des ursprünglichen Bitcoin-Protokolls (Abb. 5.7). Ihre Währungen waren die ersten Kryptowährungen, die Zero-Knowledge-Beweise verwendeten, um echte geschäftliche Anonymität zu ermöglichen.

Zerocoin ist eine Kryptowährung, die die Identität der Transaktionsparteien durch die Verwendung eines Mixing-Modells, das direkt in das Zerocoin-Protokoll eingebaut ist, verschleiert (d. h. es besteht keine Notwendigkeit, den Mixes oder Peers zu vertrauen, um Anonymität zu gewährleisten). Zerocash funktioniert auf ähnliche Weise, verschleiert jedoch darüber hinaus auch die Transaktionsbeträge.

Es gibt zahlreiche Kompromisse hinsichtlich der Verwendung von Zerocoin oder Zerocash. Im Vergleich zu Zerocoin ist Zerocash weniger anfällig für Privatsphärenangriffe, da die für das weitere Netzwerk verfügbaren Transaktionsdaten erheblich eingeschränkt sind. Diese zusätzliche Privatsphärenebene kann jedoch zu einer potenziell unentdeckten Hyperinflation der Geldmenge von Zerocash führen, da die betrügerische Schaffung von neuem Geld wegen der Nichtverfolgbarkeit von Transaktionen unbemerkt bleiben könnte.

5.8.3 Zerocoin

Zerocoin wurde ursprünglich entwickelt, um ein Teil der bestehenden kryptografischen Währung Bitcoin zu werden und den Nutzern und Transaktionen mehr Anonymität zu bieten als Bitcoin. Letztendlich wurde Zerocoin jedoch ein eigenständiges System und als ein weiterer Altcoin realisiert (Kap. 2).

Die Zerocoin-Erweiterung hätte als Geldwäsche-Pool für Bitcoin-Transaktionen agiert, indem Bitcoins vorübergehend im Austausch gegen eine temporäre Währung namens Zerocoin zusammengelegt worden wären. Während der Geldwäsche-Pool ein etabliertes Konzept ist, das bereits von mehreren Währungs-Geldwäschediensten verwendet wird (Abschn. 5.4 und 5.5), implementierte Zerocoin diese Funktionalität auf Protokollebene, wodurch jegliche Abhängigkeit von vertrauenswürdigen Dritten (d. h. Geldwäschediensten) beseitigt wurde. Das Protokoll anonymisiert den Austausch zum und vom Pool weg unter Verwendung kryptografischer Prinzipien, und als vorgeschlagene Erweiterung des Bitcoin-Protokolls würde es die Transaktionen innerhalb der bestehenden Bitcoin-Blockchain aufzeichnen.

Anstatt jedoch eine Bitcoin-Erweiterung zu werden, wurde Zerocoin Ende 2016 als vollständig separate Kryptowährung (XZC) eingeführt. Die Erstellung von Zerocoins erfordert die Auswahl einer Anzahl von Münzen, die ein Nutzer prägen möchte, und die Zahlung einer Gebühr von 0,01 XZC, die den Grad der Anonymität erhöht, weil sich der gezahlte Betrag vom tatsächlich aufgewendeten Betrag unterscheidet. Wenn Sie beispielsweise 1653 XZC prägen und dann später genau 1653 XZC ausgeben, wäre es einfacher, die Transaktion zu Ihnen zurückzuverfolgen, als wenn beide Beträge voneinander abweichen würden.

Ein Nutzer muss etwa siebzig Minuten warten, bevor er neu geprägte Zerocoins übertragen kann. Sobald er seine Transaktion startet, erhält eine vordefinierte Empfängeradresse diese Zerocoins, ohne dass die Transaktionshistorie nachverfolgbar ist.

Zerocoins basieren immer auf einer Sekundärwährung, der sogenannten Basecoin. Basecoins können in Zerocoins und wieder zurück konvertiert werden, um die Verbindung zwischen der Basecoin (d. h. deren Transaktionshistorie) und dem ursprünglichen Besitzer zu brechen.

Eine individuelle Zerocoin kann als „Beweis"-Token betrachtet werden, der zeigt, dass deren Besitzer (1) irgendwann eine Basecoin besaß und (2) diese Basecoin unbrauchbar gemacht hat (was die Zerocoin-Miner validieren können). Diese „Beweis"-Zerocoin gibt dem Besitzer dann das Recht, zu einem beliebigen späteren Zeitpunkt eine neue Basecoin als separate Coin einzulösen, ohne dass damit eine Transaktionshistorie verbunden ist.

Zerocoins existieren nur in Standardstückelungen (z. B. 1, 5, 10). Jeder kann außerhalb der Blockchain neue Zerocoins erstellen, jedoch erhalten diese ihren Wert erst, wenn sie zu der Blockchain hinzugefügt werden, nachdem sie von den Miner validiert wurden.

Die Verwendung von Zerocoins ist nicht ganz unproblematisch, da der Nutzer bedenken muss, wie er den Beweis dafür erbringen kann, dass er eine Basecoin besessen hat und sie unbrauchbar gemacht hat, und wie er die Einzigartigkeit des Nachweises validieren kann (d. h. wie Doppelausgaben vermieden werden können).

Das Prägen einer Zerocoin
Bevor wir uns mit dem Prozess der Zerocoin-Prägung befassen, wollen wir zunächst das in Abschn. 5.6 eingeführte Konzept der Zero-Knowledge-Beweise wieder aufgreifen. Es

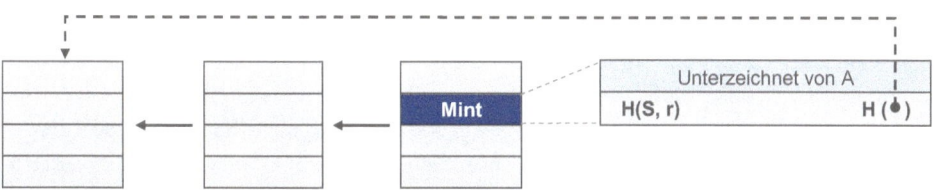

Abb. 5.8 Illustration einer Präge-Transaktion

gibt drei Schlüsselschritte zur Schaffung einer neuen Zerocoin, ein Prozess, der den Hashing-Mechanismen ähnlich ist (siehe Abschn. 5.8.3):

- Generieren Sie eine zufällige Seriennummer S, die irgendwann veröffentlicht wird.
- Generieren Sie ein zufälliges Geheimes r, das nicht öffentlich werden wird, um die Unverkettbarkeit zu gewährleisten.
- Berechnen Sie eine Funktion H(S, r).

Die Zerocoin wird dann erst geprägt, wenn die Miner sie zu der Blockchain hinzufügen (Abb. 5.8). Für diese Münztransaktion werden die vorgenerierte Zero- und die Basecoin als Inputs benötigt. Die Zerocoin wird der Zerocoin-Blockchain nur dann hinzugefügt, wenn die Miner die vorherige Zerstörung der Basecoin validieren.

Ausgabe einer Zerocoin

Um eine Zerocoin auszugeben, legt der Besitzer das zuvor erzeugte S offen, und die anderen Netzwerkknoten (Miner) überprüfen anschließend, dass S noch nicht ausgegeben wurde. Mithilfe eines Zero-Knowledge-Beweises zeigt der Besitzer dann, dass er eine Zahl r kennt, sodass H(S, r) eine der Zerocoins auf der Blockchain ist.

Sobald diese Ansprüche verifiziert worden sind, kann der Besitzer jede der Zerocoins, die jemand der Blockchain hinzugefügt hat, beanspruchen und sie als Input für eine neue Transaktion verwenden (d. h. ausgeben). Die neu ausgewählten Zerocoins werden keine Transaktionshistorie aufweisen, da r eine geheime Eingabe ist, sodass niemand feststellen kann, welche Zerocoins ursprünglich zur Seriennummer S des Nutzers gehörte. Anonymität ist dementsprechend vollständig gewährleistet.

5.8.4   Zerocash

Das Zerocash-Projekt stellt eine Version von Bitcoin zur Verfügung, bei der die Privatsphäre gewahrt bleibt (d. h. nicht zurückverfolgbares E-Bargeld). Diese die Privatsphäre schützenden Coins wurden im Anschluss an Zerocoin entwickelt und verbessern es insofern, als dass Transaktionsbeträge in der Zerocash-Währung nicht öffentlich sind und der Empfänger sowie der Absender anonym bleiben können (Sherif 2018). Die Beträge sind nur für den Sender und den Empfänger sichtbar, da das dezentralisierte Ledger nur die

Existenz der Transaktionen nachvollziehen kann. Darüber hinaus können Einheiten
der Währung Zerocoin nur in festen Stückelungen (z. B. 1, 25, 50, 100) geprägt werden,
wohingegen Zerocash diese Beschränkungen aufhebt und die Erstellung beliebiger Beträge ermöglicht.

Aus technischer Sicht besteht eine wesentliche Einschränkung von Zerocash darin,
dass für die Einrichtung des Systems ein Satz geheimer Eingabeparameter erforderlich ist.
Diese Eingaben müssen dann sicher vernichtet werden, da jeder, der Zugang zu ihnen hat,
das System gefährden kann.

Funktionalität

Wie Zerocoin erstellt Zerocash eine separate anonyme Währung, die neben einer (nicht
anonymen) Basiswährung existiert, die wir als Basecoin bezeichnen. Benutzer können
(nicht anonyme) Basecoins in (anonyme) Zerocoins umwandeln.

Zerocash funktioniert genau wie Zerocoin mit nur zwei Arten von Transaktionen:
„Mint-Transaktionen" und „Pour-Transaktionen". Und wie Bitcoin-Geschäfte werden
auch Zerocash-Transaktionen übertragen und an ein dezentralisiertes Ledger angehängt.
Die Prozesse für beide Transaktionsarten werden im Folgenden zusammengefasst.

Mint-Transaktionen ermöglichen einem Nutzer, eine bestimmte Anzahl nicht anonymer Bitcoins, d. h. von einer vorhandenen Bitcoin-Adresse, in die gleiche Anzahl von
Zerocash-Coins umzuwandeln, die zu einer bestimmten Zerocash-Adresse gehören. Die
Mint-Transaktion selbst besteht aus einer kryptografischen Verpflichtung zu einer neuen
Coin, die den Wert der Coin, die Adresse des Eigentümers und eine eindeutige Serien-
nummer enthält. Die Verpflichtung basiert auf der SHA-256-Hash-Funktion und verbirgt
sowohl den Wert der Coin als auch die Adresse des Eigentümers. Einzelne Zerocash-
Knoten führen einen Merkle-Baum über alle bisherigen Coin-Verpflichtungen, sodass
jeder Nutzer sein Eigentum an einer Coin-Verpflichtung sowohl durch die freigegebenen
Werte als auch durch die Existenz im entsprechenden Merkle-Baum nachweisen kann. Die
Veröffentlichung dieser Informationen als „Eigentumsnachweis" ist nicht privat, sodass
zur Wahrung der Privatsphäre eine zweite Art von Transaktion erforderlich ist, nämlich die
„Pour-Transaktion", mit der ein Benutzer nachweisen kann, dass er Kenntnis von diesen
Informationen hat, ohne sie weitergeben zu müssen.

Pour-Transaktionen ermöglichen einem Nutzer, eine private Zahlung zu tätigen, indem er eine bestimmte Anzahl von Coins (in seinem Besitz) verbraucht, um neue Coins zu
erstellen. Im Allgemeinen enthält eine Pour-Transaktion für (bis zu) zwei Input-Coins und
(bis zu) zwei Output-Coins den Nachweis – ohne die Schlüssel zur Steuerung der Coins
zu teilen (d. h. nach einem Zero-Knowledge-Mechanismus) –, dass

1. der Nutzer Eigentümer der beiden Input-Coins ist,
2. jede der Input-Coins in einer früheren Mint-Transaktion erscheint oder als Output-Coin
   einer früheren Pour-Transaktion, und
3. der Wert der Input-Coins gleich dem Wert der Output-Coins ist.

Die Pour-Transaktion verbraucht die Input-Coins, indem sie deren Seriennummern,
aber keine anderen Informationen wie etwa den Wert der Input- oder Output-Coins oder

die Adressen ihrer Besitzer preisgibt. Die Pour-Transaktion kann auch einige (nicht anonyme) Bitcoins ausgeben, um Zerocoins in (nicht anonyme) Bitcoins zurückzutransferieren oder um Transaktionsgebühren zu bezahlen.

Die in einer Mint-Transaktion enthaltene Verpflichtung ist so konstruiert, dass jeder Teilnehmer einfach überprüfen kann, ob die zugesagte Coin den geforderten Wert hat. Bei einer Pour-Transaktion kann jeder Teilnehmer prüfen, ob der darin enthaltene Zero-Knowledge-Beweis gültig ist.

Um effizient zu sein, verwendet Zerocash jedoch nicht einfach „irgendeinen" Zero-Knowledge-Beweis, sondern setzt „zero-knowledge Succinct Non-Interactive ARguments of Knowledge-Systeme" (zk-SNARK) ein, bei denen es sich um besonders kurze und leicht zu verifizierende Zero-Knowledge-Beweise handelt. Solche Nachweise benötigen weniger als 300 Byte Speicherplatz und können in nur wenigen Millisekunden verifiziert werden.

5.9 Übung

5.9.1 Einführung

In dieser Übung werden wir einige der datenschutzbezogenen Elemente des Blockchain-Ökosystems überprüfen. Wir werden uns die einzelnen Blöcke sowie die darin enthaltenen Daten genauer ansehen. Bisher haben wir das blockchainfähige Krypto-Währungssystem in dem Sinne als transparenter beschrieben, dass alle Transaktionen zurückverfolgt werden können. Im Rahmen dieser Übung werden wir zeigen, wie der Zugriff auf die für solche Bemühungen erforderlichen Daten in der Praxis möglich ist.

Zur Veranschaulichung werden wir weiterhin mit der auf Ethereum basierenden Blockchain-Umgebung arbeiten. Obwohl die spezifischen Befehle unterschiedlich sind, werden die gleichen Prinzipien auch für die Bitcoin-Blockchain anwendbar sein.

Folgen Sie zunächst den in Kap. 1 beschriebenen Schritten, um eine Ethereum-basierte Blockchain auf Ihrer virtuellen Docker-Instanz unter Verwendung von Geth einzurichten und den (lokalen) Mining-Prozess zu initialisieren. Sie sollten das erste Konto vorfinanzieren und dann ein zweites Konto einrichten, damit wir eine Mustertransaktion zwischen diesen beiden Knoten durchführen können. Nehmen Sie die sich anschließenden Schritte vor, um dieses Set-up zu erstellen.

5.9.2 Vorbereitung der Umgebung

Bevor Sie die Beispieltransaktion vornehmen können, die wir in diesem Kapitel analysieren werden, müssen Sie ein zusätzliches Konto erstellen. Dieses Konto wird nicht vorfinanziert. Dies wird die Überprüfung erleichtern, ob eine Transaktion stattgefunden hat. Verwenden Sie in der Geth-Konsole den folgenden Befehl für ein neues Konto, so wie

Sie es in Kap. 2 getan haben. Sie werden eine Passphrase eingeben, die auf dem Bildschirm nicht sichtbar sein wird.

```
> personal.newAccount()
Passphrase:
Repeat passphrase:
"0xa53f495b27a40b73e0919b89aa8e15d5c220199b"
```

Sie können nun bestätigen, dass Sie derzeit (mindestens) zwei aktive Konten haben, indem Sie den Befehl *personal.listAccounts* innerhalb der Geth-Konsole nutzen.

```
> personal.listAccounts

[
    "0xe9c51fb5f23321142ee20e991413b956e1c5fbc6",
    "0xa53f495b27a40b73e0919b89aa8e15d5c220199b"

]
```

5.9.3   Bestimmung eines Blocks

Der Ausgangspunkt für diese Übung sollte der Zustand sein, den Sie nach der Erstellung der DAG-Datei erreichen. Wie zuvor, wird Ihr lokaler Client-Knoten automatisch mit dem Mining beginnen, und Sie sollten für jeden Block periodisch den folgenden Output sehen:

```
INFO [09-14|16:56:03.375] Successfully sealed new block        number=49 sealhash=d0e…51a hash=ede…b9b elapsed=9.347s
INFO [09-14|16:56:03.375] 🖋 block reached canonical chain      number=42 hash=b02…413
INFO [09-14|16:56:03.375] ⛏ mined potential block             number=49 hash=ede…b9b
INFO [09-14|16:56:03.375] Commit new mining work               number=50 sealhash=18e…981 uncles=0 txs=0 gas=0 fees=0 elapsed=261.3µs
```

Der erste Teil dieser Übung wird darin bestehen, eine weitere Mustertransaktion zwischen zwei Konten durchzuführen, genau wie Sie es in Kap. 2 getan haben. Wiederholen Sie diese Schritte, d. h. richten Sie zwei neue Konten (A, B) ein und führen Sie eine Mustertransaktion von 100 Wei von Konto A nach B aus.

Wenn Ihre Blockchain läuft und Sie Ihre beiden Konten angelegt haben (sowie eines davon finanziert haben), können Sie den Transfer mit dem Befehl *web3.eth.sendTransaction* mit den beiden Konten wie folgt ausführen (vergessen Sie nicht, das Konto zuerst zu entsperren):

```
web3.eth.sendTransaction
(
    {
        from:personal.listAccounts[0],

        to:personal.listAccounts[1],

        value:1000
    }
);
```

"0x45b85025de231fd7641d475f0144bc130433cd843ea0190ac985b4734f889aa8"

Tab. 5.2 Block Data Attributes

Attribute	Data Type	Description
difficulty	String	*A value indicating the difficulty level applied during the nonce discovering of this block.*
extraData	String	*An optional field (max. 32 byte) to conserve data for eternity on the Blockchain.*
gasLimit	Number	*A value equal to the current chain-wide limit of Gas expenditure per block.*
gasUsed	Number	*The total used gas by all transactions in this block.*
Hash	String	*Hash of the block.*
logsBloom	String	*The bloom filter for the logs of the block; this field facilitates scanning for block data.*
Miner	String	*The address of the beneficiary to whom the mining rewards were given.*
mixHash	String	*A hash which proves, combined with the nonce, that enough computation was expended*
nonce	String	*Result of the mining process iteration that satisfies the mining target.*
number	Number	*The block number in the sequence of all block of the blockchain.*
parentHash	String	*The hash of the entire parent block's header (including its nonce and mixhash).*
receiptsRoot	String	*The root of the receipts trie of the block (i.e., outcomes).*
sha3Uncles	String	*SHA3 of the uncles data in the block.*
Size	Number	*Integer the size of this block in bytes.*
stateRoot	String	*The root of the final state trie of the block.*
timestamp	Number	*The unix timestamp for when the block was collated.*
totalDifficulty	String	*Integer of the total difficulty of the chain until this block.*
transactions	Array	*Array of transactions included in this block.*
transactionsRoot	String	*The root of the transaction trie of the block (i.e., requests).*
uncles	Array	*Array of uncle hashes (i.e., orphan blocks that are not part of the longest chain).*

Als Nächstes wollen Sie wissen, in welchem Block diese Transaktion enthalten war. Zu diesem Zweck sollten Sie als Erstes herausfinden, welcher Block derzeit von Ihrer lokalen Blockchain-Instanz gemined wird, indem wir den Befehl *eth.getBlock* eingeben:

```
> web3.eth.blockNumber
7
```

Sie erkennen, dass derzeit Block Nummer 7 gemined wird. Beachten Sie, dass Sie mit niedrigen Blocknummern arbeiten, da Sie für die Übungen immer eine neue Blockchain-Instanz starten. Zum Zeitpunkt des Schreibens dieses Buches Ende 2019 war der aktuelle Block der Ethereum-Blockchain 8.662.404; der aktuelle Block der Bitcoin-Blockchain 597.531. Obwohl die Bitcoin-Blockchain viel früher anfing, gibt es aufgrund der kürzeren Mining-Dauer mehr Ethereum-Blöcke: Ethereum-Blöcke werden alle 10 bis 20 Sekunden gemined, während es bei Bitcoin-Blöcken 10 Minuten dauert.

5.9.4 Block-Analyse

Durch Nutzung des Befehls *web3.eth.getBlock* und durch die Angabe einer Blocknummer können Sie sich die spezifischen Details eines jeden einzelnen Blocks ansehen. Sie sehen unten ein Muster des resultierenden Outputs. Sie sollten in der Lage sein, dies auf Ihrer privaten Blockchain-Instanz nachzustellen (Tab. 5.2).

```
> web3.eth.getBlock(8)
    {
        difficulty: 461939,
        extraData: "0xd883010815846765746888676f312e31312e34856c696e6f7578",
        gasLimit: 5802763,
        gasUsed: 0,
        hash: "0x66c678fa0e1da6ca0c36999dc3ea4cb2e4b3707a6c5e21d386de52f706bc5b22",
        logsBloom: "0x00000....0000000",
        miner: "0xe9c51fb5f23321142ee20e991413b956e1c5fbc6",
        mixHash: "0x50c5025174d13a67ac9d8b4991100e874e6af3faa27c429be6520c70b03f4db5",
        nonce: "0x64fc6658c65743b3",
        number: 8,
        parentHash: "0x8c148d837d089b2693c6f0cea1aed859f20fedf9ee23bc03b8655cb11d3b19cc",
        receiptsRoot: "0x56e81f171bcc55a6ff8345e692c0f86e5b48e01b996cadc001622fb5e363b421",
        sha3Uncles: "0x1dcc4de8dec75d7aab85b567b6ccd41ad312451b948a7413f0a142f40d49347",
        size: 537,
        stateRoot: "0x20ad5c01068e5f39b4dc912adce540c37e38f09bf693316c913ff22b26b48fe7",
        timestamp: 1568542461,
        totalDifficulty: 109318729,
        transactions: [],
        transactionsRoot: "0x56e81f171bcc55a6ff8345e692c0f86e5b48e01b996cadc001622fb5e363b421",
        uncles: []
    }
```

Da Block Nummer 8 der allerletzte Block ist, können Sie darauf schließen, dass die Mustertransaktion in einem der vorherigen sieben Blöcke enthalten gewesen sein muss. So erkennen Sie auch aus den Daten des zuvor angezeigten Blocks 8, dass er keine Transaktion enthalten hat (d. h. das Transaktionsfeld ist leer).

Als Nächstes schauen wir uns an, wie wir den Block finden, der die gesuchte Transaktion enthält.

5.9.5 Transaktionen finden

Natürlich sind Sie daran interessiert, den Inhalt des Blocks anzusehen, der Ihre Transaktion enthält. Dazu müssen Sie zunächst herausfinden, welcher Block das ist. Dies können Sie mithilfe der Funktion *eth.getTransaction* erreichen sowie mit dem Transaktions-Hash, der bei der Angabe der Transaktion erstellt wurde.

Der Transaktions-Hash war der Wert, den Sie erhalten haben, als Sie zuvor in dieser Übung Ihre Transaktion durchgeführt haben:

```
web3.eth.sendTransaction
(
    {
        from:personal.listAccounts[0],

        to:personal.listAccounts[2],

        value:1000
    }
);

"0x45b85025de231fd7641d475f0144bc130433cd843ea0190ac985b4734f889aa8"
```

Sie können jetzt die Block-Nummer, die diesem Transaktions-Hash entspricht, abrufen, indem Sie sie in die Funktion *eth.getTransaction* hinzufügen:

```
> eth.getTransaction("0xac0ffcdcefdff5ace2940c67b04c07a345082397c5eba18a1499a491d64c53bb")
{
    blockHash: "0xfaf5a13a3c5f8fb58ae324cda93eee5790b4d86a9cbdcda146ac6ada02d1f247",
    blockNumber: 194,
    from: "0xe9c51fb5f23321142ee20e991413b956e1c5fbc6",
    gas: 90000,
    gasPrice: 1000000000,
    hash: "0x45b85025de231fd7641d475f0144bc130433cd843ea0190ac985b4734f889aa8",
    input: "0x",
    nonce: 0,
    r: "0xf289cc2cd78b4747b4cc28286551b6fdc0268d40781deb11d702828b372f0d8c",
    s: "0xa27f711d8db93dc26cef44b2640d6edc550f2949f3d9231df137f454315bd8",
    to: "0x24d016d3968facdf2c7f2c074522f1b92ce9ec30",
    transactionIndex: 0,
    v: "0xee",
    value: 7
}
```

So wissen Sie, dass in diesem Fall Ihre Transaktion in Block Nummer 5 enthalten war.

Als letzten Schritt dieser Übung sollten Sie nun auf die Daten des Blocks zugreifen, der die Transaktion enthält, die Sie zuvor über *web3.eth.getBlock* ausgeführt haben:

```
> web3.eth.getBlock(5)
{
  difficulty: 463544,
  extraData: "0xd883010815846765746888676f312e31312e34856c696e7578",
  gasLimit: 5679516,
  gasUsed: 21000,
  hash: "0xfaf5a13a3c5f8fb58ae324cda93eee5790b4d86a9cbdcda146ac6ada02d1f247",
  logsBloom:
"0x00000000000000000000000000000000000000000000000000000000000000000000000000000000
00000000000000000000000000000000000000000000000000000000000000000000000000000000000
00000000000000000000000000000000000000000000000000000000000000000000000000000000000
00000000000000000000000000000000000000000000000000000000000000000000000000000000000
00000000000000000000000000000000000000000000000000000000000000000000000000000000000
0000000000000000000000000000000000000000000000000000000000000",
  miner: "0xe9c51fb5f23321142ee20e991413b956e1c5fbc6",
  mixHash: "0x9427ef16b1eb0c43668e4c17bde2a550e130b9007eaf97f494db302f1305c0eb",
  nonce: "0x237a365de59b3c2c",
  number: 194,
  parentHash: "0xeafc503df69623cf2827304e3013072fe9a7abfe851e3c6cc88f7309fa7fba40",
  receiptsRoot: "0x056b23fbba480696b65fe5a59b8f2148a1299103c4f57df839233af2cf4ca2d2",
  sha3Uncles: "0x1dcc4de8dec75d7aab85b567b6ccd41ad312451b948a7413f0a142fd40d49347",
  size: 642,
  stateRoot: "0x8b0ef92bf3b07e5baafbdc062c3fdda7988f0bd12a5cb3fa29595b1e59db1c18",
  timestamp: 1568542133,
  totalDifficulty: 99133622,
  transactions: ["0xac0ffcdcefdff5ace2940c67b04c07a345082397c5eba18a1499a491d64c53bb"],
  transactionsRoot: "0xc126072514af52fa0f81eea33b37174b89a113153daddeb23bd501dadd86a0ae",
  uncles: []
}
```

Wie Sie im oben stehendem Beispiel erkennen können, ist es relativ einfach, einzelne Transaktionen bis zu ihrem Ursprung zurückzuverfolgen. In ähnlicher Weise können Sie durch Sperren der Blockdaten in Verbindung mit den Daten der einzelnen Transaktionen „dem Geld folgen", d. h. feststellen, woher die innerhalb einer bestimmten Transaktion verwendeten Mittel stammen.

Literatur

Bair J, Shavers B (2016) Hiding behind the keyboard. Elsevier Science

Bartlett J (2016) The dark net: inside the digital underworld. Melville House, Brooklyn

Brunton F (2019) Digital cash: the unknown history of the anarchists, utopians, and technologists who created cryptocurrency. Princeton University Press, Princeton

Casey M, Vigna P (2019) The truth Machine: The blockchain and the future of everything. Picador, New York City

Narayanan A, Bonneau J, Felten E, et al (2016) Bitcoin and cryptocurrency technologies: a comprehensive introduction. Princeton University Press, Princeton

Rosen A (2010) Concurrent zero-knowledge. Springer, Berlin

Sherif M (2018) Protocols for secure electronic commerce. CRC Press, Boca Raton

Tapscott A, Tapscott D (2018) Blockchain revolution: how the technology behind bitcoin and other cryptocurrencies is changing the world. Penguin, New York City

Tobias B (2014) Modern censorship: blocking access to the tor network. AV Akademikerverlag, Riga

Yuan M (2020) Building blockchain apps. Addison-Wesley, Boston

Teil II

Grundlagen der Kryptografie

Blockchain-Kryptografie: Teil 1

6

6.1 Einführung

6.1.1 Grundlagen der Kryptografie

Die Kryptologie ist die Wissenschaft von der Ver- und Entschlüsselung von Informationen und den dazu eingesetzten Methoden. Kryptografie (aus dem griechischen „kryptós" für geheim oder verborgen und „gráphein" für Schrift) ist eine Untergruppe der Kryptologie, die die Schaffung von Methoden zur Verschlüsselung von Informationen beschreibt, so-dass sie von Unbefugten nicht verstanden werden können. Die Steganografie bezieht sich auf Methoden zur Verschleierung des Kommunikationskanals, über den kryptografisch verschlüsselte Nachrichten gesendet werden. Die Kryptoanalyse, eine weitere wichtige Sparte der Kryptologie, befasst sich mit Methoden zur Entschlüsselung von kryptografisch verschlüsselten Informationen ohne die Zustimmung der Person, die die ursprüngliche Nachricht verschlüsselt hat. Während also ein Kryptograf Informationen so verändert, dass sie unverständlich erscheinen, macht der Kryptoanalytiker diese Informationen, meist ohne Erlaubnis, wieder verständlich.

Unser Wunsch nach geheimer Kommunikation und die Notwendigkeit, Methoden zur Verschlüsselung zu entwickeln, um sicher vertraulich kommunizieren zu können, lässt sich bis ins alte Ägypten und Mesopotamien zurückverfolgen, wo hebräische Gelehrte um 600 v. Chr. die ersten ernsthaften Versuche unternahmen, einfache Substitutionschiffren zu verwenden (Abschn. 6.2.1). Kryptografische Methoden spielen eine entscheidende Rolle bei der Gewährleistung des ordnungsgemäßen Betriebs eines Blockchain-Systems, aber natürlich bietet keine dieser früheren Techniken im heutigen Computerzeitalter ausreichend Sicherheit. Dieses Kapitel enthält einen umfassenden Überblick über die krypto-grafischen Bausteine (z. B. „Hashing") sowie die zugrunde liegenden algorithmischen

D. Hellwig et al., *Entwickeln Sie Ihre eigene Blockchain*, https://doi.org/10.1007/978-3-662-62966-6_6

Prozesse, d. h. Public-Key-Kryptografie oder digitale Signaturen, die heute eingesetzt werden, damit das hohe Maß an Sicherheit und Kontrolle gewährleistet werden kann, das blockchainbasierte Systeme garantieren.

6.1.2 Voraussetzungen der Geheimhaltung

Kryptografische Methoden ermöglichen es uns, Daten zu schützen und potenziell sensible Informationen zu übermitteln, während gleichzeitig sichergestellt wird, dass sie für andere unverständlich bleiben. Damit solche Methoden wirksam sind, müssen drei Bedingungen erfüllt sein:

1. **Vertraulichkeit** setzt voraus, dass nur autorisierte Personen verschlüsselte Informationen entschlüsseln und lesen können. Wenn Alice beispielsweise keine Zeit hat, Geld abzuheben, bevor sie zu einer Party geht, kann sie Bob bitten, 50 Dollar von ihrem Konto abzuheben, indem sie ihm ihre Debitkarte gibt und ihm, wie zuvor vereinbart, ihre verschlüsselte PIN in umgekehrter Reihenfolge per SMS schickt. Da nur Bob den Schlüssel zur Entschlüsselung der PIN kennt, ist er die einzige Person, die diese entschlüsseln kann. Eve, die zufällig neben Bob sitzt und die SMS liest, kann mit der verschlüsselten PIN nicht viel anfangen, selbst wenn sie irgendwie an Alices Debitkarte gelangt.
2. **Integrität** erfordert die Unveränderlichkeit der übermittelten Informationen. Das bedeutet, dass Alices PIN nicht modifiziert werden darf, wenn ein kryptografisches Verschlüsselungsverfahren genutzt wird, da die PIN sonst nicht mehr zu entschlüsseln wäre. Darüber hinaus sollten zwei unterschiedliche PINs niemals die gleiche verschlüsselte PIN ergeben (siehe Abschn. 6.4.4 für weitere Einzelheiten).
3. **Authentizität** verlangt die Bestätigungsmöglichkeit, dass eine Nachricht vom angegebenen Absender stammt. Deshalb muss für Bob klar erkennbar sein, dass Alice die SMS mit der PIN verschickt hat, und es darf nicht möglich sein, dass eine Person, die sich als Alice ausgibt, die SMS an Eve sendet. Dieser Verifikationsschritt muss so durchgeführt werden, dass er im Nachhinein weder bestritten noch widerrufen werden kann.

6.1.3 Blockchain und Kryptografie

Die grundlegenden Abläufe der Blockchain-Technologie nutzen modernste kryptografische Verschlüsselungstechnologien. Die Blockchain-Technologie verwendet zwei wesentliche Verfahren für ihre Operationen: Informations-Hashing und digitale Signaturen. In Kap. 1 wurde beschrieben, wie das Hashing als Teil des Blockchain-Datenspeicherungsprozesses Transaktionsinformationen in jedem einzelnen Block in einen Digest umwandelt, der als Bezugspunkt für alle zukünftigen Transaktionen dient. Dieser Prozess stellt sicher, dass die in dem Digest erfassten Informationen später nicht mehr geändert werden können. Die technischen Elemente dieses Prozesses werden in Abschn. 6.4 näher erläutert. Auch Blockchains nutzen digitale Signaturen über die Public-Key-Kryptografie, die auf der Verwendung von zwei Schlüsseln zur Ver- und Entschlüsselung basiert. Wir stellen dieses Thema in Abschn. 6.6 vor und gehen in Kap. 7 weiter darauf ein. Durch die Kombination von Hashing und Public-Key-Krypto-Algorithmen wird sichergestellt, dass die drei Verschlüsselungsprinzipien Vertraulichkeit, Integrität und Authentizität erfüllt werden und zur Aktivierung des Blockchain-Ökosystems (z. B. für Kryptowährungen) genutzt werden können.

Erinnern Sie sich daran, dass bei Bitcoin nicht die Verschlüsselung von Informationen das funktionelle Kernelement ist, sondern die Erstellung eines digitalen Fingerabdrucks zur Kontrolle der Eigentumsverhältnisse, was bedeutet, dass nur der tatsächliche Eigentümer eines individuellen Kontos die mit diesem Konto verbundenen Bitcoin-Gelder verwalten darf. Bitcoin verwendet den SHA-256-Algorithmus, um Bitcoin-Transfers zu Hash-Blöcken zusammenzufassen (Abschn. 6.2.1). Dieser Algorithmus bündelt Transaktionen und speichert sie auf eine Art und Weise, die rechnerisch aufwendig und schwierig zu replizieren ist. Wenn Bitcoin-Transaktionen so nicht verschlüsselt würden, könnte jeder die Transaktionen nach Belieben ändern. Kurz gesagt könnten Kryptowährungen wie Bitcoin ohne kryptografische Verschlüsselungstechniken nicht existieren.

Dieses Kapitel vermittelt die Basics der kryptografischen Prozesse. Abschn. 6.2 erläutert die Grundlagen der Kryptografie und die zugrunde liegende Motivation, wobei der Schwerpunkt auf dem historischen Bestreben liegt, Informationen auszutauschen und gleichzeitig anderen den Zugriff darauf zu verwehren (z. B. die Verwendung von Chiffren zur Darstellung von Nachrichten im alten Rom). Abschn. 6.3 stellt moderne kryptografische Algorithmen vor und geht auf einige Konzepte ein, die bereits früher in diesem Buch behandelt wurden (z. B. Hashing). In den Abschn. 6.6.2 und 6.6.3 geht es dann um zwei grundlegende kryptografische Verfahren als Vorbereitung auf Kap. 7; dieses befasst sich mit dem Bereich der Post-Quantum-Verschlüsselung, die aus der Erkenntnis entstanden ist, dass die meisten der heute genutzten Kryptografie- Implementierungen hypothetisch nicht gegen ausreichend leistungsfähige Quantencomputer gefeit sein könnten, da alle zugrunde liegenden mathematischen Probleme durch Quantenalgorithmen gelöst werden können.

6.2 Klassische Chiffren

Zwei der historisch üblicheren methodischen Ansätze zur Verschlüsselung von Informationen waren die Substitution und die Transposition. Bei der Substitution werden einzelne Buchstaben einer Nachricht durch andere Buchstaben, Zahlen oder Zeichen ersetzt, während bei der Transposition die einzelnen Komponenten einer Nachricht vermischt werden. Beide Ansätze haben verschiedene Anwendungsmöglichkeiten und Implementierungen.

Die wahrscheinlich berühmtesten Beispiele für diese Methoden sind die „Caesar-Chiffre" und die „Skytale". Die Caesar-Chiffre ist eine Substitutions-Chiffre, die zu Ehren von Julius Caesar so benannt wurde, welcher sie angeblich zur Verschlüsselung offizieller Nachrichten benutzte (Holden 2017). Die Skytale ist eine antike Transpositions-Chiffre, die im antiken Griechenland häufig benutzt wurde: Diese Methode erforderte die Verwendung eines Zylinders, um den ein Stück Papier gewickelt war, auf das die Nachricht geschrieben wurde. Um die Nachricht zu entschlüsseln und zu lesen, benutzte der Empfänger einen Zylinder mit den gleichen Maßen.

6.2.1 Substitution

Betrachten Sie das folgende Beispiel: Angenommen, Alice möchte Bob die Nachricht „Treffen um zehn Uhr" schicken. Da Alice nicht will, dass jemand anderes als Bob diese Nachricht liest, vereinbart sie mit ihm, Nachrichten mit der Caesar-Chiffre zu ver- und entschlüsseln.

Mit der Formel „X = Y + 3" fügt Alice einen Buchstaben der ursprünglichen Nachricht (Y) in die Formel ein, indem sie den Output X um drei Buchstaben verschiebt. Diese Methode wandelt ein „A" in ein „D", ein „D" in ein „G" usw. um. Wenn Bob Alices Botschaft entschlüsseln will, muss er den Caesar-Schlüssel umstellen, indem er die Formel „Y = X − 3" verwendet (Abb. 6.1).

6.2.2 Transposition

Transpositions-Chiffren verschlüsseln den Inhalt einer Klartextnachricht durch Umwandlung (Permutation) einzelner Zeichen oder Buchstaben. Die einfachste Transpositions-Chiffre besteht aus der Neuanordnung der Buchstaben einer Nachricht in Gruppen, was in diesem Beispiel die Verwendung der Permutation 42513 erfordert (Abb. 6.2).

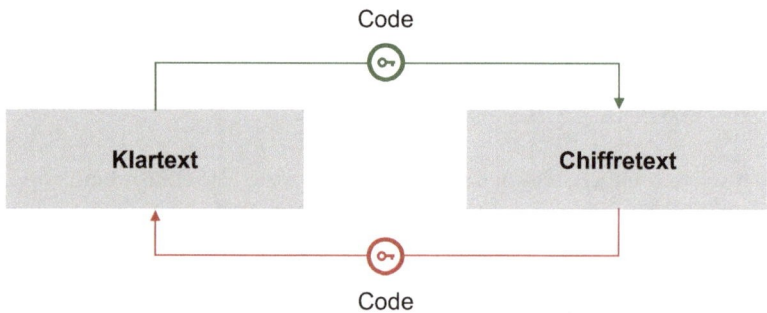

Abb. 6.1 Illustration der Substitutions-Methode

Abb. 6.2 Einfache
Transposition

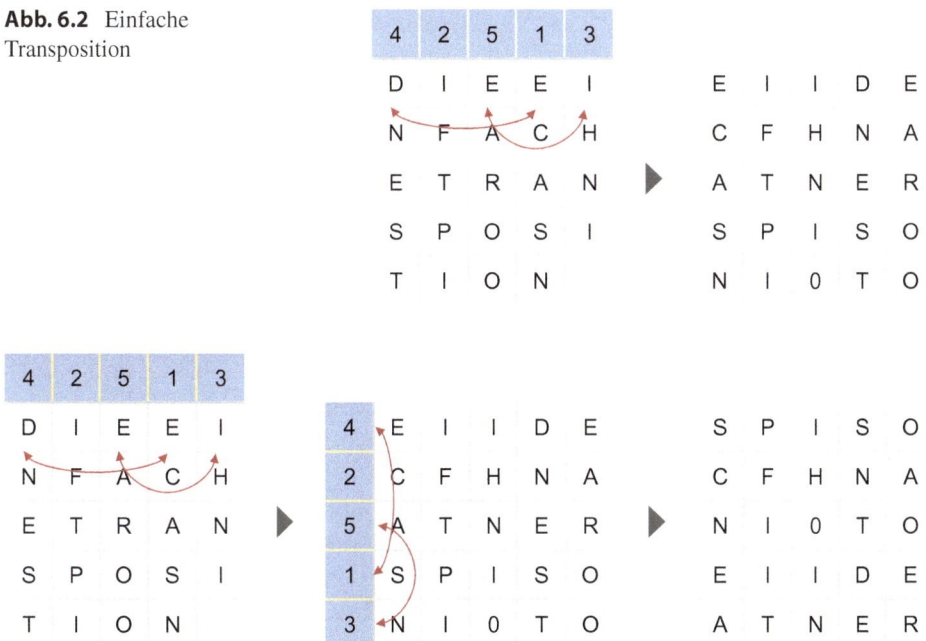

Abb. 6.3 Nihilisten-Transposition

Transpositions-Chiffren lassen sich in der Regel leicht analysieren. Beispielsweise kann eine Analyse der Buchstabenhäufigkeit einem Angreifer zeigen, ob es sich bei der Verschlüsselung um eine Transpositions-Chiffre handelt, da die relative Häufigkeit der in einer Sprache verwendeten Buchstaben gleichbleibt. Anschließend kann aus der Analyse bestimmter Zeichenfolgen die Reihenfolge und Anzahl der Spalten bestimmt werden. Im Deutschen ist zum Beispiel die Zeichenfolge „ein" üblich, sodass man auf die möglichen Anpassungen der Spaltenreihenfolge schließen kann. In ähnlicher Weise kann eine im Deutschen verschlüsselte Nachricht, die mit einem bestimmten Artikel beginnt (Abb. 6.3), nur „der", „die" oder „das" lauten. In diesem Beispiel muss es wegen der vorhandenen Vokale „die" heißen, sodass die vierte Spalte die erste sein muss, usw. Ein Angreifer kann aus dem Chiffretext selbst eine Menge Informationen ableiten, was bedeutet, dass die Chiffren mit etwas Ausprobieren leicht zu entschlüsseln sind.

Eine Verbesserung der Verschlüsselung mithilfe von Transpositions-Chiffren kann durch die Verknüpfung der Spalten-Permutation mit der Zeilen-Permutation erreicht werden, eine Methode, die als Nihilisten-Transposition bekannt ist (Abb. 6.3). Bei diesem Verfahren werden sowohl die Spalten als auch die Zeilen getauscht. Der Chiffretext wird dann entsprechend der neu erhaltenen (Zeilen-)Reihenfolge gelesen.

6.3   Moderne kryptografische Algorithmen

6.3.1   Einführung

Heutzutage, wo von jetzt auf gleich noch nie da gewesene Mengen an Rechenleistung zur Verfügung stehen, sind alle klassischen Verschlüsselungsmethoden obsolet geworden. Eine Verschlüsselungsmaschine, die den Wendepunkt markiert, hervorgebracht durch das Auftauchen des elektronischen Computers, war die Enigma-Maschine, eine elektronische Chiffremaschine, die im Zweiten Weltkrieg vom deutschen Militär zur Nachrichtenübermittlung eingesetzt wurde.

Ursprünglich wurde die Enigma-Maschine wegen der ungefähr 15 Trillionen (d. h. eine 15 mit 18 Nullen) verschiedenen Konfigurationseinstellungen für den Verschlüsselungsprozess als abslout sicher angesehen (Kim und Solomon 2018). Jedoch brachte der Mathematiker Alan Turing im Jahr 1940 mathematische Berechnungen und Theorien hervor, die das Enigma-System aushebeln konnten. Zusammen mit seinem Team entwickelte Turing die „Turing-Bombe", eine elektrische Maschine, die den Enigma-Code entschlüsselte. Diese „Bomben" waren bis zu zwei Meter hoch und fünf Meter breit und waren in gewisser Weise die Vorläufer unserer modernen Computer, was Turing als Vater des modernen Computers bekannt machte.

Auf dem Gebiet der Kryptografie lassen sich die Algorithmen in drei Hauptbereiche unterteilen: Hashing-Algorithmen, symmetrische Algorithmen und asymmetrische Algorithmen. Alle kryptografischen Bestrebungen vor 1976 fallen in die erste Kategorie von Systemen, die auf einem Schlüssel zur Ver- und Entschlüsselung basieren. Eine neue Gattung der Kryptografie entstand, als Diffie, Hellman und Merkle das Konzept der sogenannten Public-Key-Kryptografie vorstellten (siehe Kap. 7 für weitere Einzelheiten). Der Hauptunterschied bestand darin, dass man nicht denselben Schlüssel für Entschlüsselung und Verschlüsselung verwenden musste, da dieser in zwei Teile aufgeteilt werden konnte: einen für die Verschlüsselung und einen für die Entschlüsselung. Diese Methode kann sowohl für die Identifizierung von Identitäten (digitale Signaturen) als auch für die traditionelle geheime Kommunikation verwendet werden. Diese Gattung kryptografischer Protokolle befasst sich in erster Linie mit der Einrichtung sicherer Kommunikationskanäle durch Nutzung der Methoden der Public-Key-Kryptografie. Die Blockchain-Technologie basiert in erster Linie auf den Konzepten des Hashings und der digitalen Unterschriften, wobei digitale Signaturen durch asymmetrische kryptografische Algorithmen aktiviert werden.

Es folgt eine kurze Einführung in jede der drei Kategorien, wobei die wichtigsten Unterschiede hervorgehoben werden. Die folgenden Abschnitte bieten einen tieferen Einblick in die technischen Einzelheiten jedes Typs der einzelnen Algorithmen.

Hashing
Der Hash-Mechanismus wird hauptsächlich dazu verwendet, große Informationsmengen in Daten mit fixer Größe („Hashs") umzuwandeln. Er wird in der Regel zu Verifikationszwecken eingesetzt (z. B. um Alice gegenüber Bob den Beweis zu ermöglichen, dass

Informationen zu einem bestimmten Zeitpunkt existierten, ohne die Informationen preis-zugeben) und erfordert daher keinen Schlüssel (oder Passwort) im klassischen Sinne. In Abschn. 6.4 wird Schritt für Schritt erklärt, was mit den Daten geschieht, bei denen wir mithilfe des SHA-1-Algorithmus eine Hash-Funktion anwenden. Obwohl dieser Algorithmus aufgrund von Sicherheitslücken nicht mehr verwendet wird, eignet er sich gut zur Veranschaulichung der Prozessschritte.

Symmetrische Entschlüsselung

Symmetrische Schlüsselalgorithmen verwenden individuelle Schlüssel zur Verschlüsselung von Informationen. Damit Alice Informationen an Bob senden kann, müssen sich beide zuvor auf einen gemeinsamen Schlüssel einigen. Aufgrund der technischen Infrastruktur von Blockchain besteht kein wirklicher Bedarf an symmetrischer Verschlüsselung; stattdes-sen stützen sich alle wichtigen Währungen ausschließlich auf asymmetrische Verschlüsse-lungsmethoden, die den ECDSA (Elliptic Curve Digital Signature Algorithm) nutzen. Um dennoch das Verständnis der komplexen Struktur dieser weitergehenden Verschlüsselungs-methoden zu erleichtern, werden in Kap. 7 einige der kryptografischen Grundlagen erläu-tert, indem zunächst zwei symmetrische Verschlüsselungsmethoden betrachtet werden.

Asymmetrische Entschlüsselung

Asymmetrische Schlüsselalgorithmen verwenden zwei mathematisch verknüpfte Schlüs-sel, von denen einer für die Entschlüsselung (zur Aufbewahrung durch den Ersteller der Schlüssel) und der andere für die Verschlüsselung (zur Veröffentlichung) verwendet wird. Bei der asymmetrischen Verschlüsselung müssen sich die beiden Parteien nicht vorher auf einen Schlüssel einigen, um im digitalen Bereich sicher kommunizieren zu können. Die gängigsten Mechanismen (RSA und Elliptische-Kurven-Kryptografie (ECC) genannt) be-trachten wir in Kap. 7, zusammen mit den Implikationen der Post-Quantum-Kryptografie für die Welt der Kryptowährungen. Tab. 6.1 fasst die wichtigsten Eigenschaften der drei Algorithmentypen zusammen.

Tab. 6.1 Hashing, symmetrische und asymmetrische Algorithmen

	Hashing	Symmetrisch	Asymmetrisch
# der Schlüssel	0	1	2
Schlüsselgröße	–	256-bit	- RSA: 2048-bit - ECC: 256-bit
Algorithmus	SHA	AES	RSA
Tempo	Schnell	Schnell	Mittel
Komplexität	Niedrig	Mittel	Hoch
Beispiele	SHA-1, SHA-2 etc.	AES etc.	RSA, ECC etc.
Anwendung	- Digitale Unterschriften - Schlüsselerstellung	- Nachrichten - Speicherplatz	- Digitale Unterschriften - Sitzungsschlüssel

6.3.2   Schwachstellen

Im Folgenden geben wir einen Überblick über die gängigsten Angriffsvektoren für Chiffren und Verschlüsselungsverfahren. Diese Methoden werden zuerst vorgestellt, da sie als nützliche Hilfsmittel dienen, um die Logik hinter den verschiedenen Chiffremethoden zu erklären und zu analysieren.

- **Brute-Force-Angriff:** Bei dieser Art Angriff werden nacheinander alle möglichen Schlüssel ausprobiert. Die Reihenfolge kann nach ihrer Erfolgswahrscheinlichkeit gewählt werden. Beispielsweise verwenden viele Menschen spezielle Daten mit besonderer Signifikanz wie z. B. Geburtstage als Passwörter, wodurch solche Passwörter wahrscheinlicher sind, und es dauert weniger als eine Sekunde, um alle möglichen Datumskombinationen zu versuchen, die in den letzten 100 Jahren aufgetreten sind. Diese Methode ist auch dann effektiv, wenn man annehmen kann, dass ein relativ schwaches Passwort verwendet wurde. Selbst mit einem handelsüblichen Computer können leicht zig Millionen Schlüssel pro Sekunde ausprobiert werden.
- **Ciphertext-Only-Angriff:** Bei einem Ciphertext-Only-Angriff (COA), auch bekannt als Known-Ciphertext-Angriff, zur Kryptoanalyse hat der Angreifer nur Zugriff auf eine bestimmte Menge von Chiffretexten, auf deren Grundlage er versucht, die ursprüngliche Nachricht zu rekonstruieren (z. B. durch den Einsatz von Buchstabenhäufigkeitsanalysen, um festzustellen, welche verschlüsselten Wörter den Klartextwörtern entsprechen könnten).
- **Known-Plaintext-Angriff:** Bei einem sogenannten Known-Plaintext-Angriff (KPA) kennt der Angreifer Teile des übermittelten Klartextes (auch Crib genannt) und die verschlüsselte Version desselben Textes (Chiffretext). Auf Grundlage dieser beiden Elemente versucht er, den geheimen Schlüssel abzuleiten.

6.4   Hashing

6.4.1   Einführung

In der modernen computergestützten Kryptografie, insbesondere in der Blockchain-Technologie, werden Algorithmen zur Verschlüsselung von Informationen verwendet. Die Informationen, die in der Bitcoin-Blockchain verschlüsselt werden müssen, sind Transaktionsinformationen.

Angenommen, Alice transferiert einen Bitcoin aus ihrem Bitcoin-Wallet in Bobs Bitcoin-Wallet. Diese Transaktion wird nun von den Bitcoin-Knoten erkannt. Wenn mehrere Knoten zu dem Schluss kommen, dass die Transaktion korrekt ausgeführt wurde und alle Regeln befolgt wurden, integrieren die Knoten-Operatoren die Transaktion in einen Hash-Block und damit in die Blockchain. Wenn auch nur ein einziges Zeichen der ursprünglichen Nachricht geändert wird, wird das Ergebnis komplett verändert. Vergleichen Sie das Ergebnis, wenn der Name „Sasha" in „Masha" geändert wird:

- SHA256 („The quick brown fox jumps over the lazy dog Sasha")

  ```
  dd517ac8a8c16b4e4e7c505a34213e3b24c2a211ef71e2c1284366c518994d4a
  ```

- SHA256 („The quick brown fox jumps over the lazy dog Masha")

  ```
  e1005ba6d9a78c482b65bc9287085f46a9bea8e8efcf3ad74e28ec430541eb8f
  ```

Dasselbe gilt für Transaktionsdaten und Blöcke, was wichtig ist, weil der Hash-Wert eines Blocks zeigt, ob die Daten einer früheren Transaktion manipuliert wurden oder bereits in einem früheren Block enthalten waren („doppelte Ausgaben"). In beiden Fällen werden alle anderen Blockchain-Knoten die manipulierten Blöcke ignorieren, da die Manipulation leicht identifiziert werden kann. Diese betrügerischen Blöcke werden dementsprechend niemals ein Teil der Blockchain werden.

Um erwartungsgemäß zu funktionieren, muss der SHA-256-Algorithmus in der Lage sein, mehrere Informationen zu einer hexadezimalen Zahl zu kombinieren, z. B. Informationen über den Sender, den Empfänger, den Transaktionsbetrag, einen Zeitstempel oder Block-Metadaten.

Als Nächstes betrachten wir die Schwachstellen von Hashing-Algorithmen – hauptsächlich den Begriff der „Kollisionen". Die Entstehung von Kollisionen hat dazu geführt, dass Hashing-Algorithmen, die einmal weit verbreitet waren, unsicher und unbrauchbar wurden. Beispielsweise wird der SHA-1-Algorithmus, den wir uns in Abschn. 6.5 ausführlich anschauen, nicht mehr genutzt, nachdem Wissenschaftler bei Google Hashing-Kollisionen entdeckt haben.

6.4.2 Hash-Kollisionen

Bei sämtlichen Hash-Funktionen tritt eine Kollision auf, wenn zwei Eingaben, x1 und x2, vorhanden sind, sodass ihre jeweiligen Hash-Werte äquivalent sind (d. h. h(x1) = h(x2)), wie in Abb. 6.4 dargestellt.

Kollisionen, die durch eine Hash-Funktion erzeugt werden, haben hauptsächlich aus zwei Gründen tief greifende Auswirkungen auf die Sicherheit der Funktion. Zum einen ist es wahrscheinlich, wenn zwei Input-Meldungen denselben Hash hervorbringen, dass der Hash-Raum nicht gleichmäßig verteilt ist. Bei einem 256-Bit-Hash würde man beispielsweise erwarten, dass 2^{128} Nachrichten gehasht werden müssen, bevor eine Kollision mit einer Wahrscheinlichkeit von circa 40 Prozent festgestellt wird. Zum anderen ist das Fälschen einer Nachricht, die zum gleichen Hash führt, wenn eine Kollision leicht vorhergesagt oder erraten werden kann, keine Schwierigkeit mehr, wodurch Angriffe (z. B. ein zweiter Urbild-Angriff) ermöglicht werden.

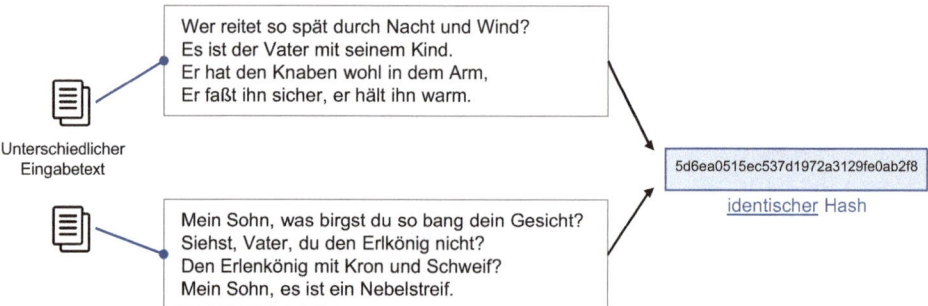

Abb. 6.4 Illustration einer Hash-Kollision

Um eine 50-prozentige Wahrscheinlichkeit einer Kollision zu haben, braucht man we-
nigstens 4×10^{38} Versuche. Mit anderen Worten: Würde man seit Beginn des Universums
jede Sekunde eine Billion Nachrichten ausprobieren, würde man noch 787 Millionen Mal
länger brauchen, um mit einer 40-prozentigen Wahrscheinlichkeit eine Kollision festzustellen:

$$\frac{2^{128}}{\left(13,7 * 10^9\right) * \left(365 * 24 * 60 * 60\right) * \left(10^{12}\right)} \approx 7,87 * 10^8$$

Mit einer Hash-Funktion wollen wir also sicherstellen, dass sie (1) aus den Ergebnis-
räumen einheitlich Proben nimmt (d. h. jede Hash-Ausgabe ist gleich wahrscheinlich), (2)
resistent gegen das Erraten einer Eingabe auf Basis einer Ausgabe ist (Urbild-Angriff) und
(3) bei einem Input resistent gegen das Erraten eines anderen Inputs ist, der denselben
Hash wie der erste erzeugt (d. h. zweiter Urbild-Angriff). Diese drei Eigenschaften sind
voneinander abhängig.

6.4.3 Merkle-Damgård-Konstruktion

Die Merkle-Damgård-Konstruktion, die heute die Grundkonstruktion der meisten Krypto-
Hash-Funktionen darstellt, wurde von den zwei Forschern Ralph Merkle und Ivan Dam-
gård (Paar und Pelzl 2011) unabhängig voneinander abgeleitet. In dieser Konstruktion
wird die Eingangsnachricht in einzelne, gleich lange Blöcke m1, m2, …, mn unterteilt; der
letzte Block wird durch „Padding" aufgefüllt. Die exakte Blocklänge und die Auffüllregel
hängen von den Entwurfsparametern der Hash-Funktion ab (z. B. SHA-1, die in Abschn. 6.5
vorgestellt wird). Diese einzelnen Nachrichtenblöcke werden dann sequenziell mit einer
Komprimierungsfunktion f verarbeitet.

6.4.4 Längenerweiterungsangriff

Ein Längenerweiterungsangriff ist nur möglich, wenn eine Hash-Funktion auf Blöcken mit fester Größe (wie SHA-1 und SHA-2) arbeitet. Ein unvollständiger Block wird mit Werten aufgefüllt, die nur von der Länge der Nachricht abhängig sind (z. B. verwendet jede Zwei-Byte-Nachricht die gleichen Bits zum Auffüllen, um einen Block zu vervollständigen). Das Prinzip des Auffüllens (Padding) von Nachrichten kann ausgenutzt werden, wenn ein Angreifer einen Teil des Aufgefüllten durch zusätzlichen Nachrichteninhalt ersetzt. Da das Geheimnis am Anfang der Nachricht steht, wird es von den Änderungen der Nachrichtenlänge und dem Padding nicht beeinträchtigt.

In der Praxis kann eine einmal gefundene Kollision (z. B. eines 512-Bit-Blocks) um weitere Datenblöcke (vorne und hinten) erweitert werden:

```
M₀, M₁, …, Mᵢ, …, Mₙ
M₀, M₁, …, Nᵢ, …, Mₙ
```

Wenn der (Zwischen-)Hash-Wert für die (verschiedenen) Datenblöcke $M_i \neq N_i$ gleich ist, ändert er sich bei allen nachfolgenden Datenblöcken nicht, vorausgesetzt, die Blöcke sind identisch. Dies kann tief greifende Auswirkungen haben. Ein gutes Beispiel ist die Dokumentenprüfung: Ein beliebiges Dokument kann signiert (d. h. der Hash kann generiert werden) und der Inhalt anschließend erweitert werden, ohne dass dies Auswirkungen auf den resultierenden Hash-Wert hat.

Man kann sich das Ganze besser vorstellen, wenn man ein Protokoll annimmt, das ein geheimes Wort (z. B. „Banane") festlegt, welches verwendet wird, um auf den Beginn einer Nachricht hinzudeuten (z. B. „Angriff um sieben Uhr"). Das Präfix „Banane" zeigt an, dass der Absender echt ist. Bei einem Längenerweiterungsangriff könnte die ursprüngliche Nachricht gesendet worden sein (z. B. „Bananen-Angriff um sieben Uhr"), aber ein opportunistischer Angreifer könnte einfach weitere Dinge zu dieser Nachricht hinzufügen (z. B. „… und fünfzig Minuten von der linken Flanke"), sodass der Empfänger die Nachricht angesichts des „Bananen"-Präfixes nach wie vor für verifiziert halten würde. Um der Gefahr eines solchen Angriffs entgegenzuwirken, ist es sicherer, das Geheimwort gefolgt von der Länge der Nachricht einzufügen (z. B. „Bananen-Vier-Angriff um sieben Uhr"). Auf diese Weise ist der Empfänger in der Lage, zu erkennen, ob zusätzliche Wörter hinzugefügt wurden.

Ein besser nachvollziehbares Beispiel ist das der Bargeldschecks: Scheckschreiber sollten immer „————10.000————" und „————zehntausend————" schreiben, um zu verhindern, dass jemand den Betrag auf einem (unterzeichneten) Scheck in einen anderen Wert abändert (z. B. „110.000" und „Einhundertzehntausend", was auch als ein Längenerweiterungsangriff betrachtet werden könnte.

Längenerweiterungsangriffe sind sehr wirksam gegen naive Angriffe, z. B. hash (Geheimnis ‖ Nachricht) und hash-basierte Nachricht-Authentifizierungscode-Konstrukte (MAC), die wie eine symmetrische Signatur wirken, wobei derselbe geheime Schlüssel zur Erstellung und Verifizierung der Signatur (d. h. des Nachricht-Authentifizierungs-codes) verwendet wird.

6.5   Secure Hash Algorithmus (SHA)

6.5.1   Einführung

Der SHA-Algorithmus bietet ein frühes Beispiel für einen Standard-Hashing-Algorithmus (SHS o. J.). Er wurde 1993 erstmals veröffentlicht und von der National Security Agency (NSA) und dem National Institute of Standards and Technology (NIST) gemeinsam entwickelt. Das Verfahren funktioniert für jeden Informationsinput, der kleiner als 264 Bit ist, welches Milliarden von Zeichen sind, und erzeugt immer einen Output (Digest, Hash), der genau 160 Bit lang ist (d. h. 40 Ziffern). Die Grundsätze einer jeden Hash-Funktion sind, dass es unmöglich ist,

- vom Output zurück zur ursprünglichen Nachricht zu gelangen,
- zwei verschiedene Nachrichten zu finden, die den gleichen Output erzeugen.

Der Hash-Wert gewährleistet die Integrität einer Nachricht. Zu diesem Zweck muss die Hash-Funktion kollisionssicher sein, d. h. es muss unmöglich sein, zwei verschiedene Input-Nachrichten mit identischem Hash-Wert (Output) zu erstellen (wie in Abschn. 6.4.2 vorgestellt).

In der Theorie müssen mehrere Zeichenfolgen letztlich zum gleichen Hash führen, da der Hash-Digest unabhängig von den Eingabedaten eine endliche Länge hat. Ausschlaggebend ist dabei, dass der Hash-Algorithmus solche Kollisionen so schwierig wie möglich macht. Bei jeder Hash-Funktion sollten kleinste Änderungen im Klartext oder in den Nachrichteninputs zu großen Veränderungen des Hash-Wertes führen.

Im nächsten Abschnitt wird erläutert, wie der SHA-1-Hashing-Algorithmus in der Praxis funktioniert. Angesichts der Länge des Verfahrens können die Beispiele nicht allzu umfassend sein, aber wir stellen den Pseudocode dar und geben einen Hinweis darauf, was bei jedem Schritt geschieht.

6.5.2   Hash-Beispiel

Schritt 1: Nehmen Sie den eingegebenen Text und teilen Sie ihn in eine Anordnung aus den ASCII-Codes der verwendeten Zeichen auf (d. h. „Blockchain " wird zu [B, l, o, c, k , c, h, a, i, n]), woraus dann in ASCII-Code resultiert:

```
[66,108,111,99,107,99,104,97,105,110]
```

Schritt 2: Wandeln Sie die ASCII-Codes in das Binärformat um:

```
[1000100, 1101100, 1101111, 1100011, 1101011, 1100011, 1101000, 1100001,
1101001, 1101110]
```

Schritt 3: Füllen Sie Nullen vor jeder Zahlenfolge auf, um sicherzustellen, dass jede 8 Bit lang ist:

```
[01000100, 01101100, 01101111, 01100011, 01101011, 01100011, 01101000,
01100001, 01101001, 01101110]
```

Schritt 4: Verknüpfen Sie die Binärzahlen mit einer zusätzlichen 1:

```
0100010001101100011011110110001101101011011000110110100001
1000010110100101101101
```

Schritt 5: Füllen Sie die Binärnachricht mit Nullen auf, bis ihre Länge 512 mod 448 beträgt; das Auffüllen stellt sicher, dass der Input durch 512 teilbar ist. (Der Output von SHA-1 wird immer 40 Bit lang sein.) In unserem Beispiel ist die verknüpfte Zeichenfolge 81 Zeichen lang, also hängen wir 431 Nullen an.

Schritt 6: Bestimmen Sie die Länge der 8-Bit-ASCII-Code-Anordnung (Schritt 3), und konvertieren Sie diese in eine Binärdatei (z. B. 80), d. h. 1010000.

Schritt 7: Füllen Sie diese Anordnung vorne mit Nullen auf, bis sie 64 Zeichen lang ist (wir fügen 57 Nullen hinzu).

Schritt 8: Hängen Sie das Ergebnis aus Schritt 7 an den Output von Schritt 5 an. Da wir die binäre Nachricht durch 512 teilen, spielt die Größe des Inputs keine Rolle.

Schritt 9: Unterteilen Sie die Nachricht zur weiteren Verarbeitung in eine Anordnung von 512 Zeichen, und teilen Sie jedes 512-Zeichen-Stück in eine Unteranordnung von sechzehn 32-Bit-Wörtern.

Schritt 10: Bearbeiten Sie jedes der sechzehn 32-Bit-Wörter, indem Sie jeden Abschnitt durch bitweise Operationen auf 80 Wörter erweitern, so wie es durch das SHA-1-Protokoll definiert ist.

Schritt 11: Initialisieren Sie die Variablen h_1, h_2, h_3, h_4 und h_5.

Schritt 12: Durchlaufen Sie den Prozess (Loop) durch alle Teile, und führen Sie (1) bitweise Operationen und (2) Neuzuweisungen von Variablen durch (wodurch die in Schritt 12 initialisierten Variablen geändert werden), basierend auf den Spezifikationen des SHA-1-Algorithmus. Dieser Schritt stellt sicher, dass die Ausgabe immer 40 Bits beträgt: Die SHA-1-Funktion manipuliert diese fünf Variablen, basierend auf der Länge und Zusammensetzung der beliebigen Inputnachricht.

Schritt 13: Nachdem das Durchlaufen (Loop) des Prozesses abgeschlossen ist, wird der aktuelle Zustand der binären Variablen (h_1, h_2, h_3, h_4 und h_5) wieder in hexadezimale Werte umgewandelt:

```
h₁ = 1111 0100 0101 1101 1000 1110 1110 0011 → EFE3FBAA
h₂ = 0110 1101 1011 0011 1111 0100 0011 1100 → 6DB3F43C
h₃ = 1111 0100 0101 1101 1000 1110 1110 0011 → F45D8EE3
h₄ = 1111 1101 1011 0001 0110 1000 1100 1101 → FDB168CD
h₅ = 0100 0100 1000 1010 1111 1010 0100 0001 → 448AFA41
```

Schritt 14: Die daraus resultierenden hexadezimalen Werte können miteinander verbunden werden, was zu einem Hash-Output oder einem Digest des „Blockchain"-Zeicheninputs führt, der auf dem SHA-1-Algorithmus basiert:

```
EFE3FBAA6DB3F43CF45D8EE3FDB168CD448AFA41
```

6.6   Symmetrische Verschlüsselung

6.6.1   Einzelentschlüsselungsschlüssel

Das Prinzip der symmetrischen Verschlüsselung ist einfach: Sowohl für die Ver- als auch für die Entschlüsselung wird nur ein Schlüssel gebraucht, sodass sowohl Sender als auch Empfänger den gleichen Schlüssel benötigen (Abb. 6.5). Das ist für den Sender kein Problem, da er bereits über den Verschlüsselungsschlüssel verfügt, jedoch muss ein sicherer Übertragungsweg bestimmt werden, um diesen Schlüssel an den Empfänger weiterzuleiten. In der Vergangenheit wurde dieser Schlüssel in der Regel persönlich von einem Boten übergeben.

Symmetrische Verschlüsselung wird heutzutage häufig verwendet, aber da die Übertragung des Schlüssels umständlich ist, ist das Prinzip der hybriden Verschlüsselung zu einer attraktiven Alternative geworden. Der hybride Ansatz basiert auf der asymmetrischen Verschlüsselung des symmetrischen Schlüssels (Kap. 7) und der symmetrischen Verschlüsselung für die Übertragung der eigentlichen Daten. Der symmetrische Schlüssel wird über einen (etwas langsameren) asymmetrischen Verschlüsselungsweg ausgetauscht, und die nachfolgende Kommunikation wird über eine (schnellere) symmetrische Verschlüsselung verschlüsselt.

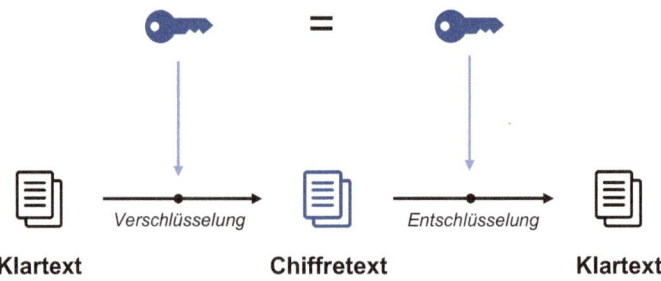

Abb. 6.5 Symmetrische Verschlüsselung

Symmetrische Verschlüsselungsverfahren werden in Stromchiffren und Blockchiffren unterteilt. Bei Stromchiffren wird der Klartext zeichenweise ver- oder entschlüsselt; bei Blockchiffren wird, wie der Name schon sagt, der Klartext in Blöcke mit fester Größe (z. B. 256 Bit) unterteilt, sodass mehrere Zeichen in einem Schritt ver- oder entschlüsselt werden.

Am Anfang dieses Kapitels haben wir einige Beispiele für Stromchiffren gesehen (die in Abschn. 6.2 angesprochenen Caesar- und Transpositions-Chiffren). Als Nächstes schauen wir uns die Hill-Chiffre an, ein klassisches Verschlüsselungsverfahren, das 1929 von Lester S. Hill erfunden wurde. Die Hill-Chiffre ist die allgemeinste der linearen Blockchiffren, die Matrizen wirksam einsetzen, und sie wird uns auf dem Weg zur modernen Kryptografie als grundlegendes Beispiel dienen.

6.6.2 Die Hill-Chiffre

Die Hill-Chiffre ist eine polygrafische Chiffre, bei der der Prozess mehr als einen einzelnen Buchstaben auf einmal bündeln kann, bevor die Nachricht verschlüsselt wird. Die Hill-Chiffre basiert auf linearer Algebra und modularer Division (Lindell 2019). Zur Verschlüsselung wird der Schlüssel in eine n x n-Matrix geschrieben, mit der n Zeichen des Chiffretextes mehrfach verschlüsselt werden. Chiffretexte, deren Länge nicht durch n teilbar ist, werden mit x aufgefüllt. Dieses x wird dann beim Entschlüsseln der Nachricht wieder entfernt.

Zur Entschlüsselung wird eine inverse Matrix der Schlüsselmatrix berechnet. Die Menge der verfügbaren Schlüssel hängt von gemeinsamen Teilern ab, sodass Alphabetlängen, die einer Primzahl entsprechen, ideal sind. Die Schlüssellängen müssen den Quadraten der Matrix entsprechen. Hier sind Schlüssellängen von 4 (2×2), 9 (3×3), 16 (4×4) und 25 (5×5) geeignet. Beachten Sie, dass die Berechnung einer inversen Matrix nicht immer möglich ist.

Das Verfahren zur Bestimmung der Anzahl geeigneter Schlüssel (d. h. mit der Determinante 1) für die Hill-Chiffre ist kompliziert: Eine Blockgröße von 2 hat ungefähr 45.000 Schlüssel, und eine Blockgröße von 3 hat ungefähr 52 Millionen Schlüssel. Daher wird ein traditioneller Brute-Force-Angriff mit zunehmender Blockgröße ziemlich schnell unausführbar. Es folgt ein Schritt-für-Schritt-Beispiel für ein Klartext-Verschlüsselungsverfahren, das die Hill-Chiffre-Methode nutzt.

Schritt 1: Bestimmen Sie die Kantenlänge der verwendeten Quadratschlüssel-Matrix, indem Sie diejenige nehmen, die mit der Länge des Schlüssels abgebildet werden kann. Wir verwenden das Passwort BCIEELIJB für unsere Verschlüsselungs-Schlüsselmatrix und fügen die Buchstaben des Klartextes und des Schlüssels in Zahlen ein, wobei $A = 0$, $B = 1 \ldots Z = 25$ ist.

$$K = \begin{pmatrix} B & E & I \\ C & E & J \\ I & L & B \end{pmatrix} = \begin{pmatrix} 1 & 4 & 8 \\ 2 & 4 & 9 \\ 8 & 11 & 1 \end{pmatrix}$$

Die Chiffre funktioniert nur, wenn der größte gemeinsame Teiler der Determinante der Schlüsselmatrix K und 26 1 ist, denn nur dann hat die Determinante einen vielfachen Kehrwert, der sowohl zum Entschlüsseln als auch zum Verschlüsseln des Klartextes verwendet werden kann.

Schritt 2: Füllen Sie den reinen Text mit dem Buchstaben X am Ende auf, bis er durch die Kantenlänge teilbar ist. Betrachten Sie den folgenden Text als Klartextbeispiel:

Klartext	B	L	O	C	K	C	H	A	I	N	B	O	O	K	W	H	U	X

Dieses Klartextbeispiel hat nur 17 Zeichen. Also fehlt ein zusätzliches Zeichen, um durch 3 teilbar zu sein. Daher wird in unserem Beispiel am Ende ein X-Buchstabe hinzugefügt („aufgefüllt"). Dann werden die Buchstaben von Klartext und Schlüssel in Zahlen kodiert, wobei A = 0, B = 1 … Z = 25 ist.

Klartext	B	L	O	C	K	C	H	A	I	N	B	O	O	K	W	H	U	X
Position	1	11	14	2	10	2	7	0	8	13	1	14	14	10	22	7	20	23

Je nach gewählter Blockgröße können unterschiedliche Buchstaben auf unterschiedlichen Zahlen abgebildet werden. In diesem Beispiel erfolgt die Abbildung jedoch eins zu eins, da wir eine einheitliche Blockgröße verwenden.

Schritt 3: Schreiben Sie den Klartext in ein Matrixformat in Übereinstimmung mit der Kantenlänge der Schlüsselmatrix K, die wir in Schritt 1 ausgewählt haben:

$$P = \begin{pmatrix} 1 & 2 & 7 & 13 & 14 & 7 \\ 11 & 10 & 0 & 1 & 10 & 20 \\ 14 & 2 & 8 & 14 & 22 & 23 \end{pmatrix}$$

Schritt 4: Multiplizieren Sie die Schlüsselmatrix K mit der Klartextmatrix P.

$$K \cdot P = \begin{pmatrix} 1 & 2 & 8 \\ 4 & 4 & 11 \\ 8 & 9 & 1 \end{pmatrix} \cdot \begin{pmatrix} 1 & 2 & 7 & 13 & 14 & 7 \\ 11 & 10 & 0 & 1 & 10 & 20 \\ 14 & 2 & 8 & 14 & 22 & 23 \end{pmatrix} = \begin{pmatrix} 135 & 38 & 71 & 127 & 210 & 231 \\ 202 & 70 & 116 & 210 & 338 & 361 \\ 121 & 108 & 64 & 127 & 224 & 259 \end{pmatrix}$$

Die daraus resultierende Matrix ist modulo 26:

$$\begin{pmatrix} 135 & 38 & 71 & 127 & 210 & 231 \\ 202 & 70 & 116 & 210 & 338 & 361 \\ 121 & 108 & 64 & 127 & 224 & 259 \end{pmatrix} mod(26) \rightarrow \begin{pmatrix} 5 & 12 & 19 & 23 & 2 & 23 \\ 20 & 18 & 12 & 2 & 0 & 23 \\ 17 & 4 & 12 & 23 & 16 & 25 \end{pmatrix}$$

Schritt 5: Wandeln Sie die resultierenden Zahlen wieder in Buchstaben um. Daraus erhalten Sie den Chiffretext:

Buchstabenposition	5	20	17	12	18	4	19	12	12	23	2	23	2	0	16	23	23	25
Chiffretext	F	U	R	M	S	E	T	M	M	X	C	X	C	A	Q	X	X	Z

Der Entschlüsselungsprozess

Zur Entschlüsselung wird die Matrix aus dem Schlüssel invertiert und mit der Matrix der Chiffre multipliziert. Die resultierende Matrix wird dann modulo 26 dividiert; die sich daraus ergebenden Zahlen werden danach in Buchstaben umgewandelt, um den Klartext wiederherzustellen.

Schritt 1: Invertieren Sie die Schlüsselmatrix K, die in Schritt 1 des Verschlüsselungsprozesses ausgewählt wurde. Die Determinante der Schlüsselmatrix muss 1 sein, um sicherzustellen, dass es eine multiplikative Inverse für die Matrix gibt. Wir berechnen die Inverse von K wie folgt:

$$K^{-1} = d^{-1} * adj(K)$$

Um die Verschlüsselungsschlüsselmatrix K zu invertieren, müssen wir die multiplikative Umkehrung der Determinante von K finden. Zunächst berechnen wir jedoch die Determinante von K:

$$d = \begin{vmatrix} a_1 & b_1 & c_1 \\ a_2 & b_2 & c_2 \\ a_3 & b_3 & c_3 \end{vmatrix} = a_1 * \begin{vmatrix} b_2 & c_2 \\ b_3 & c_3 \end{vmatrix} - b_1 * \begin{vmatrix} a_2 & c_2 \\ a_3 & c_3 \end{vmatrix} + c_1 * \begin{vmatrix} a_2 & b_2 \\ a_3 & b_3 \end{vmatrix}$$

$$d(K) = \begin{vmatrix} 1 & 2 & 8 \\ 4 & 4 & 11 \\ 8 & 9 & 1 \end{vmatrix} = 1 * \begin{vmatrix} 4 & 11 \\ 9 & 1 \end{vmatrix} - 2 * \begin{vmatrix} 4 & 11 \\ 8 & 1 \end{vmatrix} + 8 * \begin{vmatrix} 4 & 4 \\ 8 & 9 \end{vmatrix}$$

$$d = 1$$

Wir müssen zudem die Zusatzmatrix von K finden;

$$adj = \begin{pmatrix} a_1 & b_1 & c_1 \\ a_2 & b_2 & c_2 \\ a_3 & b_3 & c_3 \end{pmatrix} = \begin{pmatrix} +\begin{vmatrix} b_2 & c_2 \\ b_3 & c_3 \end{vmatrix} & -\begin{vmatrix} b_1 & c_1 \\ b_3 & c_3 \end{vmatrix} & +\begin{vmatrix} b_1 & c_1 \\ b_2 & c_2 \end{vmatrix} \\ -\begin{vmatrix} a_2 & c_2 \\ a_3 & c_3 \end{vmatrix} & +\begin{vmatrix} a_1 & c_1 \\ a_3 & c_3 \end{vmatrix} & -\begin{vmatrix} a_1 & c_1 \\ a_2 & c_2 \end{vmatrix} \\ +\begin{vmatrix} a_2 & b_2 \\ a_3 & b_3 \end{vmatrix} & -\begin{vmatrix} a_1 & b_1 \\ a_3 & b_3 \end{vmatrix} & +\begin{vmatrix} a_1 & b_1 \\ a_2 & b_2 \end{vmatrix} \end{pmatrix}$$

$$adj(K) = adj\begin{pmatrix} 1 & 2 & 8 \\ 4 & 4 & 11 \\ 8 & 9 & 1 \end{pmatrix} = \begin{pmatrix} +\begin{vmatrix} 4 & 11 \\ 9 & 1 \end{vmatrix} & -\begin{vmatrix} 2 & 8 \\ 9 & 1 \end{vmatrix} & +\begin{vmatrix} 2 & 8 \\ 4 & 11 \end{vmatrix} \\ -\begin{vmatrix} 4 & 11 \\ 8 & 1 \end{vmatrix} & +\begin{vmatrix} 1 & 8 \\ 8 & 1 \end{vmatrix} & -\begin{vmatrix} 1 & 8 \\ 4 & 11 \end{vmatrix} \\ +\begin{vmatrix} 4 & 4 \\ 8 & 9 \end{vmatrix} & -\begin{vmatrix} 1 & 2 \\ 8 & 9 \end{vmatrix} & +\begin{vmatrix} 1 & 2 \\ 4 & 4 \end{vmatrix} \end{pmatrix}$$

$$adj(K) = \begin{pmatrix} -95 & 70 & -10 \\ 84 & -63 & 21 \\ 4 & 7 & -4 \end{pmatrix}$$

Schritt 2: Multiplizieren Sie die inverse Matrix von K mit dem Chiffretext:

$$K^{-1} = \begin{pmatrix} -95 & 70 & -10 \\ 84 & -63 & 21 \\ 4 & 7 & -4 \end{pmatrix} * \begin{pmatrix} 5 & 12 & 19 & 23 & 2 & 23 \\ 20 & 18 & 12 & 2 & 0 & 23 \\ 17 & 4 & 12 & 23 & 16 & 25 \end{pmatrix}$$

$$= \begin{pmatrix} 755 & 80 & -1085 & -2275 & -350 & -825 \\ -483 & -42 & 1092 & 2289 & 504 & 1008 \\ 92 & 158 & 112 & 14 & -56 & 153 \end{pmatrix}$$

Schritt 3: Teilen Sie K^{-1} modulo 26, was zu einer Matrix mit den Buchstabenpositionen des ursprünglich entschlüsselten Inputklartextes P führt:

$$P = \begin{pmatrix} 755 & 80 & -1085 & -2275 & -350 & -825 \\ -483 & -42 & 1092 & 2289 & 504 & 1008 \\ 92 & 158 & 112 & 14 & -56 & 153 \end{pmatrix} \mathrm{mod}(26) = \begin{pmatrix} 1 & 2 & 7 & 13 & 14 & 7 \\ 11 & 10 & 0 & 1 & 10 & 20 \\ 14 & 2 & 8 & 14 & 22 & 23 \end{pmatrix}$$

Die Hill-Chiffre wurde noch nie wirklich verbreitet genutzt, da sich die mechanischen Verschlüsselungsgeräte mehr auf die Verwendung der polyalphabetischen Substitution konzentrierten (Klima und Sigmon 2012). Mit dem Aufkommen der digitalen Computertechnologie ist Hills zugrunde liegendes Konzept der Verschlüsselung, basierend auf Gleichungssystemen, erneut aufgekommen. Doch selbst mit weniger hoch entwickelter digitaler Computertechnologie war der Hill-Chiffre-Ansatz immer noch sehr anfällig für einen Known-Plaintext-Angriff. Wenn man den Klartext und den entsprechenden Geheimtext kennt, kann der Schlüssel wiederhergestellt werden, da der Verschlüsselungsprozess linear verläuft.

Mit dem Aufkommen immer leistungsfähigerer Computer in den 1990er-Jahren wurde eine neue Art von Chiffre benötigt, basierend auf einer Mathematik, die Computer nicht gut lösen konnten. Damit kommen wir zum Problem des diskreten Logarithmus, das wir im Rahmen der Pohlig-Hellman-Chiffre in Abschn. 6.6.3 vorstellen werden.

Die Buchstabenhäufigkeitsanalyse funktioniert bei dieser polygrafischen Chiffre nicht, da einzelne Buchstaben vom Klartextinput nicht dem gleichen Buchstaben im Output entsprechen. Es ist jedoch möglich, Blöcke zu tracken: So wird z. B. ein „da" im Klartext immer auf den gleichen zwei Buchstaben im Chiffretext abgebildet. Hill schuf eine mechanische Maschine, die Blockgrößen von 6 verwendete, sie wurde aber nie großartig genutzt.

6.6.3 Die Pohlig-Hellman Chiffre

Die Pohlig-Hellman-Potenzierungs-Chiffre stellt eine Verbindung zwischen traditionellen und modernen kryptografischen Methoden her (Easttom 2016). Diese private (oder symmetrische) Schlüsselchiffre wurde schon 1976 vorgestellt, aber erst nach dem Aufkommen des Diffie-Hellman-Schlüsselaustauschs und des RSA-Kryptosystems offiziell veröffentlicht.

Die Pohlig-Hellman-Chiffre, eine symmetrische Schlüsselchiffre, ist der logische Nachfolger der klassischen Chiffren, da sie Schlüsselelemente mit anderen Systemen teilt (z. B. Shift-Chiffren wie die Caesar-Chiffre). Pohlig-Hellman enthält jedoch auch Schlüsselelemente aus modernen Kryptografie-Systemen wie RSA und Diffie-Hellman (z. B. DLP).

Wir werden die Pohlig-Hellman-Chiffre verwenden, um die Konzepte des Diskreten-Logarithmus-Problems und der Known-Plaintext-Angriffe näherzubringen, ohne tiefer in die komplexeren Ideen der Public-Key-Kryptografie eintauchen zu müssen.

Beispiel
Pohlig-Hellman vorzustellen, liegt folgende Motivation zugrunde: Wir wollen den Prozess zur Schaffung einer reinen Chiffrenmethode, die gegen Angriffe mit bekanntem Klartext resistent ist, darstellen. Für dieses Beispiel arbeiten wir mit Blöcken der Länge 2 und teilen unser Geheimwort „BLOCKCHAIN" entsprechend auf. Dann wandeln wir alle resultierenden Blöcke mit zwei Buchstaben in ganze Zahlen um, indem wir die Zahlen für jeden Buchstaben (Platz in einem Alphabet mit 26 Buchstaben) verknüpfen (Tab. 6.1.).

Klartext	BL	OC	KC	HA	IN
Position	2,12	15,3	11,3	8,1	9,14
Kombiniert	0212	1503	1103	0801	0914

Um die Ver- und Entschlüsselung mit der Pohlig-Hellman-Chiffre durchzuführen, wählen wir eine Primzahl, die größer ist als der größtmögliche Block in unserem Verschlüsselungsraum. Für das obige Beispiel mit einem Alphabet mit 26 Buchstaben ist diese Zahl 2626, wir brauchen also eine Primzahl, die größer ist als diese, zum Beispiel 3001. Dann müssen wir einen symmetrischen Schlüssel, e, zur Verwendung in der folgenden Verschlüsselungsgleichung wählen (wobei C für den Chiffretext und P für den Klartext steht):

$$C \equiv P^e \bmod p$$

Angenommen, wir wählen e = 7, dann:

$$(212)^7 \equiv 152 \bmod 3001$$

$$(1503)^7 \equiv 118 \bmod 3001$$

$$(1103)^7 \equiv 1741 \bmod 3001$$

$$(801)^7 \equiv 2998 \bmod 3001$$

$$(914)^7 \equiv 2337 \bmod 3001$$

Als Ergebnis erhalten wir den folgenden Chiffretext C:

Klartext	BL	OC	KC	HA	IN
Position	2,12	15,3	11,3	8,1	9,14
Kombiniert	0212	1503	1103	0801	0914
Verschlüsselt	0152	0118	1741	2998	2337

Der Empfänger dieses Chiffretextes wird ihn mit nichts anderem als dem symmetrischen Schlüssel entschlüsseln, der zuvor geteilt wurde. Dazu berechnet der Empfänger die entsprechenden e-ste Wurzeln des Chiffretextes, die die Inverse (d. h. eine Zahl d) erfordern, sodass:

$$C^d \equiv P \bmod p$$

$$\left(P^e\right)^d \equiv P \bmod p$$

$$P^{ed} \equiv P \bmod p$$

$$P^{ed}P^{-1} \equiv 1 \bmod p$$

$$P^{ed-1} \equiv 1 \bmod p$$

Um die Pohlig-Hellman-Chiffre verwenden zu können, muss man daher wissen, welche Zahlen x die Voraussetzung $P * x \equiv 1 \bmod p$ erfüllen. Hier kommt Fermats „kleines Theorem" ins Spiel: Es besagt, dass wenn p eine Primzahl ist, für jede ganze Zahl a die Zahl $a^p - a$ ein ganzzahliges Vielfaches von p ist.

Da wir in unserem Beispiel p = 3001 und e = 7 gewählt haben, ist der größte gemeinsame Nenner (GCD) von (e, p−1) 1, sodass wir mit dem Entschlüsselungsprozess fortfahren können. Daraus folgt, dass $d \equiv \bar{e} = 2143 \bmod 3000$, also:

$$(152)^{2143} \equiv 212 \bmod 3001$$

$$(118)^{2143} \equiv 118 \bmod 3001$$

$$\left(1741\right)^{2143} \equiv 1103 \bmod 3001$$

$$\left(2998\right)^{2143} \equiv 801 \bmod 3001$$

$$\left(2337\right)^{2143} \equiv 914 \bmod 3001$$

Einer der Hauptvorteile der Pohlig-Hellman-Chiffre gegenüber traditionellen Chiffren ist ihr Schutz vor Known-Plaintext-Angriffen. Jeder Angreifer, der einen Klartext-Angriff startet, muss das sogenannte Diskrete-Logarithmus-Problem (DLP) lösen, indem er $e = \log_P C \bmod p$ findet. Der schnellste bekannte Algorithmus zur Lösung des DLP ist wesentlich langsamer als der Entschlüsselungsmechanismus, der den symmetrischen Schlüssel verwendet.

Ein Ansatz, um die „Stärke" eines Verschlüsselungsverfahrens zu messen, besteht darin, zu bestimmen, wie viele Schlüssel es gibt, da diese Zahl die Grundlage für einen Brute-Force-Angriff bildet, der alle möglichen Schlüssel ausprobiert (Whitman und Mattord 2018).

Wie wir im vorangegangenen Beispiel gesehen haben, werden „gute" Schlüssel abgeleitet, indem Zahlen zwischen 1 und p−1 gefunden werden, die keine Faktoren mit p−1 gemeinsam haben. Diese Zahl kann durch die Wahl eines größeren Betrags oder durch die Wahl größerer Blockgrößen von drei oder mehr Buchstaben erhöht werden.

Damit die Chiffre gegen Known-Plaintext-Angriffe resistent ist, müssen wir sicherstellen, dass die Wiederherstellung des Schlüssels mathematisch schwieriger ist als das Verfahren der Ver- und Entschlüsselung. In unserem Beispiel besteht das Schlüsselproblem darin, eine ganze Zahl e zu finden, sodass $C \equiv P^e \bmod p$. Dieses Problem, das sogenannte Diskrete-Logarithmus-Problem (DLP), ist ein zentrales Element aller anderen kryptografischen Verfahren, die wir in Betracht ziehen werden.

Auch hier geht es vor allem um die Geschwindigkeit, mit der dieses mathematische Problem gelöst werden kann. Wenn ein Angreifer etwa einige Beispiele von P und C hat und bestimmen will, was e ist, dann kann er P mit sich selbst multiplizieren, modulo p, bis er bei C ankommt. Indem er die Anzahl der Multiplikationen verfolgt, bestimmt er e. Dieser Prozess ist im Wesentlichen derselbe wie bei der Entschlüsselung, aber wenn beide teilnehmende Parteien die Faktoren des Exponenten e im Voraus kennen, kann der Prozess beschleunigt werden.

Betrachten Sie das folgende Beispiel: Angenommen, Sie möchten 2^{101} berechnen. Dies kann auf die offensichtliche Weise berechnet werden (d. h. 2*2*2*...*2, 101-mal wiederholt), jedoch erfordert dieser Ansatz 101 Multiplikationsoperationen. Wenn man jedoch stattdessen $((2^{10})^{10})*2$ berechnen kann, wird der gesamte Rechenaufwand viel geringer sein, da man zuerst 10-mal 2*2*... *2 berechnet, was 1024 ergibt, gefolgt von 10-mal 1024*1024*...*1024, was insgesamt 9 + 9 = 18 Operationen ausmacht. Danach muss das Ergebnis noch einmal mit 2 multipliziert werden, was insgesamt 19 einzelne Multiplikationen ergibt, verglichen mit 101 Berechnungen, die auf „normale" Weise durchgeführt wurden.

Die Pohlig-Hellman-Chiffre fand in der Welt der Kryptografie vor allem deshalb keine breite Akzeptanz, weil sie langsamer ist als andere Chiffren mit privatem Schlüssel, die auch Known-Plaintext-Angriffen widerstehen können. Die Pohlig-Hellman-Chiffre wurde in der Praxis nicht verwendet, da sie im Vergleich zu anderen damals existierenden Mechanismen (z. B. AES, DES) eine geringe Leistung hatte.

Zusammenfassung
Dieses Kapitel führt in die Grundlagen der Blockchain-Kryptografie am Beispiel des Hashing-Verfahrens mit SHA-1 ein. Obwohl diese Methode nicht mehr verbreitet ist, eignet sie sich gut, um die grundlegenden Prinzipien neuerer Methoden (z. B. SHA-256) zu veranschaulichen, die heute beim technischen Aufbau von Bitcoin und Ethereum verwendet werden. Aus kryptografischer Sicht führt dieses Kapitel in die Grundlagen ein, die notwendig sind, um die blockchainspezifischen kryptografischen Mechanismen zu verstehen, die wir in Kap. 7 näher betrachten werden. Obwohl sich die verschiedenen hier vorgestellten Chiffren nicht direkt auf das Blockchain-Ökosystem beziehen, sind sie dennoch essenziell zum Verständnis der kryptografischen Mechanismen, die die technische Basis des heutigen Blockchain-Bereichs bilden.

6.7   Übung

6.7.1   Einführung

Die Übung für Kap. 6 erfordert, dass Sie die AES-Verschlüsselungsmethode verwenden, um eine Nachricht sicher zu versenden.

Der Einfachheit halber werden wir den gleichen dockerbasierten Ansatz wie in den vorangegangenen Kapiteln verwenden, indem wir eine einfache Ubuntu-Instanz zum Durcharbeiten der Übung starten.

Verwenden Sie wie zuvor den folgenden Befehl in der Windows-Konsole, um eine interaktive Version von Ubuntu herunterzuladen und zu starten:

```
docker run -i -t --name aes ubuntu
```

Nach dieser Eingabe sehen Sie den folgenden Aufbau, was bedeutet, dass Sie sich nun in der Kommandozeilenumgebung einer simulierten Unix-Umgebung befinden – und wir sind bereit, mit den Blockchain-Experimenten zu beginnen. (Beachten Sie, dass die Zeichenfolge nach dem „root@" anders sein wird als im unten dargestellten Beispiel.)

```
root@<your-instance>:/#
```

6.7.2 Vorbereitung der Nachricht

Lassen Sie uns zunächst eine einfache Textdatei erstellen, die die zu verschlüsselnde Nachricht enthält. Der Nachrichteninhalt unseres Beispiels ist unten dargestellt; Sie können den Inhalt der Textdatei verändern, wie Sie möchten.

```
> echo "Attack at 5:00." > message.txt
```

Bestätigen Sie im nächsten Schritt, dass der Nachrichtentext korrekt gespeichert wurde, indem Sie den Befehl *cat* verwenden (der Output sollte die Nachricht sein, die Sie im ersten Schritt eingegeben haben).

```
> cat message.txt
Attack at 5:00.
```

6.7.3 OpenSSL-Setup

Geben Sie den folgenden Befehl ein, um die Paketlisten herunterzuladen und zu aktualisieren:

```
apt-get update
```

Als Nächstes werden Sie die *openssl*-Komponente installieren; dies ist ein Paket, das Sie zur Ausführung der symmetrischen Verschlüsselung Ihrer Nachricht benutzen werden. Geben Sie den folgenden Befehl ein, um OpenSSL zu installieren:

```
apt-get install openssl
```

6.7.4 Verschlüsselung der Nachricht

Die *openssl*-Komponenten unterstützen verschiedene Verschlüsselungsstandards. Für unsere Zwecke verwenden wir den sogenannten Advanced Encryption Standard, kurz AES (2001).

Sie können die verschiedenen von OpenSSL unterstützten Verschlüsselungsalgorithmen auflisten, indem Sie den Befehl *openssl list -cipher-algorithms* verwenden.

```
> openssl list -cipher-algorithms
AES-128-CBC
AES-128-CBC-HMAC-SHA1
AES-128-CBC-HMAC-SHA256
...
SM4-CTR
SM4-ECB
SM4-OFB
```

Geben Sie den folgenden Befehl in die Konsole ein, um den Verschlüsselungsprozess zu starten:

```
> openssl enc -AES-256-CBC -base64 -in message.txt -out encrypted.txt -p -pass
pass:password
```

Der Output sollte wie folgt aussehen:

```
salt=AA15A998CB50D436
key=D529A57CAC59A9BA00F8259E37B7247D93873E0DE9015484EFD6FC46FEF51AA2
iv =B50314AC17E166B81F52BA66089AAA8A
```

Wir erhalten hier drei Attribute: (1) Salt, (2) den Schlüssel (key) und (3) den Initialisierungsvektor (iv). Wir werden kurz darauf eingehen, wofür jedes dieser Elemente verwendet wird und wie sie funktionieren:

Salt wird benutzt, um sicherzustellen, dass identische Passwörter nicht zum selben Schlüssel führen. Wie Sie in der Übung, aber auch im Alltag gesehen haben, können die von Ihnen verwendeten Passwörter recht kurz sein. Aus jedem Passwort, das Sie innerhalb von OpenSSL verwenden, wird ein Schlüssel generiert, der dann zur Verschlüsselung der eigentlichen Daten verwendet wird. Als Teil dieses Prozesses verhindert Salt, ein zufällig generierter Wert, dass identische Passwörter nicht zum selben Schlüssel führen. Der Salt-

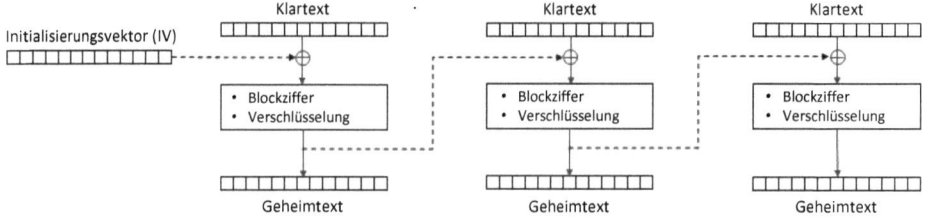

Abb. 6.6 Blockverschlüsselung (Cipher Block Chaining)

Wert ist nicht geheim. Wenn man direkt mit Schlüsseln arbeiten würde, bräuchte man keinen Salt-Wert.

Lassen Sie uns als Nächstes einen kurzen Blick auf den eigentlichen **Schlüssel (key)** werfen. Wie oben beschrieben, wird der Schlüssel aus dem von Ihnen gewählten Passwort generiert. Dieser Schlüssel (entweder 128 bit oder 256 bit) wird mithilfe einer Passwort-Ableitungsfunktion abgeleitet. Die dafür am häufigsten verwendete Funktion ist die sogenannte passwortbasierte Schlüsselableitungsfunktion 2 (PBKDF2), die vom Aufbau her sehr langsam ist. Warum das? Weil dies den Start eines Brute-Force-Angriffs unmöglich macht, da die Ausführung zu lange dauern würde.

Abschließend wollen wir uns den **Initialisierungsvektor (IV)** anschauen. An diesem Punkt haben wir einen Schlüssel, der auf der Grundlage des von uns gewählten Passworts abgeleitet wurde. Ein Problem könnte immer noch auftreten, wenn wir zufällig die gleiche Information zweimal verschlüsseln, entweder innerhalb der gleichen oder innerhalb nachfolgender Nachrichten. Sobald wir zu einer blockbasierten Betriebsart übergehen (d. h. wir verschlüsseln mehr Daten, als in einem einzigen Block enthalten sein können), müssen wir die Nachricht ändern. Die Abb. 6.6 stellt diesen Prozess dar (d. h. die Blockverschlüsselung). Beachten Sie, dass der Initialisierungsvektor nur für die erste Blockverschlüsselung benutzt wird; danach wird der verschlüsselte Chiffretext aus dem ersten Block verwendet (usw.).

Für den ersten Block nehmen wir den Initialisierungsvektor IV mit dem Klartext; danach verwenden wir den Verschlüsselungstext (von Block 1) für die nachfolgenden Blöcke.

Als Nächstes betrachten Sie die verschlüsselte Nachricht mit dem Befehl *cat*.

```
> cat encrypted.txt
U2FsdGVkX1+qFamYy1DUNiL5rX/a2gfIKSA6zv315hhzUFi1kWt/kY8Cr2SCPr+g
```

6.7.5 Entschlüsselung der Nachricht

Nach der Verschlüsselung wollen Sie Ihre Nachricht wieder entschlüsseln. Verwenden Sie dazu den folgenden Befehl:

```
> openssl enc -AES-256-CBC -base64 -in encrypted.txt -out decrypted.txt -p -pass
pass:password -d

salt=AA15A998CB50D436
key=D529A57CAC59A9BA00F8259E37B7247D93873E0DE9015484EFD6FC46FEF51AA2
iv =B50314AC17E166B81F52BA66089AAA8A

> cat decrypted.txt
Attack at 5:00.
```

Literatur

Advanced Encryption Standard (AES) (2001) https://nvlpubs.nist.gov/nistpubs/FIPS/NIST.FIPS.197.pdf

Easttom C (2016) Modern cryptography: applied mathematics for encryption and information security. McGraw-Hill Education, New York City

Holden J (2017) The mathematics of secrets: cryptography from Caesar Ciphers to digital encryption. Princeton University Press, Princeton

Kim D, Solomon M (2018) Fundamentals of information systems security. Jones & Bartlett Learning, Burlington, MA

Klima R, Sigmon N (2012) Cryptology: classical and modern with maplets. Chapman & Hall/CRC, Boca Raton

Lindell Y (2019) Tutorials on the foundations of cryptography. Springer, Cham

Paar C, Pelzl J (2011) Understanding cryptography: A textbook for students and practitioners. Springer, Heidelberg

Secure Hash Standard (SHS) (o. J.) https://nvlpubs.nist.gov/nistpubs/FIPS/NIST.FIPS.180-4.pdf

Whitman M, Mattord H (2018) Principles of information security. Cengage Learning, Boston

7.1 Asymmetrische Schlüsselschemata

7.1.1 Einführung

In Kap. 6 wurde das Konzept der symmetrischen Kryptografie vorgestellt. Wie der Name schon sagt, verwendet das Schema der symmetrischen Verschlüsselung denselben Schlüssel sowohl für die Ver- als auch für die Entschlüsselung. Der Schlüssel ist dem Absender und dem Empfänger der Nachricht bekannt, muss aber für jeden anderen unbekannt bleiben. Um geheim zu kommunizieren, benutzt der Sender eine umkehrbare kryptografische Funktion, um einen Klartext m mit dem Schlüssel k zu verschlüsseln, und sendet dann den daraus resultierenden Chiffretext c an den Empfänger. Der Empfänger erhält den Chiffretext c und verwendet den Schlüssel k mit der inversen Funktion, wodurch der Klartext m wiederhergestellt wird. Der sicherste Weg für Sender und Empfänger, den Schlüssel auszutauschen, sodass dieser für Außenstehende verborgen bleibt, ist ein persönliches Treffen, eine Besonderheit, die eine große Schwäche der symmetrischen Verschlüsselungsmethoden darstellt. Die in Abschn. 6.2 vorgestellte Caesar-Chiffre ist ein Beispiel für eine solche symmetrische Verschlüsselungsmethode.

Diese Hürde im Zusammenhang mit dem sicheren Übermitteln des Schlüssels wurde zu einem motivierenden Antrieb für die Entwicklung der asymmetrischen Verschlüsselung, bei der ein solcher Austausch nicht mehr notwendig ist, da zwei Schlüssel verwendet werden, einer für die Verschlüsselung und ein anderer für die Entschlüsselung. Jede Person hat hier einen öffentlichen und einen privaten Schlüssel (Public-Key-Kryptografie), wobei der öffentliche Schlüssel zum Verschlüsseln und der private Schlüssel zum Entschlüsseln einer Nachricht verwendet wird. Da der öffentliche Schlüssel, im Besitz von Person A, öffentlich sichtbar ist (z. B. in einer E-Mail-Signatur enthalten ist), kann jeder

D. Hellwig et al., *Entwickeln Sie Ihre eigene Blockchain*,
https://doi.org/10.1007/978-3-662-62966-6_7

eine sichere Nachricht an Person A senden, aber nur Person A kann die Nachricht mit ihrem privaten Schlüssel entschlüsseln. Dementsprechend darf die erste Funktion nicht um-
kehrbar sein, da sonst jeder mit dem öffentlichen Schlüssel die Funktion umkehren und die
geheime Nachricht entschlüsseln könnte. Dennoch muss es eine Verbindung zwischen den
Funktionen der öffentlichen und der privaten Schlüssel geben – andernfalls könnte der
richtige Empfänger die Nachricht nicht entschlüsseln. Obwohl also beide Schlüssel mathematisch miteinander verbunden sind, sollte es einem Angreifer nicht möglich sein, den
privaten Schlüssel auf Grundlage des öffentlichen Schlüssels zu entschlüsseln. Diese Eigenschaft werden wir in Abschn. 7.3 näher betrachten.

   1977 veröffentlichten Ronald Rivest, Adi Shamir und Leonard Adleman, zwei Informatiker und ein Mathematiker, die erste allgemeine Lösung für das Problem der asymmetrischen Verschlüsselung, ein Kryptosystem, das unter dem Namen RSA (Rivest et al. 1978)
bekannt ist. Zu dieser Zeit gab es zwar schon leistungsfähige symmetrische Schlüsselsche-
mata, aber die notwendige sichere Kommunikation, die nicht das Teilen von Geheimnis-
sen zur Durchführung der Ver- und Entschlüsselungsprozesse erforderte, war noch nicht in
Angriff genommen worden.

   In den folgenden Abschnitten wird zunächst das Problem der asymmetrischen Verschlüsselung vorgestellt, gefolgt von einer Einführung in den 1976 veröffentlichten Dif-
fie-Hellman-Schlüsselaustausch, ein asymmetrisches Protokoll, das den Parteien ermöglicht, Schlüssel für symmetrische Verschlüsselungsschemata sicher auszutauschen. Die
Abschn. 7.3 und 7.4 stellen RSA und ECC vor, die heute am häufigsten verwendeten Techniken für asymmetrische Verschlüsselung. Beide sind für das Blockchain-System von entscheidender Bedeutung.

7.1.2   Ein Beispiel

Der entscheidende Unterschied zwischen asymmetrischer und symmetrischer Verschlüsselung besteht darin, dass bei der asymmetrischen Verschlüsselung zwei Schlüssel verwendet werden, einer zum Verschlüsseln (für alle verfügbar) und einer zum Entschlüsseln
(nur für den Empfänger verfügbar) der Nachricht. Der Empfänger muss immer beide
Schlüssel vorberechnen und den öffentlichen Teil im Voraus freigeben, damit jeder potenzielle Absender Nachrichten an ihn damit verschlüsseln kann (Abb. 7.1).

   Betrachten Sie das folgende Beispiel: Alice und Bob wollen sich gegenseitig geheime
Nachrichten, unter Verwendung der asymmetrischen Kryptografie, senden. Infolgedessen
brauchen sie sich nicht um die Sicherheit der Verbindung zu kümmern, die sie zum Senden
ihrer Nachrichten benutzen werden, selbst wenn alle über ihre Computer gesendeten Informationen abgefangen werden würden. Um eine sichere Nachricht an Bob zu senden,
erhält Alice zunächst Bobs öffentlichen Schlüssel (z. B. eine alphanumerische Zeichenfolge oder Datei), den Bob möglicherweise ins Internet gestellt hat oder der in seiner
E-Mail-Signatur enthalten war. Alice hat auch einen öffentlichen Schlüssel, den Bob auf
ähnliche Weise benutzt, um seine Antwort an Alice zu verschlüsseln. Alice entschlüsselt

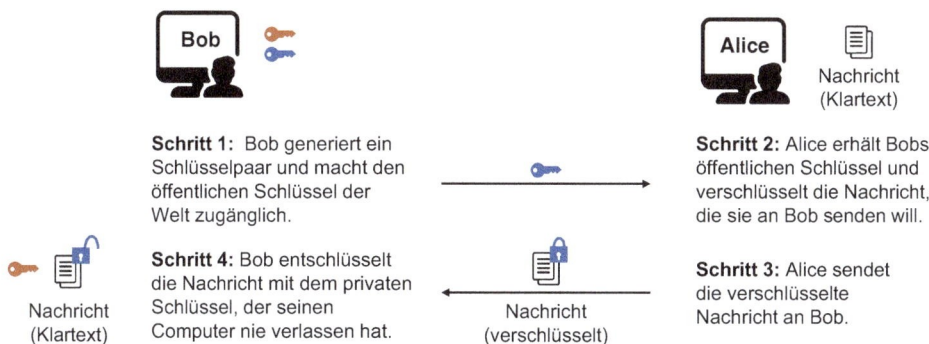

Abb. 7.1   Schema der asymmetrischen Verschlüsselung

Bobs Antwort mit ihrem privaten Schlüssel. Zusammenfassend lässt sich also sagen, dass sowohl Alice als auch Bob private Schlüssel haben, die mit ihren öffentlichen Schlüsseln übereinstimmen: Alice und Bob haben ihre privaten/öffentlichen Schlüsselpaare auf ihren jeweiligen Computern generiert. Der private Schlüssel jedoch wird niemals an jemanden gesendet; er bleibt auf ihren Computern und wird nur für den Entschlüsselungsprozess genutzt.

7.2   Die Diffie-Hellman-Merkle-Schlüsselvereinbarung

7.2.1   Einführung

Diffie-Hellman-Merkle ist ein asymmetrisches kryptografisches Verfahren zum Schlüsselaustausch oder zur Schlüsselvereinbarung, das 1976 von den drei Wissenschaftlern Diffie, Hellman und Merkle veröffentlicht wurde. Interessanterweise wurde später bekannt, dass drei Wissenschaftler des britischen Geheimdienstes (GCHQ) das Prinzip dieses Verfahrens einige Jahre zuvor erfunden hatten. Aus Gründen der Geheimhaltung wurde dieses Verfahren damals jedoch nicht bekanntgemacht, sodass die Wissenschaftler keine Anerkennung für ihre Arbeit erhielten.

In der Praxis stellt das Diffie-Hellman-Merkle-Schlüsselaustauschprotokoll sicher, dass sich zwei oder mehr Kommunikationspartner auf einen gemeinsamen Sitzungsschlüssel einigen, der zur Ver- und Entschlüsselung verwendet wird. Bei typischen kryptografischen Schlüsselaustauschverfahren wird der geheime Sitzungsschlüssel in einer ersten Verhandlungsphase zwischen zwei Kommunikationspartnern ausgetauscht, da nur dann beide Seiten die Daten ver- und entschlüsseln können.

Beim Diffie-Hellman-Merkle-Schlüsselaustauschprotokoll findet nie eine Übermittlung des geheimen Sitzungsschlüssels statt. Nur das Ergebnis einer arithmetischen Operation wird übertragen, die einem Angreifer jedoch nicht erlaubt, daraus den Schlüssel zu ermitteln. Bei dieser arithmetischen Operation geht man von der Annahme aus, dass die

Potenzierung von Zahlen einfach, die Berechnung des diskreten Logarithmus jedoch schwierig ist (Barker et al. 2018). Wenn die notwendige Rechenleistung fehlt und keine effiziente Lösung für das Diskrete-Logarithmus-Problem existiert, ermöglicht dieses Verfahren einen sicheren Schlüsselaustausch. Obwohl es inzwischen üblich geworden ist, von einem „Schlüsselaustausch" zu sprechen, ist der Begriff „Schlüsselvereinbarung" für Diffie-Hellman-Merkle richtiger, weil die Kommunikationspartner nie den geheimen Sitzungsschlüssel wirklich austauschen, sondern sich stattdessen auf einen geheimen Schlüssel einigen.

Der Diffie-Hellman-Merkle-Schlüsselaustausch bildet eine Grundlage für die Secure-Shell-Protokolle (SSH2, OpenSSH), IPSec und TLS mit Forward Secrecy und Perfect Forward Secrecy (OpenSSL). Da der Schlüsselaustausch jedoch eine Interaktion zwischen beiden Parteien erfordert, kann diese Methode nicht zur direkten Verschlüsselung von E-Mails verwendet werden; stattdessen ist man auf asymmetrische Kryptografie wie RSA angewiesen (Abschn. 7.3).

Das nächste Beispiel soll dabei helfen, die einzelnen Schritte des Diffie-Hellman-Merkle Schlüsselaustauschprotokolls zu veranschaulichen.

7.2.2 Ein Beispiel

Stellen Sie sich Alice und Bob vor, die ihre Kommunikation gerne verschlüsseln möchten und daher den geheimen Sitzungsschlüssel, der für die Ver- und Entschlüsselung benötigt wird, im Voraus austauschen wollen. Um den Sitzungsschlüssel vor einem Angreifer zu schützen, der möglicherweise in ihre Kommunikation eindringt, stimmen beide zu, den Diffie-Hellman-Merkle-Schlüsselaustausch zu verwenden (Abb. 7.2).

Zu diesem Zweck einigen sich Alice und Bob auf eine große Primzahl p sowie auf eine natürliche Zahl q, die ein Erzeuger der Gruppe Z(q) sein soll. Es handelt sich hierbei um zyklische Gruppe, also eine Gruppe, die von einem einzelnen Element (hier q) erzeugt wird, und nur aus Potenzen des Erzeugers besteht. Beide Werte können öffentlich bekannt sein, sodass sie über einen unsicheren Kanal übertragen werden können. In diesem Fall wählt Alice die Zahlen $p = 11$ und $q = 7$ aus, die für den Schlüsselaustausch verwendet werden sollen.

Alice generiert dann eine Zufallszahl a, die kleiner sein muss als die gewählte Primzahl p (1 … p − 1). Für dieses Beispiel wählt sie $a = 3$. Anschließend führt Alice die folgenden Berechnungen durch:

$$A = q^a \bmod (p)$$

$$A = 7^3 \bmod (11)$$

$$A = 2$$

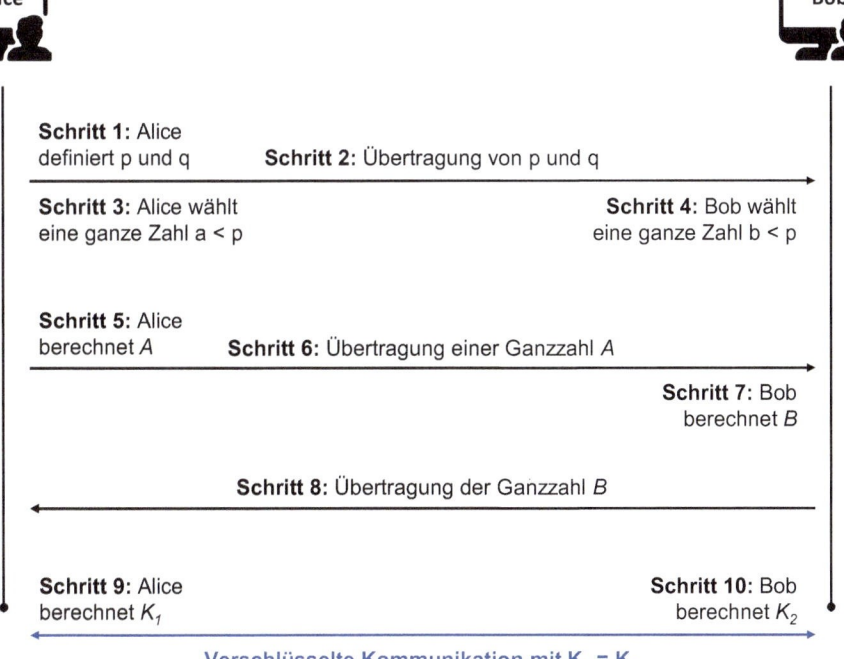

Abb. 7.2 Diffie-Hellman Schlüsselaustausch-Prozess

Als Nächstes übermittelt Alice die Zahlen p und q sowie das Ergebnis A an Bob. Da ihre Kommunikation unterbrochen werden könnte, ist es möglich, dass ein potenzieller Angreifer weiß, was p, q und A an diesem Punkt sind.

Bob generiert nun eine weitere Zufallszahl b, die kleiner als die gewählte Primzahl p $(1 \ldots p-1)$ ist. Er entscheidet sich für b = 6. Dann führt Bob die folgenden Berechnungen durch, um sein Geheimnis zu erhalten:

$$B = q^b \bmod (p)$$

$$B = 7^6 \bmod (11)$$

$$B = 4$$

Im nächsten Schritt sendet Bob das Ergebnis B zurück an Alice. Da die Kommunikationslinie kompromittiert sein könnte, weiß der Angreifer jetzt möglicherweise über p, q, A und B Bescheid.

Alice berechnet nun den Schlüssel K_1:

$$K_1 = B^a \bmod (p)$$

$$K_1 = 4^3 \bmod (11)$$

$$K_1 = 9$$

In ähnlicher Weise berechnet Bob einen weiteren Schlüssel, K_2:

$$K_2 = A^b \bmod (p)$$

$$K_2 = 2^6 \bmod (11)$$

$$K_2 = 9$$

Bei diesem Ansatz kommen Alice und Bob zum gleichen Ergebnis und haben somit einen gemeinsamen geheimen Schlüssel, der als temporärer Sitzungsschlüssel in einem symmetrischen Verfahren verwendet werden kann:

$$K_1 = K_2$$

Während der Angreifer p, q, A und B kennt, da alle diese Werte als Teil der Kommunikation zwischen Alice und Bob übertragen werden, kann er den Schlüssel K nur berechnen, wenn er a und b kennt. Da diese Werte nicht übertragen werden, muss der Angreifer den Schlüssel mit anderen Mitteln berechnen, was bei einer ausreichend großen Primzahl bei der Eingabe fast unmöglich ist. Dieses Problem wird als Diskretes-Logarithmus-Problem bezeichnet.

Um das Problem zu veranschaulichen, betrachten Sie das folgende Beispiel: Das Lösen von $3^{11} \bmod (17) = x$ für x ist relativ einfach, selbst bei größeren Zahlen, aber das Gegenteil, nämlich den diskreten Logarithmus auf der Grundlage der Gleichung $11 = 3^x \bmod (17)$ zu berechnen, ist selbst mit der heute verfügbaren Rechentechnik schwierig.

7.2.3 Einschränkungen

Bei Diffie-Hellman-Merkle und anderen diskreten Logarithmusverfahren ist eine vollständige Schlüsselsuche nicht die effektivste Angriffsmethode, jedoch gibt es Algorithmen zur Berechnung des diskreten Logarithmus, die, obgleich komplex, immer noch schneller als die vollständige Schlüsselsuche sind. Nichtsdestotrotz gilt: Je größer die verwendete Primzahl ist, desto höher ist auch der Rechenaufwand und entsprechend größer ist die Sicherheit: Eine Schlüssellänge von 1024 Bit gilt als das absolute Minimum, 2048-Bit-Schlüssel oder mehr werden empfohlen.

Eine echte Gefahr, die in Betracht gezogen werden sollte, ist der sogenannte „Man-in-the-Middle-Angriff". Das Konzept hinter diesem Angriff ist überraschend einfach und beschränkt sich nicht nur auf Computersicherheit oder Onlinebereiche. In seiner einfachsten Form befindet sich die Angreiferin Eve zwischen den zwei Parteien Alice und Bob, die miteinander kommunizieren. Eve muss nur die gesendeten Nachrichten lesen und sich als eine der beiden Parteien ausgeben. In der realen Welt kann Eve sich beispielsweise als Bob ausgeben, gefälschte Rechnungen an Alice schicken und dann einfach die Schecks abfangen, die Alice an Bob zurückschickt. In der Onlinewelt sind die Angriffe etwas komplexer, aber die Grundlagen sind gleich. Eve interveniert zwischen ihrem Opfer und einer Quelle, die versucht, das Opfer zu erreichen. Um erfolgreich zu sein, dürfen Alice und Bob Eve nicht entdecken. Eine Lösung, um die Möglichkeit eines „Man-in-the-Middle-Angriffs" zu verhindern, ist die Verwendung digitaler Signaturen (siehe Abschn. 7.5.3): Die Gefahr kann verringert werden, indem die Schlüssel für verschiedene Teile der Nachricht geändert werden, was voraussetzt, dass die Kommunikationspartner mit wechselnden Schlüsseln arbeiten. Selbst wenn der Angreifer also einen der Schlüssel erhält, kann er nur einen Teil der Kommunikation entschlüsseln.

7.3 Rivest, Shamir und Adleman (RSA)

7.3.1 Einführung

RSA ist eine asymmetrische Verschlüsselungsmethode in Form der Public-Key-Kryptografie, bei der ein Verschlüsselungsschlüssel jedem bekannt sein kann; allerdings kann nur die Person die Nachricht entschlüsseln, welche im Besitz des privaten Schlüssels ist. RSA war die erste veröffentlichte Implementierung eines Verschlüsselungsverfahrens mit öffentlichem und privatem Schlüssel.

Nach der Veröffentlichung von Diffie-Hellmann-Merkle wollten Wissenschaftler eine Art Falltür oder Einwegfunktion finden, die nur dann umgekehrt werden kann, wenn der Empfänger über die richtigen Informationen verfügt. Denken Sie an Alice und Bob, die sicher kommunizieren wollen, während Eve ihre Kommunikation abfangen und abhören kann. Die Lösung für das oben skizzierte Problem wird nun hier kurz erläutert:

Alice erstellt einen privaten Schlüssel, verwendet diesen, um einen öffentlichen Schlüssel zu generieren, und teilt dann den öffentlichen Schlüssel mit allen anderen, einschließlich ihres Freundes Bob und der neugierigen Eve. Solch ein öffentlicher Schlüssel muss das Konzept einer Einwegfunktion unterstützen, sodass es für Eve unmöglich ist, die Funktion umzukehren und Bobs Nachrichten an Alice, die dieser mit Alices öffentlichem Schlüssel verschlüsselt hat, zu entschlüsseln. Nur Alice kann die Nachrichten entschlüsseln, die Bob mit ihrem privaten Schlüssel sendet.

Die Modulo-Funktion spielt eine wichtige Rolle bei der asymmetrischen Verschlüsselung von RSA, da diese Funktion irreversibel ist. Zum Beispiel ist bei der Berechnung von 73735 mod 23 = 20 die Kenntnis der Zahl 20 nicht hilfreich, um die ursprüngliche Zahl 73735 zu finden, da es zu viele Zahlen gibt, die, wenn sie durch 23 geteilt werden, den Restbetrag 20 ergeben.

Lassen Sie uns als Nächstes einen detaillierten Blick auf das Innenleben des RSA-Prozesses werfen, um ein wenig Intuition für die diesem Prozess zugrunde liegende Ein-

wegfunktion zu vermitteln, und ein numerisches Beispiel durcharbeiten, um zu veranschaulichen, wie RSA in der Praxis funktioniert.

7.3.2 Schlüsselpaare

Der erste Schritt beim Erstellen eines öffentlich-privaten Schlüsselpaares besteht darin,
zwei große Primzahlen zu wählen, p und q. Beide Primzahlen sollten in etwa gleich groß
sein. Die Auswahl der Größe der Primzahlen sollte dem erforderlichen Sicherheitsniveau
entsprechen, d. h. das Produkt von p und q sollte die angedachte Schlüsselgröße sein (d. h.
eine Zahl, die, wenn sie binär geschrieben wird, 1024, 2048 … Bits groß wäre). Als
Nächstes multiplizieren wir p und q, um n zu bestimmen:

$$n = p * q$$

Der nächste Schritt im Prozess der Schlüsselgenerierung besteht darin, den Euler-Totienten sowohl für p als auch für q zu bestimmen und anschließend diese beiden Zahlen
miteinander zu multiplizieren, um m zu finden. Der Euler'sche Totient $\varphi(x)$ beschreibt die
Anzahl der ganzen Zahlen kleiner als x, die zu x teilerfremd sind. (Zwei Zahlen gelten als
teilerfremd, wenn sie keine gemeinsamen Teiler haben, d. h., wenn 1 die einzige positive
ganze Zahl ist, die ein Faktor von beiden ist. Zum Beispiel sind 21 und 22 teilerfremd, weil
21 lediglich durch 1, 3, 7 und 21 und 22 nur durch 1, 2, 11 und 22 teilbar ist.)
     Durch Multiplikation der Euler-Totienten (d. h. φ) von p und q erhalten wir eine neue
zusammengesetzte Zahl m. Es ist mathematisch schwierig, den Euler-Totienten für diese
zusammengesetzte Zahl zu bestimmen, es sei denn, wir kennen p und q, weil wir aus der
Euler'schen Phi-Funktion wissen, dass, wenn wir zwei Primzahlen miteinander multiplizieren, der Euler-Totient dieses Produkts den Euler-Totienten jeder der multiplizierten
Primzahlen entspricht. Somit ist m der Euler-Totient von n:

$$m = (p-1) * (q-1)$$

Der nächste Schritt bei der Schlüsselpaar-Generierung ist die Auswahl einer weiteren
Zahl, e, die teilerfremd zu m ist. Der einfachste Weg, eine ganze Zahl zu finden, die diese
Bedingung erfüllt, ist die Auswahl einer Primzahl, die kleiner als m und kein Faktor
von m ist.
     Der letzte Schritt besteht darin, eine weitere Zahl, d, zu finden, die, wenn sie mit e und
modulo m multipliziert wird, 1 ergibt:

$$d * e \bmod (m) = 1.$$

An diesem Punkt sind wir bereit, den öffentlichen Schlüssel, bestehend aus e und n, mit
allen zu teilen. Um eine beliebige Klartextnachricht zu verschlüsseln, potenzieren wir

diese Nachricht (in eine numerische Form umgewandelt) einfach mit e und führen eine modulare Division durch n durch:

$$C = M^e \bmod (n)$$

In ähnlicher Weise verwenden wir zum Entschlüsseln den verschlüsselten Chiffretext C, potenzieren die numerische Version mit d und führen dann eine modulare Division durch:

$$M = C^d \bmod (n)$$

Wir haben jetzt sowohl einen öffentlichen als auch einen privaten Schlüssel:

- Öffentlicher Schlüssel (e, n)
- Privater Schlüssel (d, n).

Daraus resultierend sind die folgenden Berechnungen relativ einfach und rechnerisch nicht aufwendig:

- Verschlüsselung mit einem öffentlichen Schlüssel
- Entschlüsselung mit einem privaten Schlüssel
- Berechnung von d, wenn sowohl (1) e als auch (2) der Euler-Totient von n (d. h. φ(n)) bekannt sind
- Berechnung des Euler-Totienten von n, d. h. φ(n), wenn sowohl p als auch q bekannt sind

Die folgenden Berechnungen sind schwierig und rechnerisch aufwendig:

- Berechnung des Euler-Totienten von n (d. h. φ(n)) für eine beliebige Zahl n
- Faktorisierung einer willkürlichen Zahl n

Da der öffentliche Schlüssel nur (e, n) enthält, ist die Information, mit der d abgeleitet werden kann, unzureichend. Der Euler-Totient von n ist erforderlich, um d in einer angemessenen Zeitspanne abzuleiten. Wenn jedoch die Faktoren von n bekannt sind (d. h. p und q in unserem Beispiel), ist es durch die Euler'sche Phi-Funktion leicht, (n) abzuleiten:

$$\varphi(n) = (p-1) * (q-1)$$

Diese Berechnung ist für denjenigen, der die Schlüssel als Erstes generiert, einfach, jedoch müsste die Öffentlichkeit, die keinen Zugang zu p und q hat, zunächst den Faktor n berücksichtigen, um die Euler'sche Phi-Funktion zu nutzen und φ(n) finden zu können. Diese Operation zur Faktorisierung ist selbst mit den modernsten Computern ungeheuer schwierig.

7.3.3 Intuition

Angesichts des Umfangs dieses Einführungsbandes ist es unser Ziel, ein gewisses Gespür für die inverse Natur der Potenzierungsoperationen zu vermitteln, d. h. Verschlüsselung durch Anhebung einer Zahl auf die e-te Potenz (mod n) und Entschlüsselung durch Anhebung des verschlüsselten Ergebnisses auf die d-te Potenz (mod n).

Wir haben bereits festgestellt, dass die Verschlüsselungsverfahren der ersten Gleichung, $C = M^e$ mod (n), folgen und dass die Entschlüsselung $M = C^d$ mod (n) folgt. Wir beginnen damit, die erste Gleichung in die zweite Gleichung einzusetzen, was $M = M^{(e*d)}$ % n ergibt. Durch d*e = 1 mod φ(n) erhalten wir M^1 % n = M. Beachten Sie, dass sich die Exponenten d und e gegenseitig aufheben.

Sie können sich vielleicht noch an den Prozess der Faktorisierung aus der Schulmathematik erinnern und sich fragen, ob es möglich ist, den privaten Schlüssel durch eine einfache Faktorisierung des öffentlichen Schlüssels abzuleiten. Dies ist möglich, aber wie Abschn. 7.3.2 zeigt, ist die Faktorisierung großer Zahlen rechnerisch aufwendig, vor allem, weil es keinen effizienten Algorithmus für diesen Zweck gibt. RSA ist in Bezug auf die verwendete Schlüssellänge flexibel; heutzutage werden 1024-Bit-, 2048-Bit-, 4096-Bit- und noch größere Schlüssel verwendet.

Ein Bit kann 0 (null) oder 1 (eins) sein; 2048 Bits ergeben also 2^{2048} verschiedene Zahlen. Eine Dezimalziffer hat zehn mögliche Werte 0, 1, 2, …, 9. Um also die Anzahl der Dezimalziffern zu finden, die 2^{2048} verschiedene Zahlen ergeben, lösen wir

$$2^{2048} = 10^n$$
$$2048 * log_{10}(2) = n * log_{10}10$$
$$n = 2048 * log_{10}(2)$$
$$n = 616,5$$

So wissen wir, dass ein 2048-Bit-Schlüssel, wenn er im Dezimalformat dargestellt wird, eine Zahl mit 617 Ziffern ist. Um eine Vorstellung von der Größe einer 2048-Bit-Zahl zu vermitteln, ist hier ein Beispiel:

50938619705296200000499942110935249000003744394069418190000002073247
59403323000000212014877429101000016541412460520900000763831215168118000
00017778162856722800000297219418198039000001802400621611440000061672291
28981280000014017238773277100000868746353272396000007579578423740550000
00696855741502277000003244124188219770000058566161367290700000265171
49368914000009885992264668030000074285553737572500000933693767337833
0000054274404850553700000406200654804390000083613770010938300000807170
74671014970000068493563838768500000478956729352792000007579187591961590
00007015208670000120000020503443893407800000416652448937900000000

Es gibt keine Beschränkung im Hinblick auf die verwendbaren Schlüssel. Da herkömmliche Computer immer leistungsfähiger werden, kann RSA größere Schlüsselgrößen annehmen, um sicherzustellen, dass die Faktorisierung von Schlüsseln undurchführbar bleibt. Ein potenzielles Problem in diesem Zusammenhang sind Quantencomputer, die Zahlen möglicherweise viel schneller berechnen können als herkömmliche Computer. Dieses Thema wird in Abschn. 7.6.6 ausführlicher behandelt.

Lassen Sie uns nun ein illustratives numerisches Beispiel für den RSA-Algorithmus durcharbeiten.

7.3.4   Ein Beispiel

Denken Sie daran, dass das folgende Beispiel nur zur Veranschaulichung dient: Für jede sicherheitsrelevante Anwendung von RSA müssten die Schlüsselgrößen viel größer sein (d. h. 2048 Bit und größer) (siehe Abschn. 7.3.3).

- Schritt 1: Wählen Sie zwei Primzahlen, zum Beispiel p = 61 und q = 53.
- Schritt 2: Berechnen Sie n = p * q (n = 61 * 53 = 3233).
- Schritt 3: Berechnen Sie den Euler-Totienten des Produkts von
  $\varphi(n) = (p - 1) * (q - 1) = (61 - 1) * (53 - 1) = 3120$.
- Schritt 4: Wählen Sie eine beliebige Zahl e, sodass 1 < e < 3120 ist, was auch teilerfremd zu 3120 ist; in unserem Fall wählen wir e = 17.
- Schritt 5: Bestimmen Sie d, den multiplikativen Kehrwert von e; basierend auf d*e mod (n) = 1, leiten wir ab, dass: d = 2753.

Anhand der oben ausgewählten Beispielparameter sowie Schritt 1 bis 5 können wir das folgende Schlüsselpaar bestimmen:

- Öffentlicher Schlüssel (e = 17, n = 3233)
- Privater Schlüssel (d = 2753, n = 3233)

Nun wandeln wir unsere geheime Botschaft „BLOCKCHAIN" in eine numerische Form um, indem wir eine alphabetbasierte Positionssubstitution durchführen, woraus der numerische Wert resultiert. (Der Einfachheit halber verwenden wir a = 11, b = 12 usw.)

Wenn wir diese Substitution im Verschlüsselungsprozess vornehmen (d. h. C = M^e mod (n)), erhalten wir C = 12^{17} mod (3233), was 1730 ergibt, sodass der verschlüsselte Chiffretext des Buchstabens „B" 1730 ist.

Um den Chiffretext wieder zu entschlüsseln, verwenden wir die Entschlüsselungsgleichung (d. h. M = C^d mod (n)) und substituieren die Werte des privaten Schlüssels und des Chiffretextes (d. h. M = 1730^{2753} mod (3233) = 12).

7.4   Digitale Signaturen

7.4.1   Einführung

Im Blockchain-Ökosystem sind digitale Signaturen entscheidend, um eine sichere und authentische Transaktionsvalidierung zu ermöglichen (The Keyed-Hash Message Authentication Code (HMAC) 2008). Wenn ein Akteur über die Blockchain Transaktionen durchführen will (z. B. einen digitalen Währungstoken ausgeben, die Annahme einer Sendung validieren usw.), muss dieser den Mechanismus der digitalen Signaturen verwenden, um den Übergang zur Öffentlichkeit zu validieren.

Digitale Signaturen, welche weit verbreitet sind und vielfältige Anwendungsmöglichkeiten haben, die über Blockchains hinausgehen, reichen von der digitalen Dokumentenunterzeichnung bis hin zu digitalen Zertifikaten und im Wesentlichen allen E-Commerce-Transaktionen, da digitale Signaturen einen Unterzeichner als Teil einer Transaktion sicher mit einem Dokument oder einer Nachricht verbinden. Das bedeutet, dass die Signaturen sicherstellen, dass die Nachricht von demjenigen stammt, der behauptet, der Absender zu sein. Statt des digitalen Äquivalents einer Offline-Signatur (z. B. Stift auf einem Tablet) bieten digitale Signaturen eine mathematisch überprüfbare Methode zur Authentifizierung eines Dokuments. Anstelle eines visuellen Vergleichs eines Musters (d. h. des digitalen Bildes einer Unterschrift) erfolgt die Authentifizierung über einen geheimen Schlüssel.

Elektronische Signaturen sind in 27 Ländern rechtsverbindlich, darunter China, die Vereinigten Staaten, Russland, Australien, Kanada und alle Länder der Europäischen Union. Die angelsächsischen Länder, deren Rechtssysteme auf dem Gewohnheitsrecht basieren, haben offene, technologieneutrale Gesetze. In Kontinentaleuropa, Südamerika und Asien haben sich Mehrebenenmodelle mit definierten Standards auf der Grundlage der digitalen Signaturtechnologie etabliert.

In diesem Abschnitt wird zunächst die Motivation für digitale Signaturen, insbesondere im Blockchain-Bereich, skizziert. Anschließend wird der technische Mechanismus für digitale Signaturen auf der Grundlage von RSA erläutert und ein konkretes Beispiel mit allen dazugehörigen Berechnungen durchgespielt.

7.4.2   Motivation

Wir haben die Konzepte der symmetrischen und asymmetrischen Kryptografie in Kap. 6 und Abschn. 7.3 vorgestellt. Angesichts der Fähigkeit, sicher zu kommunizieren, ohne vorher einen gemeinsamen Schlüssel festlegen zu müssen, könnte man meinen, dass alle relevanten Sicherheits- und Kommunikationsanforderungen erfüllt seien. Im Anwendungsfall Blockchain gibt es jedoch eine grundlegende Voraussetzung, die die asymmetrische Verschlüsselung nicht abdeckt, nämlich die Notwendigkeit einer eindeutigen Nachrichtenauthentifizierung.

Stellen Sie sich eine Situation vor, in der zwei Parteien, Alice und Bob, unter Verwendung des Diffie-Hellman-Merkle-Schlüsselaustauschs einen gemeinsamen geheimen Schlüssel, k_s, einrichten wollen, sodass sie sicher kommunizieren können.

In unserem Beispiel ist Alice eine Börsenmaklerin und Bob ihr Kunde. Bob möchte 10.000 Uber-Aktien kaufen, also sendet er diesen Auftrag an Alice und bittet sie, 10.000 Uber-Aktien zum aktuellen Preis zu kaufen. Uber veröffentlicht im Laufe des Tages seinen Gewinnbericht, und Bob stellt fest, dass der Aktienkurs gesunken ist, weswegen er behauptet, nie einen Auftrag erteilt zu haben, was Alice veranlasst, Bob zu verklagen.

Während der Gerichtsverhandlung zeigt Alice dem Richter Bobs Auftragsnachricht sowohl im Klartext als auch in einem verschlüsselten Format, um zu zeigen, dass die Nachricht von Bob stammen muss. Bob argumentiert jedoch, dass Alice diesen Auftrag selbst erstellt habe, er keine Kenntnis davon habe und Alice, da sie im Besitz von k_s gewesen sei, den Auftrag selbst, ohne Bobs Wissen, habe erstellen können. Allein auf der Grundlage des gemeinsamen geheimen Schlüssels ist es für Alice unmöglich, eindeutig zu beweisen, dass die Auftragsnachricht von Bob stammt.

Die Lösung für dieses Problem, die aus dem Bereich der Public-Key-Kryptografie stammt, ist elegant, sobald die RSA-Prinzipien etabliert sind: Digitale Signaturen können als Anwendungen des Public-Key-Algorithmus angesehen werden, sodass Bob seinen Auftrag mit seinem privaten Schlüssel signieren kann, ohne ihn preiszugeben, und so seine Identität in der Transaktion eindeutig beweisen kann (d. h. über den Besitz des privaten Schlüssels).

Dieser Prozess ist von grundlegender Bedeutung, um Blockchain-Operationen zu ermöglichen: Jede blockchainbasierte Aktion (z. B. Ausgabe von Krypto-Münzen, Überprüfung von Identitäten, Bestätigung von Bestellungen) wird mit digitalen Signaturen validiert. Digitale Signaturen sind somit eine wichtige Grundlage für die Aktivierung einer Blockchain.

7.4.3 Anwendung

Eine digitale Signatur ist wie eine handschriftlichen Unterschrift, nur sicherer. Eine digitale Signatur erfordert, dass der Absender (der Unterzeichner) über ein Paar kryptografischer Schlüssel verfügt: einen privaten und einen öffentlichen Schlüssel. Digitale Signaturen ermöglichen den Nachweis der Authentizität der Nachricht. Am wichtigsten ist, dass digitale Signaturen folgenden Attribute besitzen:

- Verifizierung: Alices Fähigkeit, zu beweisen, dass sie diejenige ist, für die sie sich ausgibt.
- Validierung: Die Nachricht wurde während der Übertragung nicht manipuliert.
- Unleugbarkeit: Alice kann nicht abstreiten, dass sie eine von ihr unterschriebene Nachricht geschickt hat.

Der Signierungsprozess umfasst eine Nachricht, die vom Absender lokal (d. h. mit einem privaten Schlüssel) signiert wird, sowie die anschließende Überprüfung durch den Empfänger (mit dem öffentlichen Schlüssel des Absenders). Abb. 7.3 stellt die verschiedenen Schritte des Signierungsprozesses dar.

7.4.4   Signaturen

Kommen wir nun noch einmal auf das Beispiel aus Abschn. 7.4.3 zurück, wo Bob eine Nachricht an Alice senden will und Alice einen eindeutigen Herkunftsnachweis verlangt. In diesem Beispiel hat Bob bereits ein öffentliches und ein privates RSA-Schlüsselpaar erstellt (siehe Abschn. 7.3.2):

- Öffentlicher Schlüssel (e, n)
- Privater Schlüssel (d, n)

Allein auf der Grundlage seines privaten Schlüssels kann Bob eine eindeutige Signatur erstellen. Dabei werden die Rollen des privaten und des öffentlichen Schlüssels so vertauscht, dass nicht der Absender den öffentlichen Schlüssel zur Verschlüsselung verwendet, sondern den privaten Schlüssel zur Authentifizierung (Abb. 7.4).

Alice kann die Authentizität der Nachricht m mit Bobs öffentlichem Schlüssel überprüfen. Nach der zuvor aufgestellten Gleichung

$$x' \equiv s^e \bmod (n)$$

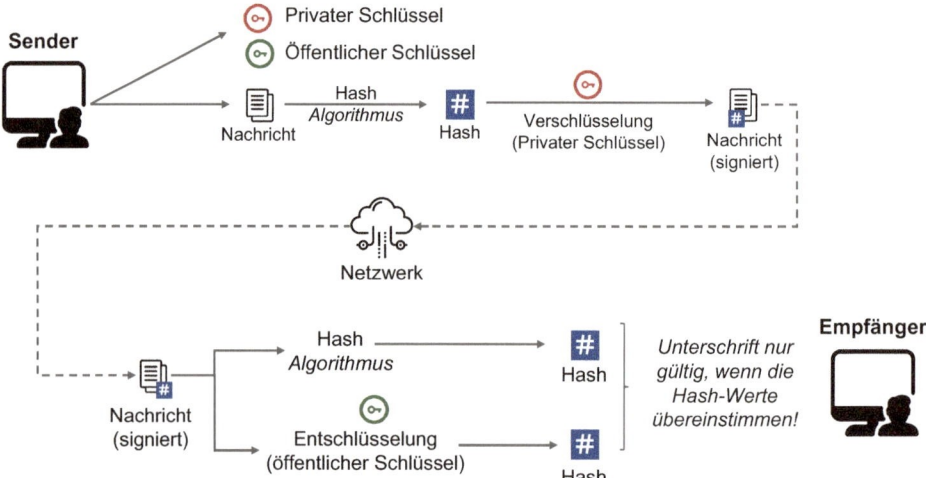

Abb. 7.3 Ablauf einer digitalen Signatur

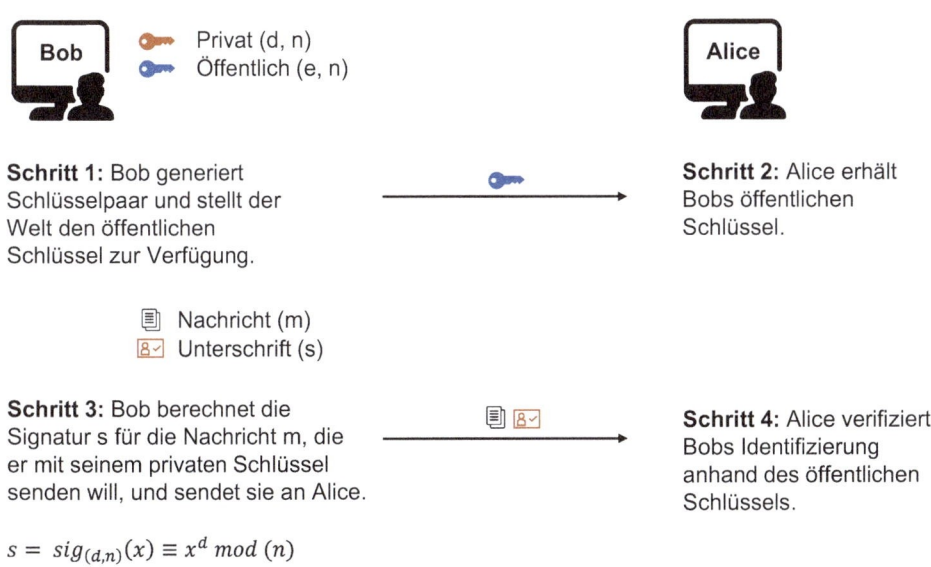

Schritt 1: Bob generiert Schlüsselpaar und stellt der Welt den öffentlichen Schlüssel zur Verfügung.

Schritt 2: Alice erhält Bobs öffentlichen Schlüssel.

Schritt 3: Bob berechnet die Signatur s für die Nachricht m, die er mit seinem privaten Schlüssel senden will, und sendet sie an Alice.

Schritt 4: Alice verifiziert Bobs Identifizierung anhand des öffentlichen Schlüssels.

$$s = sig_{(d,n)}(x) \equiv x^d \; mod \; (n)$$

Abb. 7.4 Protokoll der digitalen Signatur

weiß Alice, dass die Signatur nur dann gültig ist, wenn $x' \equiv x \; mod(n)$. Da Bob der einzige Beteiligte ist, der seinen privaten Schlüssel kennt, kann er eindeutig als der ursprünglicher Absender der Nachricht identifiziert werden.

Wir können mathematisch zeigen, dass dieser Prozess nur dann eine gültige Aussage liefert, wenn die Nachricht während der Übermittlung nicht verändert wurde. Wir beginnen auf der Grundlage der Verifikationsoperation $s^e \; mod \; (n)$: $s^e = (x^d)^e = x^{d*e} = x \; mod \; (n)$. Basierend auf der in Abschn. 7.3.2 festgelegten Beziehung zwischen dem öffentlichen und dem privaten Schlüssel (d. h. $d*e \; mod \; (m) = 1$), wissen wir, dass die Erhöhung einer ganzen Zahl auf die (d*e)-te Potenz modulo n wieder die ganze Zahl ergibt.

7.4.5   Ein Beispiel

Bob möchte eine signierte Nachricht ($x = 7$) an Alice senden. Genau wie beim regulären RSA-Verfahren erstellt Bob einen privaten Schlüssel, leitet einen öffentlichen Schlüssel ab und sendet den öffentlichen Schlüssel an alle möglichen Empfänger. Anders als bei der asymmetrischen Verschlüsselung verwendet Bob jedoch seinen privaten Schlüssel zum Signieren der Nachricht, die er an Alice senden möchte. Alice verwendet dann Bobs öffentlichen Schlüssel, um die Authentizität der Nachricht zu validieren. Wir verwenden die gleichen öffentlichen und privaten Schlüssel wie im RSA-Beispiel in Abschn. 7.3.4:

- Öffentlicher Schlüssel ($e = 17$, $n = 3233$)
- Privater Schlüssel ($d = 2753$, $n = 3233$)

Als Nächstes berechnet Bob die Signatur s für seine Nachricht x (z. B. 7; beachten Sie, dass die Zahl 7 nur ein Teil der Nachricht ist). In Anlehnung an den in Abschn. 7.3.4 eingeführten Signaturansatz errechnet Bob die Signatur für seine Nachricht anhand der folgenden Formeln:

$$s = x^d \bmod (n)$$

$$s = 7^{2753} \bmod (3233)$$

$$s = 7^{2753} \bmod (3233)$$

$$s = 2667$$

Anhand dieser Berechnung wissen wir, dass die Signatur s für Bobs Nachricht x (d. h. 7) 2667 beträgt. Bob sendet nun sowohl diese Nachricht als auch seine Unterschrift an Alice, die dann Bobs Unterschrift mit seinem öffentlichen Schlüssel validiert:

$$x' \equiv s^e \bmod (n)$$

$$x' \equiv 2667^{17} \bmod (3233)$$

$$x' = 7$$

Daraus kann Alice eindeutig schließen (und beweisen), dass Bob die Nachricht x gesendet hat und dass die Nachricht während der Übertragung nicht verändert wurde.

7.5   Quantenresistente Kryptografie

7.5.1   Einführung

Obwohl der Quantencomputer erst seit relativ kurzer Zeit im Rampenlicht steht, sind bereits Bedenken aufgetaucht, dass er eines Tages ohne Mühen die Blockchain-Verschlüsselungsebenen aufheben wird und er damit Daten anfällig für Manipulation und ungewollte Besitzergreifung durch opportunistische Akteure machen könnte. Um zum Beispiel Bitcoins zu erlangen, kann ein Angreifer den öffentlichen 256-Bit-Schlüssel des Opfers verwenden und versuchen, den entsprechenden privaten Schlüssel zu berechnen. Wie wir gezeigt haben, würde dieser Prozess bei Verwendung eines normalen Computers etwa 0,65 Trillionen Jahre dauern. Mit einem quantencomputergestützten Algorithmus könnte diese Berechnung jedoch in weniger als zehn Minuten abgeschlossen werden.

Wir wissen, dass als Teil der Bitcoin-Blockchain ein unverschlüsselter öffentlicher Schlüssel mit jeder Bitcoin-Transaktion mitgeschickt wird und während der Zeit, die das Netzwerk braucht, um den Block zu bestätigen (normalerweise etwa zehn Minuten), unverschlüsselt bleibt. Theoretisch wäre das genug Zeit für einen Angreifer mit Quantenausrüstung, um den privaten Schlüssel aus einem öffentlichen Schlüssel abzuleiten und anschließend das entsprechende Konto zu kontrollieren.

7.5.2 Mechanismus

Transistoren in herkömmlichen Computern erfassen Daten in Form von Einsen (1) und Nullen (0). Regnet es heute? Wenn ja, dann 1, wenn nicht, dann 0. Das Rechnen ist im Wesentlichen eine Kombination dieser Berechnungen, und mit ausreichend Transistoren kann fast alles berechnet werden.

Mit Quantencomputern ist es möglich, dass eine Eingabe, ein sogenanntes Qubit, gleichzeitig sowohl 0 als auch 1 darstellt, ein nichtbinärer Zustand, der als „Quantenüberlagerung" bekannt ist. Diese Eigenschaft macht Quantencomputer beim Lösen bestimmter Problemklassen exponentiell leistungsfähiger.

Derzeit ist der beste Quantencomputer wahrscheinlich der Quantencomputer Bristlecone von Google mit 72 Qubits, obwohl Schätzungen zufolge mehrere Tausend Qubits nötig wären, um die heutigen kryptografischen Algorithmen zu entschlüsseln. Wie in Abb. 7.5 dargestellt, nimmt die Anzahl der Qubits in experimentellen Computern jedoch zu.

Die grundlegendsten Bausteine der Blockchain-Technologie sind digitale Signaturen und das kryptografische Hashing, Shor-Algorithmus bzw. Grover-Algorithmus. Die oben erwähnten Quantenalgorithmen haben die Sicherheit dieser Elemente gefährdet.

7.5.3 Shor-Algorithmus

Wir haben bereits angesprochen, das asymmetrische Kryptografie auf den großen Primzahlen für öffentliche und private Schlüssel beruht. Die Wirksamkeit dieses Systems ist davon abhängig, dass die heutigen Computer praktisch nicht in der Lage sind, die Primfaktoren dieser Zahlen zu finden.

Der (theoretische) Algorithmus von Shor ist darauf ausgelegt, Primfaktoren zu finden, indem er die Lösungsschritte für die Primfaktoren einer Zahl reduziert und so die Integrität der öffentlichen und privaten Schlüssel bedroht (Cavanaugh 2017). Ein normaler Computer würde schätzungsweise etwa 10^{39} Operationen benötigen, um den mit einem öffentlichen Schlüssel verknüpften privaten Schlüssel zu finden, während ein Quantenalgorithmus „nur" 2.097.152 Berechnungen benötigt, um den entsprechenden privaten Schlüssel zu bestimmen.

7.5.4 Grover-Algorithmus

Obwohl sich das Entschlüsseln der kryptografischen Hash-Funktion für einen vollständigen kryptografischen Computer als schwierig erweisen könnte, könnte der Grover-Algo-

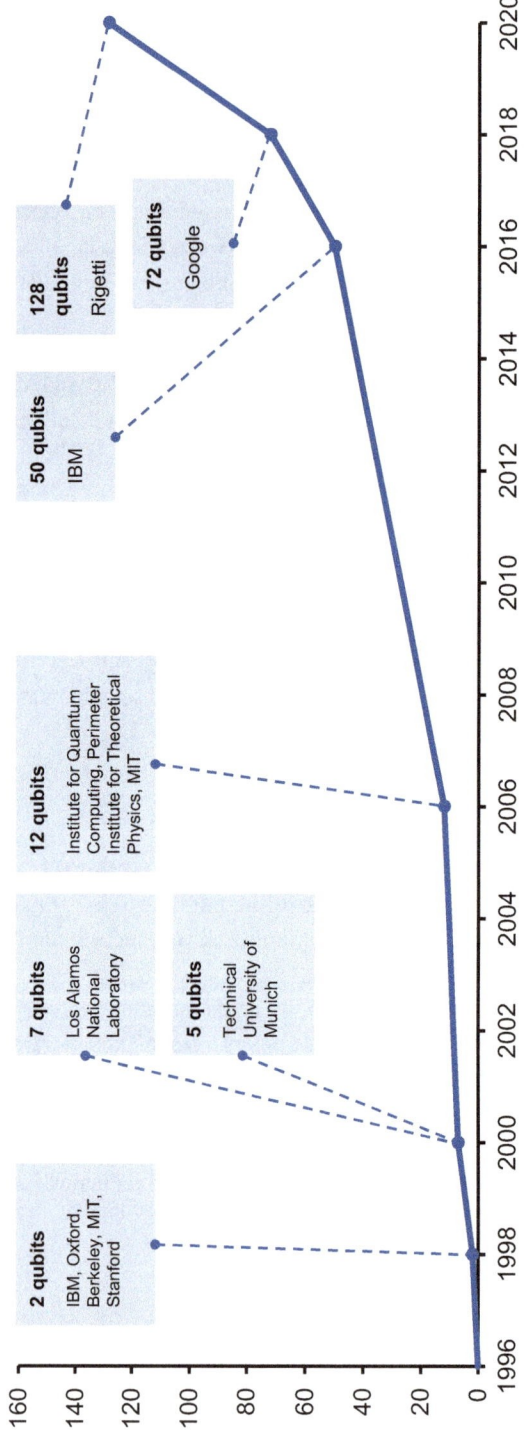

Abb. 7.5 Anzahl an erreichten Qubits nach Datum und Organisation

rithmus verwendet werden, um kryptografische Hash-Algorithmen zu lösen, indem er Benutzern erlaubt, eine ungeordnete Liste zu durchsuchen, um bestimmte Elemente zu finden (Portugal 2013). Unter Verwendung der Quantenüberlagerung zur Berechnung mehrerer Eingaben in einem Durchgang könnte der Grover-Algorithmus es Benutzern ermöglichen, mehrere Berechnungsrunden durchzuführen, wobei die Wahrscheinlichkeit, dass ein Element eine Bedingung enthält, jedes Mal steigt. Der Algorithmus grenzt die Liste ein und erzeugt ein Ergebnis mit der höchsten Wahrscheinlichkeit, korrekt zu sein. Die Verwendung des Grover-Algorithmus auf einem normalen Computer würde 10^{78} Operationen erfordern, während ein Quantenalgorithmus „nur" 10^{39} Operationen durchführen müsste, um den korrekten Hash zu entschlüsseln.

7.5.5 Bedrohung

Staatliche und private Organisationen experimentieren mit Quantenberechnung für Anwendungen in Bereichen wie Landesverteidigung, Finanzdienstleistungen, maschinelles Lernen und biomedizinische Simulationen, um nur einige zu nennen. IBM rechnet damit, innerhalb weniger Jahre über einen einsatzbereiten Allzweck-Quantencomputer zu verfügen, während Google erwartet, bis Ende 2020 eine Vormachtstellung im Quantenbereich mit einem Quantengerät zu erlangen, das in der Lage ist, herkömmliche Computer zu übertreffen. Zwar ist niemand sicher, wann die Quantencomputertechnologie weit genug fortgeschritten sein wird, um eine Blockchain zu knacken, doch einige schätzen, dass dies innerhalb des nächsten Jahrzehnts geschehen wird, wobei moderatere Vorhersagen von zwanzig bis dreißig Jahren ausgehen.

7.5.6 Sicherheitsüberlegungen

Die Blockchain-Gemeinschaft hat bereits mehrere Lösungen für die mögliche Bedrohung durch Quantencomputer vorgestellt und scheint zuversichtlich, dass es Lösungen geben wird, bis Quantencomputer allgemein verfügbar sein werden. Die Entwickler gehen über den bloßen Einsatz der quantenresistentesten kryptografischen Algorithmen im Blockchain-Bereich hinaus und stellen sich ein Upgrade von der bestehenden ECC-basierten Verschlüsselung vor, die in Blockchains verwendet wird, sowie ein Upgrade von nahezu jedem heute verfügbaren passwortgeschützten Konto auf quantenbasierte Kryptografie.

7.5.7 Quantenwiderstand

Bis die breitere akademische Gemeinschaft einen quantenresistenten Algorithmus testet und akzeptiert, gibt es keine Garantie, dass eine der Blockchains gegenüber Quantencomputern ausreichend robust ist. NIST rechnet vorläufig damit, dass die Entwürfe für die Standardisierung etwa um das Jahr 2022 herum abgeschlossen sein werden.

Die Entwicklung des Algorithmus ist wahrscheinlich nicht der schwierigste Teil für große Blockchains wie Ethereum und Bitcoin. Besitzer zentralisierter Protokolle können das System nach Belieben aktualisieren, aber Blockchains erfordern einen breiten Konsens unter vielen Tausenden Minern, um ein Upgrade zu durchlaufen. Denn wenn es ein Upgrade geben wird, werden alle Wallets, die noch nicht quantenresistent sind, anfällig für Angriffe, einschließlich der einen Million Bitcoins, die vom pseudonymen Erfinder von Bitcoin, Satoshi Nakamoto, gemined wurden.

7.6 Übungen

7.6.1 Einführung

Die Übung für Kap. 7 erfordert, dass Sie sowohl die RSA-basierte als auch die ECC-basierte Public-Key-Methode anwenden. Für jede Methode generieren Sie einen öffentlichen und einen privaten Schlüssel; anschließend werden Sie die Ver- und Entschlüsselungsfunktionalität validieren.

Wir binden zwei Methoden mit ein, um den Unterschied in der resultierenden Schlüsselgröße zu demonstrieren: Um die gleiche Verschlüsselungsstärke mit RSA zu erreichen, sind viel größere Schlüssel erforderlich. Aus diesem Grund sind die meisten modernen Anwendungen bereits auf die Verwendung von ECC-basierten Public-Key-Kryptografieschemata umgestiegen.

Auch hier werden wir der Einfachheit halber wieder den gleichen dockerbasierten Ansatz verwenden, indem wir eine einfache Ubuntu-Instanz zum Durcharbeiten der Übung starten, so wie wir es bereits in Kap. 6 getan haben.

Verwenden Sie wie zuvor den folgenden Befehl in der Windows-Konsole, um eine interaktive Version von Ubuntu herunterzuladen und zu starten:

```
docker run -i -t —name aes ubuntu
```

Im Anschluss sehen Sie den folgenden Aufbau, was bedeutet, dass Sie sich nun in der Kommandozeilenumgebung einer simulierten Unix-Umgebung befinden und Sie bereit sind, mit den Blockchain-Experimenten zu beginnen (beachten Sie, dass die Zeichenfolge nach dem „root@" anders sein wird als im unten gezeigten Beispiel).

```
root@<your-instance>:/#
```

7.6.2 Vorbereitung der Nachricht

Im nächsten Schritt erstellen Sie eine einfache Textdatei, die die zu verschlüsselnde Nachricht enthält. Der Inhalt der Nachricht in unserem Beispiel ist unten dargestellt; Sie können den Inhalt der Textdatei aber nach Belieben verändern.

```
> echo "Attack at 5:00. RSA" > message.txt
```

Bestätigen Sie als Nächstes, dass der Inhalt der Nachricht korrekt gespeichert wurde, indem Sie den Befehl *cat* verwenden (der Output sollte nur die Nachricht sein, die Sie im ersten Schritt eingegeben haben).

```
> cat message.txt
Attack at 5:00. RSA
```

7.6.3 Erstellung des Schlüssels (RSA)

Jetzt werden Sie einen privaten Schlüssel generieren. Dieser Schlüssel sollte Ihren Computer niemals verlassen oder an jemanden gesendet werden; es ist Ihr privater Schlüssel, über den Sie alleine die volle Kontrolle behalten sollten.

```
> openssl genpkey -algorithm RSA -out private.txt
.................................................+++++
.......................................................+++++
```

Anschließend sehen wir uns den privaten Schlüssel an, den Sie gerade mit dem *cat*-Befehl, den Sie schon einmal gesehen haben, erzeugt haben.

```
> cat private.txt
```

```
-----BEGIN PRIVATE KEY-----
MIIEvgIBADANBgkqhkiG9w0BAQEFAASCBKgwggSkAgEAAoIBAQDi49avPKPz+2me
ZQQpjpOBjxCd337C2CVyRPdqaXQbbHvEQCE4OqgFCi13ZOQSBXsXDI7s2OUm3He6
37fKKJQmM44TvcwZT1vib6iyoQZ7MYFTiXIHVjjcWyMLa0SahXOImF0YigXEJz53
b23/XsdavUnjenpqBk6qqfst/EOg9pW9KcEfQQUtGr+8A3EKY7PTs7PApwju28uU
jJ4BQbyva+RX/GB6t6OsfnzCvhfs6ANidjuwcKWBaJ5umvd8xFwb9twyhBTbr2jj
riIseM9eD/m//Rm/uSIR3Hv4CI69ESniT5k+3fCbFaC5LxMyvaPq6y9SZMRKDgUR
bS/kCUYZAgMBAAECggEAEhXnPwCucPxRZvbWZhmfWGx2/p6aFB32ni0xK6JMRwNW
ukYCX+ENE5nEFghMxcL6FNRDcE25tmdMg/DhTZP+ey0Q3jH62umggWQ1Jkf/pEJF
9Mq39C3DSo1ZNcfPKCILG5BJm3MIEoWuTQbs1bZQXcNI6IES0PC/xIrYIspA+cuH
pThybkLIcrxXyGm5qvN+5vvbCG4If1JX5bQsNVFmJjIayLNc5VZQbsxXH1kkplf+
BRypUSuUCQFOvF7DebCngACUDT9GgwcLIIWdY3/csKbEF17jgena6ZjN1qIwIwtM
guZm0QJyeyjVcK3IE+5fNbIL3+abZU1DGgr1jwc0gQKBgQD21RiTVw0byNFVV8qq
2RstNK0/7B192hePtvQwCb+2xBBZmWk/2rIQnHTFc7RxeHyuB5gfQ1FJW3LfSKIT
wEr/JuVVIozUs5FVhp7I1gobUIuNK3IKr+jBI3Ox3bMj+ExiLKVqj6A/Z4uxUS+Z
IvcfbrJe7UskJSFeSpcc6bhvXQKBgQDrUSDgnTWwqZbqWr0uPsBI9ewWUMFQZIFn
xXtTPDtJXpqcpAHMsd6tw7+5FpJGbk+tUCa2/rhkKAzjuLAtUaNAss93fMn7b/rc
TbYmVDcGWviga6AWeJ387MzJWFFiu4+uUMTBuif1iHLGj2+Peoc+5TNpyCnt987W
P0IaOykR7QKBgQC6sSjaYHBAwJ5cX3+hw35DreEQRSV1SBykDawaHXWM5jS7oEY0
Dto1d3D223HylUAwXPwZQVBdHLcA3TN9bicLX777qps8Uekt+BI9G2wfhsdWajLi
IHSG4GeYc2gIX8heRQiEVcfNzSKiZhaLo9ycQKHBs1cvKopXiDFNpBVk3QKBgBhn
wJ4rD99zp0hFAuvh7Dhm6gZid7or8nNtwt2eGJQCcMygIeOl6u9gpui+U4tkc3UJ
JArEnkEc+kE/7V214tWZ9fRxh81BDuZ8VNDi2RYap0CUCPVrqw8JTC/xrfcsdrIg
fReOhAhuD2FSjQJ3dcFrKgrljJu2oMgNpkDqc9b9AoGBAIkbU3K+1gmqrKoYeVj2
BPxReB2jOMv7SMbggtRImJ9qFLyl3mk5vnW84EsUPdT2I788csVW28AdkGhHevFN
OU/v1BfGgJsVZvewrovNY6z2Mz04jfFTWUNxJ0xJSJpzItLQOwxuUZQBxEICKnlX
v7FBEZcOPXA9KmiKcbONJY11
-----END PRIVATE KEY-----
```

Als Nächstes erstellen Sie den öffentlichen Schlüssel aus dem privaten Schlüssel mithilfe des folgenden Befehls:

```
> openssl rsa -in private.txt -pubout > public.txt
writing RSA key
```

Auch hier können Sie mit dem *cat*-Befehl den öffentlichen Schlüssel nach seiner Erstellung anzeigen. Sie werden feststellen, dass der öffentliche Schlüssel viel kürzer als der
private Schlüssel ist.

```
> cat public.txt
```

```
-----BEGIN PUBLIC KEY-----
MIIBIjANBgkqhkiG9w0BAQEFAAOCAQ8AMIIBCgKCAQEA4uPWrzyj8/tpnmUEKY6T
gY8Qnd9+wtgIckT3amI0G2x7xEAhODqoBQotd2TkEgV7FwyO7NjIJtx3ut+3yiiU
JjOOE73MGU9b4m+osqEGezGBU4lyB1Y43FsjC2tEmoVziJhdGIoFxCc+d29t/17H
Wr1J43p6agZOqqn7LfxDoPaVvSnBH0EFLRq/vANxCmOz07OzwKcl7tvLIIyeAUG8
r2vkV/xgerejrH58wr4X7OgDYnY7sHCIgWiebpr3fMRcG/bcMoQU269o464iLHjP
Xg/5v/0Zv7kpUdx7+ApevREp4k+ZPt3wmxWguS8TMr2j6usvUmTESg4FEW0v5AIG
GQIDAQAB
-----END PUBLIC KEY-----
```

7.6.4 Digitale Signaturen (RSA)

Wir sind endlich bereit, die Nachricht mit SHA-256 zu unterzeichnen. Dazu werden Sie die Option *-sign* des OpenSSL-Pakets verwenden (siehe Befehl unten). Der Befehl wird eine binäre Signatur-Outputdatei, signature.bin, erstellen.

```
> openssl dgst -SHA256 -sign private.txt -out signature.bin message.txt
```

Um die Signatur-Ausgabedatei anschauen zu können, müssen Sie sie nun in das base64-Format (von ihrem vorherigen binären Zustand) konvertieren. Dazu verwenden Sie den folgenden Befehl:

```
> openssl base64 -in signature.bin -out signature.txt
```

Nun können Sie sich ansehen, wie die Signaturdatei aussieht:

```
> cat signature.txt
```

```
B86Mrwp8ok0jgRolFvspFPJ9FRf7I6r89J1tBr80WTcyv0NWfhl35DDBxJv9gqCZ
BDY04kv6e+xIgzDibtuTFt7hYhKke7Bx9ZI5rSsUyzXxP5L+qzwJ7Vo8+7sQfgVq
/ijcd2+zRkWpT4evx1y/bC3eiQcuLvy6y3c2F4TXFHTa2nFQthCmtOQAj0H/YVJT
amhU8zh9M4o89TVJuQHalO8t8Cvb9+fTIpddbXgerKicVM27pX2nqZIqU0UAZ9uE
xwY5kO5/qr6kM+FEbm8yCTOdJliP7Lo4FUPCZZ44D4BLwwpv4ucEs3H/9OLrr+D7
p88il7kG0QSvelxHqXG/TA==
```

Abschließend können Sie die Gültigkeit der Unterschrift validieren. Dazu werden Sie
wieder das OpenSSL-Paket verwenden sowie die Nachrichtendatei public.txt und die binäre Signaturdatei (signature.bin); beachten Sie, dass Sie den privaten Schlüssel für den
Validierungsprozess nicht benötigen!

```
> openssl dgst -SHA256 -verify public.txt -signature signature.bin message.txt
Verified OK
```

7.6.5   Generierung des Schlüssels (Elliptische Kurven)

Lassen Sie uns für die ECC-basierte Methode wie bisher eine einfache Textdatei erstellen,
die die zu verschlüsselnde Nachricht enthält. Der Inhalt der Nachricht in unserem Beispiel
ist unten dargestellt; Sie können den Inhalt der Textdatei nach Belieben verändern.

```
> echo "Attack at 5:00. ECC" > message.txt
```

Als Nächstes bestätigen Sie, dass der Inhalt der Nachricht korrekt gespeichert wurde,
indem Sie den *cat*-Befehl verwenden (der Output sollte lediglich die Nachricht sein, die
Sie im ersten Schritt eingegeben haben.

```
> cat message.txt
Attack at 5:00. ECC
```

Wie bei RSA werden Sie nun auch für die ECC-Methode einen privaten Schlüssel generieren. Dieser Schlüssel sollte niemals Ihren Computer verlassen oder an jemanden gesendet werden; es ist Ihr privater Schlüssel, und Sie sollten die volle Kontrolle darüber
behalten.

```
> openssl ecparam -genkey -name prime256v1 -out private.txt
```

Schauen Sie sich noch einmal mit dem *cat*-Befehl den privaten Schlüssel für ECC an,
den Sie gerade generiert haben. Sie werden feststellen, dass dieser Schlüssel viel kürzer ist
als der Schlüssel, den Sie mit der RSA-Methode generiert haben.

```
> cat private.txt

-----BEGIN EC PARAMETERS-----
BggqhkjOPQMBBw==
-----END EC PARAMETERS-----
-----BEGIN EC PRIVATE KEY-----
MHcCAQEEII3RXDIHnvz7a1KJ5FeuRGgpKUliFy2uYExSsqjJF9V7oAoGCCqGSM49
AwEHoUQDQgAEjRC6Wo8vrKjHxvEYur/fr4Dnd9vzkIgBbHKUW2SXo6gMJOE2xewr
sCXeNzgSAiJD5D6FaFBiopbTGzRVXZ7ScA==
-----END EC PRIVATE KEY-----
```

Nun werden Sie den öffentlichen Schlüssel des ECC aus dem soeben erzeugten privaten Schlüssel erstellen.

```
> openssl ec -in private.txt -pubout -out public.txt
read EC key
writing EC key
```

Nach Eingabe des *cat*-Befehls sehen Sie, wie der öffentliche Schlüssel aussieht:

```
> cat public.txt

-----BEGIN PUBLIC KEY-----
MFkwEwYHKoZIzj0CAQYIKoZIzj0DAQcDQgAEjRC6Wo8vrKjHxvEYur/fr4Dnd9vz
kIgBbHKUW2SXo6gMJOE2xewrsCXeNzgSAiJD5D6FaFBiopbTGzRVXZ7ScA==
-----END PUBLIC KEY-----
```

7.6.6   Digitale Signaturen (Elliptische Kurven)

Für ECC werden Sie wieder die Option *-sign* des OpenSSL-Pakets verwenden (siehe Befehl unten). Der Befehl erstellt eine binäre Signatur-Ausgabedatei, signature.bin:

```
> openssl dgst -SHA256 -sign private.txt -out signature.bin message.txt
```

Und wie zuvor müssen Sie, um die Signatur-Outputdatei zu betrachten, diese nun in das base64-Format (von ihrem vorherigen binären Zustand) konvertieren. Dazu verwenden Sie den folgenden Befehl:

```
> openssl base64 -in signature.bin -out signature.txt
```

Als Nächstes können Sie sich ansehen, wie die Signaturdatei aussieht.

```
> cat signature.txt
MEQCIB0jy8YvwHfKWHzAibc5pfadv7yAWQduO4h3JRDpxXkHAiBLWar/Kt2Js106
iVuYcgvkAEnQn1W+v3vAeNIxMm8eZg==
```

Als Letztes können Sie bestätigen, dass die Unterschrift gültig ist. Dazu werden Sie wieder das OpenSSL-Paket sowie die Nachrichtendatei public.txt und die binäre Signaturdatei (signature.bin) verwenden. Beachten Sie, dass Sie den privaten Schlüssel für den Validierungsprozess nicht benötigen!

```
> openssl dgst -SHA256 -verify public.txt -signature signature.bin message.txt
Verified OK
```

Literatur

Barker E, Chen L, Roginsky A et al (2018) Recommendation for pair-wise key-establishment schemes using discrete logarithm cryptography. https://doi.org/10.6028/NIST.SP.800-56Ar3

Cavanaugh J (2017) Probabilistic and statistical methods in cryptology. Springer Nature, Jersey City

OpenSSL (o. J.). https://www.openssl.org/docs/man1.1.1/man1/openssl.html. Zugegriffen am 08.09.2019

Portugal R (2013) Quantum walks and search algorithms. Springer, New York

Rivest R, Shamir A, Adleman L (1978) A method for obtaining digital signatures and public-key cryptosystems. https://people.csail.mit.edu/rivest/Rsapaper.pdf. Zugegriffen am 08.09.2019

The Keyed-Hash Message Authentication Code (HMAC) (2008). https://nvlpubs.nist.gov/nistpubs/FIPS/NIST.FIPS.198-1.pdf. Zugegriffen am 08.09.2019

Teil III

Anwendungen aus der realen Welt

Blockchain in Aktion: Praxisanwendungen

8.1 Einführung

Da wir uns dem Ende der Untersuchung von Funktionsweise und Details der Blockchain nähern, halten wir es für sinnvoll, einen Überblick über die Fälle zu geben, in denen sich diese Technologie als vorteilhaft und gut in der Ausführung erwiesen hat. Wie es oft bei potenziell disruptiven Innovationen der Fall ist, erfolgt die praktische Umsetzung nur langsam, da die Akteure die Technologie zuerst kennenlernen und in Erfahrung bringen müssen, wie sie deren Potenzial am besten nutzen können. Blockchain-Lösungen haben zwar bisher noch nicht den Massenmarkt erreicht, jedoch gibt es vielversprechende Anzeichen dafür, nicht zuletzt von führenden Vertretern aus der Technologiebranche, dass sich eine neue Phase im Innovationszyklus ankündigt. Beispielsweise veröffentlichte Facebook im Juni 2019 sein Libra-Whitepaper (The Libra Association 2019), mit der Absichtserklärung, eine eigene Kryptowährung mit gleichem Namen hervorzubringen. Im US-Kongress fanden bereits Anhörungen statt, bei denen zahlreiche Abgeordnete Facebooks Motive und die Art des Projekts selbst in Frage stellten: Die Aussicht auf eine globale dezentralisierte Währung, die von keiner Regierungsbehörde kontrolliert wird, ist gleichermaßen spannend wie beängstigend.

Obwohl Libra das Potenzial hat, das folgenreichste Beispiel für eine reale Anwendung der Blockchain-Technologie zu sein, existieren noch einige andere. In diesem letzten Kapitel werden wir eine Auswahl der bemerkenswertesten Blockchain-Implementierungen betrachten, mit einem Überblick über ein breites Spektrum vermeintlich ungleicher Bereiche, in denen Anwendungsfälle geschaffen wurden. Zu diesem Zweck werden wir uns mit

D. Hellwig et al., *Entwickeln Sie Ihre eigene Blockchain*, https://doi.org/10.1007/978-3-662-62966-6_8

Beispielen aus der Praxis befassen, die aus den folgenden Themenbereichen ausgewählt wurden und die Erfolge, Misserfolge und Ausblicke hervorheben:

- Währungen (z. B. Facebook Libra)
- grenzüberschreitende Transfers (z. B. Ripple)
- Tokenisierung (z. B. Everledger)
- Verfolgung von Vermögenswerten (z. B. Provenance)
- Güterhandel (z. B. Omega Grid)

8.2   Währungen

Im Laufe dieses Buches haben wir die Kryptowährungen als die derzeit bedeutendste Anwendung der Technologie kennengelernt. Bitcoin ist die bekannteste unter diesen digitalen Währungen, und obwohl es sich dabei immer noch nicht um ein Massenphänomen handelt, hat der spekulative Charakter in der Öffentlichkeit intensive Aufmerksamkeit erregt und für prüfende Blicke gesorgt. Bitcoin hat zudem maßgeblich zur Popularisierung des Blockchain-Konzepts beigetragen.

Wie bereits erwähnt, rückte die Idee einer globalen blockchainbasierten Währung erst mit Facebooks Ankündigung von Libra in den Fokus. Zwar unterscheidet sich Libra nicht grundlegend von den meisten bestehenden Kryptowährungen, doch schon ihre reinen Ambitionen lassen die Aussicht auf eine globale Währung für alltägliche Transaktionen aufkommen; eine Währung, die von einem dezentralisierten Konsens an Stelle einer zentralen (d. h. staatlichen) Autorität verwaltet wird. Das Kernproblem, von dem Facebook behauptet, es mit Libra lösen zu wollen, ist der fehlende Zugang zu weltweit 1,7 Milliarden Menschen, die aktuell nicht vom bestehenden Finanzsystem profitieren, sowie die Unterstützung einkommensschwacher Haushalte, die einen unverhältnismäßig großen Teil ihres geringen Budgets für Dienstleistungen wie Überweisungs-, Geldautomatengebühren oder Überziehungskredite aufwenden müssen. Facebooks Bestreben ist es, wie im Libra White Paper festgelegt, „das Versprechen des ‚Internet des Geldes' einzulösen". Im Wesentlichen ist es eine globale Alternative zur traditionellen Finanzinfrastruktur, die zu viele Menschen ausschließt oder unfair behandelt (The Libra Association 2019).

Obwohl Facebooks Projekt auf dem Know-how und den Erfahrungen bestehender Kryptowährungen aufbaut, sind die zugrunde liegenden Ambitionen weitreichender und führen dazu, dass das Unternehmen von Grund auf ein eigenes System aufbaut. Ein Hauptproblem bei den digitalen Währungen, das Facebook angehen will, ist der Mangel an Stabilität: Da Währungen wie Bitcoin und Ether nicht durch Vermögenswerte abgesichert sind, neigt ihr Wert zu starken Schwankungen, was sie zwar für Spekulanten und Investoren attraktiv macht, aber eine weit verbreitete Einführung verhindert:

„Just as consumers in Europe know the number of Euros it takes them to buy a coffee today will be similar to the number of Euros it will take them tomorrow, holders of Libra, too, can be confident the value of their coins today will be relatively stable across time." (The Libra Association 2019)

Ein Schlüsselmerkmal der Libra, welches sie von den meisten großen Konkurrenten unterscheidet, wird daher die Libra-Reserve sein. Bei dieser Rücklage wird es sich um einen Korb risikoarmer liquider Vermögenswerte handeln, der sich aus Bankeinlagen und kurzzeitigen, von der Regierung emittierten Wertpapieren zusammensetzt und jede einzelne ausgegebene Libra-Münze deckt. Das Ziel der Rücklage ist die Werterhaltung, was Vertrauen in die Stabilität der Libra schafft und sie zu einer „Stablecoin" macht. Das Konzept der Stablecoins ist nicht neu, doch trotz ihrer Zusicherung, Kryptowährungen in den Mainstream aufzunehmen, stellen sie nur einen kleinen Bruchteil des Krypto-Bereichs dar und werden nur selten für Zahlungen verwendet (Furlonger und Uzureau 2019). Der größte Stablecoin, Tether, erreicht nur etwas mehr als zwei Prozent der Marktkapitalisierung von Bitcoin, während Libra als eine maßgebliche Herausforderung für die Herrschaft von Bitcoin angesehen wird. Die Mittel für die Libra-Reserve stammen von „Gründungsmitgliedern", die in ein separates Investitions-Token investieren, und von den Benutzern der Libra. Für jede neu geschaffene Libra-Münze muss ein entsprechender Betrag an Fiat-Geld an die Rücklage gezahlt werden. Wenn die Nachfrage nach Libra steigt, wird auch ihre Rücklage wachsen.

Ein weiteres einzigartiges Element der Libra ist die Libra-Vereinigung, ein unabhängiges Gremium, das das Ökosystem verwaltet. Während Facebook zunächst die Position des Primus inter Pares einnimmt, wird es sich nach der Gründung zu einem gleichberechtigten Interessenvertreter entwickeln. Die Liste der Teilnehmer der Vereinigung („Gründungsmitglieder") vermittelt eine klare Vorstellung von der wahrscheinlich beispiellosen Tragweite des Projekts trotz einiger regulierungsbedingter Austritte in der letzten Zeit (z. B. Mastercard, Visa).

Das Libra-Ökosystem wird um die Libra-Blockchain herum aufgebaut werden, die im Gegenzug durch eine neue Open-Source-Software namens Move implementiert wird.

Ein möglicher Streitpunkt könnte sein, dass vorerst nur Mitglieder der Vereinigung Validierungs-Knoten werden können, wodurch Libra zu einer genehmigten Blockchain wird. Facebook gibt an, dass es innerhalb von fünf Jahren nach dem Start mit dem Übergang zu einem erlaubnisfreien System beginnen will.

8.3 Grenzüberschreitende Transfers

Der grenzüberschreitende Zahlungsverkehr ist ein weiterer Bereich, in dem die Blockchain-Technologie mit einem bemerkenswerten Starterfolg angewandt wurde. Um die Zukunft dieses Multimilliarden-Dollar-Marktes wird bereits ein regelrechter Kampf geführt, der sich als ein Silicon-Valley-Klischee entfaltet: SWIFT ist ein traditioneller, vor einem halben Jahrhundert etablierter zwischenbanklicher Nachrichtendienst, der mit seinem Netzwerk von rund 11.000 Finanzinstituten in der ganzen Welt und seinem palastartigen Hauptsitz in der Nähe von Brüssel den Markt beherrscht. Mit dem Ziel, „SWIFT zu ersetzen", so CEO Brad Garlinghouse, ist Ripple Labs 2012 in San Francisco gegründet worden, ein Startup-Unternehmen, das das Ripple-Zahlungsprotokoll auf der Grundlage der

Distributed-Ledger-Technologie entwickelte, um transnationale Überweisungen zu rationalisieren. Obwohl Ripple derzeit nur einen Bruchteil des Marktanteils von SWIFT einnimmt, stellt es bereits den Status quo in Frage.

Im Vergleich zu inländischen Zahlungen hinkt die Innovation auf internationaler Ebene seit Langem hinterher, obwohl der Umsatz pro Transaktion deutlich höher ist. In einem kürzlich erschienenen Bericht von McKinsey Global Payments wurde er auf 45 Dollar pro grenzüberschreitender Zahlung geschätzt, wobei der weltweite Gesamtumsatz mehr als 200 Milliarden Dollar beträgt (Bansal et al. 2018). Wenn ein Kunde eine Zahlung auf ein Konto in einem anderen Land tätigt, verschiebt klassischerweise eine Reihe von Banken die Zahlungsnachricht, bis sie den vorgesehenen Empfänger erreicht, ein Vorgang, der mehr als zwei Tage dauern kann (Tab. 8.1). Dieses System korrespondierender Banken ist notwendig, wenn die absendende Bank (z. B. in Norwegen) keine etablierte Beziehung mit der empfangenden Bank (z. B. auf den Philippinen) hat. Bis vor Kurzem war dieser Prozess relativ langsam, intransparent, kostspielig und mit einer hohen Fehlerquote behaftet. Zahlungen dauerten oft mehrere Tage, bis sie ihr Ziel erreichten (nicht zuletzt wegen des erforderlichen Eingreifens von Bankangestellten), die Bestätigung des Zahlungsabschlusses war schwer zu bekommen, und die Banken rechneten häufig Gebühren ohne das Wissen der Kunden ab.

Ripple ist in dieses Szenario mit seinem Echtzeit-Zahlungssystem xCurrent eingestiegen, welches grenzüberschreitende Zahlungen innerhalb weniger Sekunden mittels Blockchain-Technologie und Echtzeit-Nachrichtenübermittlung ermöglicht. Die Fintech, die auch XRP (die drittgrößte Kryptowährung nach Bitcoin und Ether) betreibt, hat erfolgreich Schwergewichte aus dem Finanzsektor unter Vertrag genommen, wie American Express, die brasilianische Itaú Unibanco, die Banco Santander und Standard Chartered. Die meisten der wichtigsten Partner von Ripple haben sich bisher dafür entschieden, xCurrent zu verwenden, ohne bei der Zahlungsabwicklung auf XRP als Währung angewiesen zu sein, da die Kryptowährung im Vergleich zur Fiat-Währung als zu schwankungsanfällig angesehen wird. Es gibt Anzeichen dafür, dass sich das Ganze ändern könnte, da Banken auf der ganzen Welt die Verbreitung von Stablecoins zur Kenntnis genommen haben und zukünftige Projekte darauf abzielen, das Ansehen von Kryptowährungen zu erhöhen. Folgerichtigerweise hat Ripple gerade eine zehnprozentige Beteiligung an MoneyGram, dem

Tab. 8.1 Vergleich der Methoden für internationale Transfers

	Traditionelle Überweisung	Bitcoin	xCurrent
Architektur	Zentralisiert	Dezentralisiert	Dezentralisiert
Verifizierung	Abrechnung und Abwicklung	Proof of Work	Consensus
Geschwindigkeit	2+ Werktage	10–60 Minuten	3–6 Sekunden
Volumen	19M Nachrichten/Tag	600k Transaktionen/Tag	86M Nachrichten/Tag
Währung	FIAT	BTC	Universal
Kosten	Betreiberkosten	Miningkosten	Sicherheitskosten

zweitgrößten Überweisungsunternehmen der Welt, erworben. MoneyGram hat sich bereit erklärt, Ripples neuestes Produkt xRapid zu nutzen, welches bei der Zahlungsabwicklung auf XRP basiert.

Ob Ripple und die Blockchain-Technologie letztendlich den Markt für grenzüberschreitende Zahlungen dominieren werden, bleibt abzuwarten. Die Banken sind beunruhigt über den Grad der Transparenz, den die Blockchain-Technologie, d. h. eines ihrer Hauptmerkmale, bietet. In der Tat zögern die Finanzinstitute, ihren Konkurrenten Einblick in ihre Bücher zu gewähren. Klar ist, dass das Start-up-Unternehmen eine „Welle" („Ripple") in einer Branche ausgelöst hat, die seit 45 Jahren nach dem gleichen Modell funktioniert hatte.

Das riesige bankeigene Konglomerat SWIFT fühlte sich durch den Senkrechtstart von Ripple Labs und verschiedenen anderen Unternehmungen so stark bedroht, dass mit einer deutlichen Innovation begonnen wurde: 2017 führte SWIFT einen neuen Service namens SWIFT gpi ein, der transnationale Zahlungen am selben Tag, eine lückenlose Nachverfolgung und mehr Transparenz bietet (Loader 2014). Das Unternehmen hat darüber hinaus damit begonnen, mit der Blockchain-Technologie zu experimentieren, hat diese jedoch vorerst als zu komplex und als nicht in der Lage, die grundlegenden Herausforderungen des grenzüberschreitenden Zahlungsverkehrs zu bewältigen, abgetan. SWIFT hat sich dennoch mit R3, einem DLT-Technologieunternehmen, verpartnert und kürzlich bekannt gegeben, dass es in einem weltweiten Versuch gelungen sei, grenzüberschreitende Zahlungen innerhalb von Sekunden abzuwickeln.

8.4 Tokenisierung

Wie bereits in Kap. 1 dargestellt, ist Tokenisierung eine Methode, Rechte an einem Vermögenswert in ein digitales Token umwandelt. Stellen Sie sich als Vermögenswert einen Sportwagen vor, der 100.000 US-Dollar wert ist. Die Tokenisierung kann diesen Sportwagen digital darstellen und in 100.000 Token umwandeln (die Anzahl ist willkürlich; wir hätten stattdessen zum Beispiel auch 2 Millionen Token nehmen können). Jedes Token repräsentiert einen Anteil von 0,001 % des zugrunde liegenden Vermögenswerts. Die Token werden anschließend auf einer Plattform ausgegeben, die Smart Contracts unterstützt (z. B. Ethereum), sodass die Token an verschiedenen Börsen gehandelt werden können. Durch den Kauf eines Tokens hat eine Person einen Anteil von 0,001 % am zugrunde liegenden Vermögenswert erworben; der Kauf von 50.000 Token führt zu einem 50-prozentigen Besitz des Vermögenswertes.

Ein Bereich, der bereits die blockchainfähige Tokenisierung nutzt, ist die Kunstindustrie. Kunstgeschäfte sind heutzutage komplexe und oft heikle Transaktionen. Sowohl Käufer als auch Verkäufer könnten aus verschiedenen Gründen anonym bleiben wollen. Darüber hinaus ist es schwierig, die Verfügbarkeit der Gelder eines Käufers im Voraus zu überprüfen, und das Eigentum an wertvollen Kunstwerken ist ein empfindliches Thema (z. B. haben Kunstwerke potenziell fragwürdige Ursprünge und/oder Eigentümer möchten möglicherweise nicht, dass ihr Eigentum an dem besagten Kunstobjekt öffentlich bekannt wird). Daher könnte dieser Bereich möglicherweise von Blockchain profitieren, insbesondere wenn die aufkommende Technologie sichere und transparente Kunstkäufe garantieren kann.

Frühere Vorstöße etablierter Auktionshäuser in die digitale Welt waren weitgehend von Misserfolgen geprägt, jedoch versucht der Kunstmarkt allmählich, von seinem jüngsten Neuzugang zu profitieren: der Blockchain. Erinnern Sie sich an den Verkauf der Sammlung Barney A. Ebsworth im November 2018 durch Christie's New York: Vor der Teilnahme an der Auktionsveranstaltung konnten potenzielle Käufer auf das auf Blockchain basierende System zugreifen, um die gesamte Herkunfts- und Transaktionsgeschichte der angebotenen Werke einzusehen.

Besonders relevant für den Kunstmarkt ist die Tatsache, dass Blockchain Transaktionen transparenter macht. Beispielsweise kann das Auktionshaus durch Blockchain überprüfen, ob der Käufer tatsächlich über die benötigten Mittel verfügt. Außerdem kann theoretisch der gesamte Transaktionsablauf einschließlich der Eigentumsübertragung über einen Smart Contract abgewickelt werden. Mithilfe von Smart Contracts kann festgestellt werden, ob der Verkäufer tatsächlich Eigentümer des Kunstwerks ist, da der digitale Vertrag nicht verändert werden und die Kette der stattgefundenen Verkaufstransaktionen überprüft werden kann. Darüber hinaus sind die Verträge für alle zugänglich, wodurch die Rückverfolgbarkeit der Herkunft erleichtert wird. Zuletzt gibt Blockchain jedem Künstler auch die Möglichkeit, zu beweisen, dass er der Schöpfer des Werkes ist, wodurch die Zahl der Fälschungen verringert wird.

Die erhöhte Transparenz bei Transaktionen bringt aber auch den Verlust der Anonymität mit sich, eine vom Kunstmarkt sehr geschätzte Eigenschaft. Inwieweit sich die Technologie in diesem Bereich also durchsetzen wird, hängt daher davon ab, ob sie die immer strengeren Geldwäschebestimmungen einhalten kann und gleichzeitig das von den Kunsthändlern geforderte Maß an Anonymität gewährleistet.

8.5 Verfolgung von Vermögenswerten

Wie in der Kunstindustrie kann die Rückverfolgbarkeit der Herkunft auch auf andere Waren wie etwa Rohstoffe angewandt werden. Hier kann man das SBMP-Projekt betrachten, eine Initiative der Queensland Cane Growers Association, die darauf abzielt, die Rückverfolgbarkeit von Zuckerprodukten von den Farmen über die Fabriken zu den Lieferanten und schließlich zu den Einzelhändlern zu verbessern.

Mithilfe von Blockchain soll sichergestellt werden, dass die australische Zuckerversorgung nachvollziehbar und verständlich ist, damit die Verbraucher wissen, woher ihr Zucker stammt, und damit australische Zuckerprodukte von anderen Importen unterschieden werden können. Hier gewährleistet ein blockchainfähiges System den Schutz einer Datenbank vor Manipulationen durch skrupellose Dritte, die voraussichtlich von einem Mangel an Innovation und Transparenz profitieren würden. Blockchain ermöglicht es der australischen Zuckerindustrie zudem, die Reaktion des Marktes auf importierten Zucker zu verfolgen, mit dem Ziel, etwaige Konkurrenten auszustechen. Zu guter Letzt können Einzelhandelskunden die Blockchain nutzen, um die individuellen Codes von Produkten (z. B. Zuckerpackungen) zu verfolgen und so genau zu wissen, wann der Zucker hergestellt wurde, woher er stammt oder andere relevante Daten (z. B. Fair-Trade-Zertifikate).

Während Experten erwarten, dass Blockchain die Kosten für die Zuckerproduktion erhöhen wird, da es sich um ein wertschöpfendes Projekt handelt, gehen die Regierung von Queensland und die Landwirte davon aus, dass der Unterschied durch den erwarteten Anstieg der Nachfrage ausgeglichen wird. Die politischen Entscheidungsträger prognostizieren sogar einen Anstieg der Nachfrage, sobald die Blockchain in Betrieb genommen wird.

8.6 Güterhandel

Die Blockchain-Technologie hat das Potenzial, eine entscheidende Rolle im Bereich der Lade- und Abrechnungsvorgänge öffentlicher Energieversorger (z. B. für Elektrofahrzeuge) zu spielen. Dennoch glauben die Autoren, dass das Potenzial für durch Blockchain vermittelte Kostensenkungen auf dem Energiemarkt begrenzt ist. Tatsächlich trifft die Blockchain-Technologie insbesondere in Märkten, in denen sich digitale Lösungen bereits bewährt haben, auf stark konkurrierende Produkte und Dienstleistungen, die bereits heute im Einsatz sind.

Das Potenzial von Blockchain in aufkommenden Märkten ist wahrscheinlich wesentlich größer als derzeit realisiert wird. Als dezentrale digitale Plattform, die eine sichere Datenspeicherung und Transaktionen in Peer-to-Peer-Netzwerken für den Energiemarkt in Schwellenländern ermöglicht, können durch die Blockchain-Technologie intermediäre Instanzen (z. B. Banken) überflüssig werden, da sie direkte Transaktionen zwischen Energieerzeugern und Verbrauchern ermöglicht (Abb. 8.1).

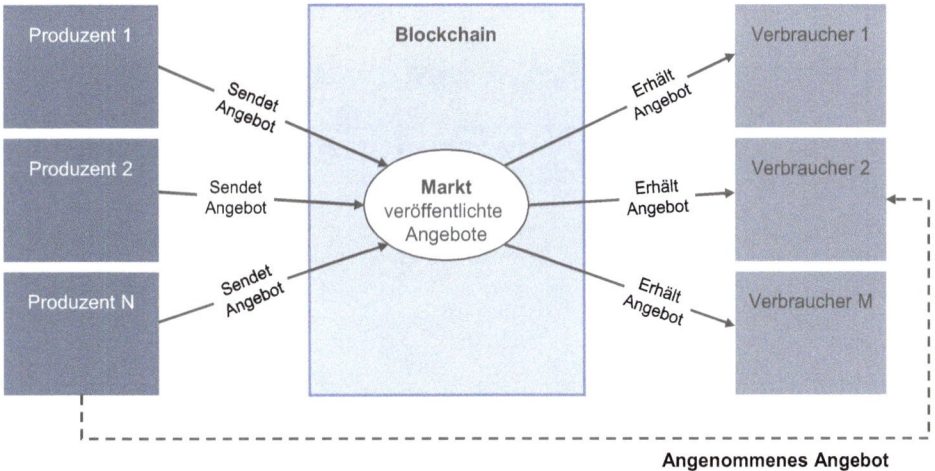

Abb. 8.1 Blockchainbasierter Marktsystem (zur Veranschaulichung)

Die Nutzung von Blockchain im Energiesektor könnte die Integration zahlreicher dezentraler Energieerzeugungsanlagen vereinfachen und den Einsatz von erneuerbaren Energien fördern. Diese Entwicklung könnte zu neuen digitalen Geschäftsmodellen in der Energiewirtschaft führen, die es Energieversorgern ermöglichen, Anwendungen und Systeme zu entwickeln, welche zu neuen lizenz- und gebührenbasierten Einnahmequellen für sie führen. Allerdings könnte ein solches Unterfangen viel Überzeugungsarbeit erfordern, um die Anbieter dazu zu bewegen, den Status quo aufzugeben und zu beginnen, mit der Implementierung neuer Technologien zu experimentieren.

8.7 Blick in die Zukunft

8.7.1 Bescheidene Anfänge

Bitcoin erhielt bei seiner Einführung Anfang 2009 nur wenig öffentliche Aufmerksamkeit. Es dauerte mehr als ein Jahr, nachdem Satoshi Nakamoto am 3. Januar 2009 den ersten Bitcoin-Block gemined hatte, bis die erste reale Bitcoin-Transaktion durchgeführt wurde: Am 18. Mai 2010 bot Laszlo Hanyecz 10.000 Bitcoins für die Lieferung von zwei Domino-Pizzen (Abb. 8.2). Es dauerte 4 Tage, bis jemand der Transaktion zustimmte. Stand September 2019 waren diese Bitcoins etwas mehr als 100 Millionen Dollar wert (Popper 2016).

Als das Bitcoin-Projekt ins Leben gerufen wurde, näherte sich die weltweite Finanzkrise 2008/2009 ihrem Höhepunkt. Die ganze Welt konzentrierte sich auf die ins Stocken geratenen Finanzmärkte, und das spektakuläre Experiment einer dezentralisierten, nicht staatlich kontrollierten und allgemein zugänglichen digitalen Währung wurde von Spekulanten überall weitgehend ignoriert.

Noch einige Jahre nach ihrer Einführung galten sowohl die Bitcoin-Kryptowährungen als auch die damit verbundene Blockchain-Technologie noch als Hype. Trotz eines anhal-

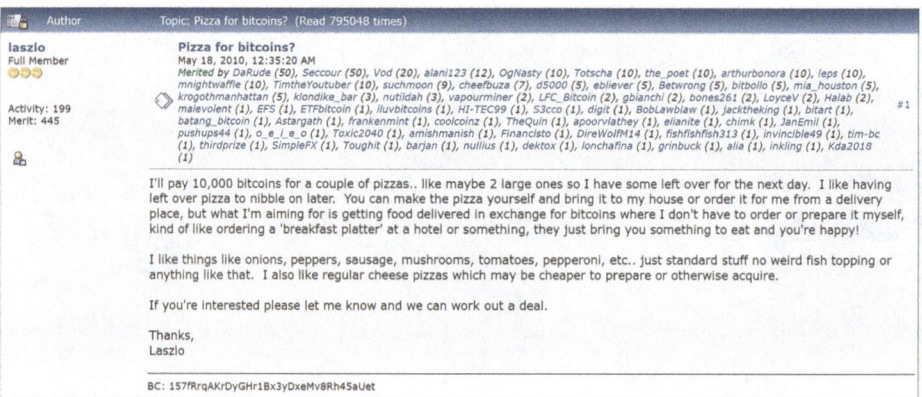

Abb. 8.2 Anfrage der ersten echten Bitcoin-Transaktion

tenden Preisanstiegs für Bitcoin blieb die öffentliche Wahrnehmung als umstrittene Währung unverändert und wurde durch die unzähligen Beispiele für die illegale Verwendung von Bitcoin (z. B. für pseudo-anonyme Darknet-Marktplätze) noch verschärft. Es hat Jahre gedauert, den Ruf der Kryptowährungen und der Blockchain wiederherzustellen, ein Prozess, der noch immer andauert, und viele können beide auch heute noch nicht voneinander unterscheiden.

Die Zeiten scheinen sich jedoch zu ändern. Das Weltwirtschaftsforum hat kürzlich in einem Bericht für 2018 vorausgesagt, dass bis 2025 etwa 10 Prozent des globalen Bruttoinlandsprodukts (BIP) mithilfe von Blockchain verarbeitet werden. Dies ist vielleicht nicht überraschend, wenn man sich das weite Feld von Anwendungen vor Augen führt, die durch die Blockchain-Technologie ermöglicht werden und die weit über Kryptowährungen hinausgehen. Tatsächlich bewegen wir uns, angetrieben durch die Einführung und Verfügbarkeit von Smart Contracts, zunehmend weg von unzähligen Kryptowährungs-Anwendungen und -Implementierungen, wie Bitcoin, Ethereum oder Libra, hin zu einer viel breiteren Palette von Anwendungen. Auf Blockchain basierende Implementierungen haben nicht nur die neuen Technologie- und Datenschutzkomponenten, spezifisch für die zugrunde liegende Struktur der Technologie, wirksam eingesetzt, sondern auch Diskussionen über die Festlegung gemeinsamer Standards angeheizt, um die Vereinfachung voranzutreiben (z. B. im logistischen und finanziellen Bereich). Sogar in Bereichen, die nicht direkt mit dem Hauptpotenzial von Blockchain – der sicheren Aufbewahrung von Aufzeichnungen – zusammenhängen, hat die Anwendung von blockchainbezogenen Ansätzen die Lösung von Problemen ermöglicht, die bisher unlösbar schienen (z. B. die Umsetzung eines Arbeitsmodells für den dezentralisierten Handel mit Emissionsgutschriften).

8.7.2 Warnhinweis

Wie bei allen neuen Technologien sollten blockchainfähige Lösungen mit Vorsicht angegangen werden. In vielen Fällen scheint die weitverbreitete und willkürliche Einführung solcher Lösungen von dem Grundgedanken geleitet zu sein, dass andere allgemeine Probleme (z. B. Finanzdienstleistungen, Transaktionsüberwachung usw.) mit den gleichen Mitteln und Ansätzen ebenfalls funktionieren könnten, da der Anwendungsfall der Kryptowährung gut geklappt hat. Allerdings ist ein Lösungsweg, der zum Beheben eines speziellen Problems (z. B. Kryptowährungen) gedacht war, nicht einfach zur Lösung anderer Probleme geeignet. Diese Annahme wäre gleichbedeutend mit der unrichtigen Aussage, dass, weil es nur einen Hammer gibt, alles wie ein Nagel aussehen und funktionieren müsse. Darüber hinaus sind die Anwendungen der dezentralisierten Ledger-Technologien (DLT) nicht makellos: Auf DLT-basierte Projekte benötigen oft mehr Zeit für die Einrichtung von Arbeitsgruppen als für die Lösung von praktischen Problemen (Verfolgung der humanitären Hilfe, selektiver Informationsaustausch usw.).

Man muss daher bei der Planung blockchainbasierter Anwendungen erstens Vorsicht walten lassen und potenziell unbeabsichtigte Folgen, wie z. B. Auswirkungen auf den

Datenschutz, mit in Betracht ziehen und zweitens anerkennen, dass dies wahrscheinlich nicht der Königsweg für alle Probleme ist. Letzten Endes ist Blockchain nur ein weiteres Werkzeug oder, genauer gesagt, die zugrunde liegende Auslotung eines allgemeinen Lösungsansatzes für eine unerschöpfliche Reihe von Problemen. In der Tat bietet Blockchain in ihren verschiedenen Ausprägungen einen protokollartigen Ansatz, um dezentralisiertes Vertrauen sicherzustellen.

8.7.3 Das letzte Wort ist noch nicht gesprochen

Es gibt viel, worauf man sich im Hinblick auf Blockchain freuen kann: Der Bereich der dezentralisierten Ledger-Technologie ist auf allen Ebenen reich an Möglichkeiten, einschließlich der Netzwerk- und Datenbanktheorie, mathematischer und kryptografischer Modelle und branchenspezifischer Implementierungen. Das Zusammentreffen dieser Bereiche und ihre Anwendung ist etwas, worauf geschaut werden sollte, da das nächste Jahrzehnt hier wahrscheinlich aufregende Neuerungen mit sich bringen wird.

Viele betrachten heute blockchainfähige Innovationen, in erster Linie Kryptowährungen, als ein Ponzi-Schema (Schneeballsystem) ohne wirklichen zugrunde liegenden Wert. Dieses Misstrauen ist verständlich und weist viele Ähnlichkeiten mit dem auf, das sich gegenüber der Internetindustrie in ihren Anfängen gezeigt hat. Das Geschäftsmodell der Internetbranche von 1995 bis 2000 bestand darin, Börsengänge voranzutreiben und den Aktienkurs durch geschicktes Marketing zu erhöhen. Mit dem Platzen der Dotcom-Blase in den frühen 2000er-Jahren wurde dem Anschein nach viel Marktwert zerstört. Heute jedoch profitieren wir alle von der Innovation, die dieses Geschehen hervorgebracht hat. Der Großteil der Kerntechnologien und des Entwicklerwissens, die wir heute nutzen, wurden durch das „Dotcom-Projekt" finanziert. Darüber hinaus waren nach dem Verschwinden der am meisten auf Aktienkurse fokussierten Unternehmen Anfang der 2000er-Jahre Internetunternehmen, die sich auf die Lösung konkreter Probleme konzentrierten, dazu endlich auch in der Lage. Tatsächlich wurden die meisten der wirklich revolutionären Internetfirmen, von denen viele auch heute noch relevant sind, etwa zu dieser Zeit gegründet (z. B. Amazon, eBay, Google, PayPal usw.).

Die Autoren gehen davon aus, dass blockchainfähige Modelle eingesetzt werden, um unzählige Probleme auf der ganzen Welt und in vielen Branchen zu lösen. Diese Lösungen und Anwendungen werden nicht alle so leicht oder so schnell kommen, wie die Menschen vielleicht erwarten, und sie mögen zunächst auf Skepsis stoßen. Es gibt jedoch zahlreiche Beispiele von Unternehmen mit Problemen, die mithilfe der Blockchain-Technologie gelöst werden können, und die bereit sind, zuzuhören. Am 31. Mai 2019 gab der amerikanische Bundesstaat Rhode Island eine breit angelegte Ausschreibung heraus, mit der die Machbarkeit der Blockchain-Technologie zur Verbesserung des staatlichen Betriebs untersucht werden soll. Nur wenige Wochen nach der Ankündigung der Ausschreibung durch Rhode Island veröffentlichte Deutschland ein Positionspapier, in dem die Nutzung der Blockchain-Technologie für Aufgaben des öffentlichen Dienstes, Verwaltungsdienstleistungen, elektronische Gesundheitsakten, Dokumentenschutz und Firmenregistrierungen für den deutschen Staat gefordert wurde. Die Autoren vermuten stark, dass sich dieser Trend fortsetzen wird. Nach einer anfänglichen Hype-Welle, die sich in erster Linie auf die Finanzdienstleistungsbranche konzentrierte, beginnen nun auch weniger offensichtliche Akteure, das Potenzial der Blockchain-Technologie für ihren jeweiligen Bereich (z. B. Regierungsgeschäfte und -dienstleistungen) zu erkunden. In dem Maße, wie das Verständnis der Technologie weiter reift, werden zusätzliche Fähigkeiten (z. B. selektiver Informationsaustausch) zur Entdeckung zusätzlicher Anwendungsfälle und schließlich zur Realisierung von greifbaren Werten führen.

Diese Abfolge der Ereignisse zeigt erneut Ähnlichkeiten mit der Zeit der Dotcom-Blase. Im Rückblick gab es nur wenige ausgewählte Unternehmer wie Jeff Bezos, Peter Thiel und Elon Musk, die als Technologiepioniere gelten können: Sie bauten während der Dotcom-Tage Apache, Mozilla, Linux und MySQL auf. In ähnlicher Weise gebührt den Ingenieuren viel Anerkennung, die die zugrunde liegende technologische Infrastruktur, die die meisten unserer heutigen internetzentrierten Anwendungen ermöglicht, weiter verbessert und skaliert haben. Wir vermuten, dass sich im Rückblick eine ähnliche Gruppe von Blockchain-Innovatoren herauskristallisieren wird, während Krypto-Börsengänge wahrscheinlich eine eher untergeordnete Rolle spielen werden. In der Tat sollten wir auf der Suche nach der nächsten Wunderwaffe im Bereich der Blockchain-Innovatoren nach solchen Personen Ausschau halten: Ingenieure, die unermüdlich am Aufbau der Infrastruktur und an der Entwicklung der Werkzeuge arbeiten, um passende blockchainbasierte Wege zu finden, um so große konkrete Probleme zu lösen. Solche Lösungen werden uns wahrscheinlich noch für die nächsten Jahrzehnte begleiten.

Blockchain treibt einen möglicherweise bahnbrechenden Paradigmenwechsel im Bereich des Wertetransfers voran, so wie es das Internet für den Informationstransfer getan hat. Damit dieser Wandel jedoch seine volle Wirkung entfalten kann, bedarf es des Zusammenwirkens vieler Fachgebiete sowie des Engagements der wichtigsten Akteure im privaten und öffentlichen Sektor. Die heutige Internet-Infrastruktur basiert auf dem sogenannten TCP/IP-Protokoll. Erste Mehrparteien-Tests dieses Protokolls wurden 1977 zwischen den USA (Stanford University), dem Vereinigten Königreich (University College London) und Norwegen durchgeführt. Es dauerte weitere 13 Jahre, bis die „Killer"-Anwendung für das TCP/IP-Protokoll erfunden war – der erste rudimentäre Webbrowser (das sogenannte WorldWideWeb (Berners-Lee 2000), ein Browser, der 1990 von Tim Berners-Lee für den NeXT-Computer entwickelt wurde; siehe Abb. 8.3). Die Erfindung von Blockchain ereignete sich 2009 – wenn die Zeitleiste von TCP/IP als Referenz dient, dann müssen wir noch einige Jahre warten, bis sich die „Killer"-Anwendung von Blockchain herauskristallisiert hat.

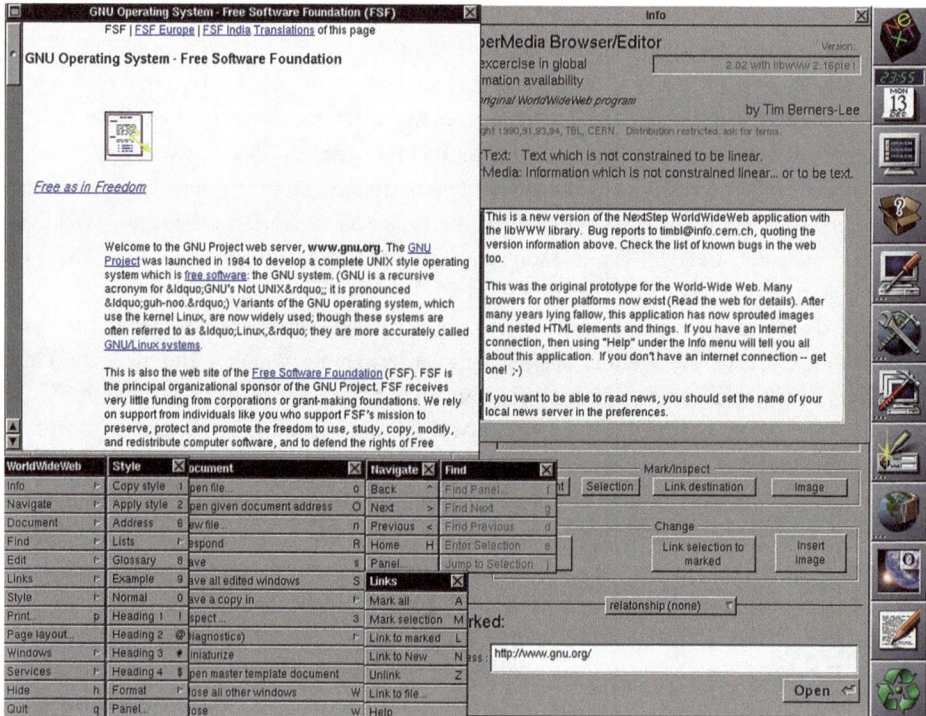

Abb. 8.3 Der erste Webbrowser, entwickelt für den NeXT Computer im Jahr 1990

Literatur

Bansal S, Bruno P, Denecker O, Goparaju M, Niederkorn M (2018) Global payments 2018: a dynamic industry continues to break new ground. McKinsey & Company, New York

Berners-Lee T (2000) Weaving the web: the past, present and future of the world wide web by its inventor. Texere, London

Furlonger D, Uzureau C (2019) The real business of blockchain: how leaders can create value in a new digital age. Harvard Business Review Press, Boston

Loader D (2014) Clearing, settlement and custody. Elsevier, Amsterdam

Popper N (2016) Digital gold: bitcoin and the inside story of the misfits and millionaires trying to reinvent money. HarperCollins, New York

The Libra Association (2019) An introduction to Libra. https://libra.org/en-us/whitepaper. Zugegriffen am 08.09.2019

Stichwortverzeichnis